液态金属物质科学与技术研究丛书

纳米液态金属材料学

饶 伟 孙旭阳 刘 静 编著

上海科学技术出版社

图书在版编目（CIP）数据

　　纳米液态金属材料学 / 饶伟，孙旭阳，刘静编著
. -- 上海 ： 上海科学技术出版社，2023.5
　　（液态金属物质科学与技术研究丛书）
　　ISBN 978-7-5478-6081-6

　　Ⅰ. ①纳… Ⅱ. ①饶… ②孙… ③刘… Ⅲ. ①液态金
属－纳米材料－金属材料－研究 Ⅳ. ①TB383

　　中国国家版本馆CIP数据核字(2023)第024659号

封面图片来源：视觉中国

纳米液态金属材料学

饶　伟　孙旭阳　刘　静　编著

上海世纪出版(集团)有限公司
上 海 科 学 技 术 出 版 社　出版、发行
（上海市闵行区号景路 159 弄 A 座 9F - 10F）
邮政编码 201101　　www.sstp.cn
苏州工业园区美柯乐制版印务有限责任公司印刷
开本 787×1092　1/16　印张 22
字数 360 千字
2023 年 5 月第 1 版　2023 年 5 月第 1 次印刷
ISBN 978 - 7 - 5478 - 6081 - 6/O·113
定价：228.00 元

序

液态金属如镓基、铋基合金等,是一大类物理、化学行为十分独特的新兴功能材料。常温下呈液态,具有沸点高、导电性强、热导率高、安全无毒等属性,同时还具备常规高熔点金属材料所没有的低熔点特性,其熔融状态下的塑形能力更为快捷打造不同形态的功能电子器件创造了条件。然而,由于国内外学术界以往在此方面研究上的缺失,致使液态金属蕴藏着的诸多新奇的物理、化学乃至生物学特性长期鲜为人知,应用更无从谈起。这种境况直到近年来才逐步得到改观,相应突破为众多新兴学科前沿的发展提供了十分重要的启示和极为丰富的研究空间,正在催生出一系列战略性新兴产业,将有助于推动国家尖端科技水平的提高乃至人类社会物质文明的进步。

早在 2001 年前后,时任中国科学院理化技术研究所研究员的刘静博士就敏锐地意识到液态金属研究的重大价值,他带领团队围绕当时在国内外均尚未触及的液态金属芯片冷却展开基础与应用探索,以后又开辟了系列新的研究方向,他在中国科学院理化技术研究所和清华大学创建的实验室随后也取得众多可喜成果。这些工作涉及液态金属芯片冷却、先进能源、印刷电子与3D打印、生命健康以及柔性智能机器等十分宽广的领域。经过十多年坚持不懈的努力,由刘静教授带领的中国科学院理化技术研究所与清华大学联合实验室在世界上率先发现了液态金属诸多有着重要科学意义的基础现象和效应,发明了一系列底层核心技术和装备,建立了相应学科的理论与技术体系,系列工作成为领域发展开端,成果在国内外业界产生了持续广泛的影响。

当前,随着国内外众多实验室和工业界研发机构的纷纷介入,液态金属研究已从最初的冷门发展成当前备受国际瞩目的战略性新兴科技前沿和热点,科学及产业价值日益显著。可以说,一场研究与技术应用的大幕已然拉开。毫无疑问,液态金属自身蕴藏着十分丰富的物质科学属性,是一个基础探索与实际应用交相辉映、极具发展前景的重大科学领域。然而,遗憾的是,国内外学术界迄今在此领域却缺乏相应的系统性著述,这在很大程度上制约了研究与应用的开展。

为此,作为国际常温液态金属物质科学领域的先行者和开拓者,刘静教授及其合作者基于实验室近十七八年来的研究积淀和第一手资料,从液态金属学科发展的角度出发,系统而深入地提炼和总结了液态金属物质科学前沿涌现出的代表性基础发现和重要进展,编撰了这套《液态金属物质科学与技术研究丛书》,这是十分及时而富有现实意义的。

本丛书中的每一本著作均系国内外该领域内的首次尝试,学术内容崭新独到,所涉及的学科领域跨度大,基本涵盖了液态金属近年来衍生出来的代表性科学与应用技术主题,具有十分重要的科学意义和实际参考价值。丛书的出版填补了国内外相应著作空白,将有助于学术界和工业界快速了解液态金属前沿研究概况,为进一步工作的开展和有关技术成果的普及应用打下基础。为此,我很乐意向读者推荐这套丛书。

周 远

中国科学院院士

中国科学院理化技术研究所研究员

前　言

　　不同于迄今已被充分研究过的各类刚性纳米尺度材料,可变形纳米液态金属这种超越常规的新兴功能材料的出现,正带来大量独特的研究与应用机遇。这是因为降低液态金属液滴表面张力、增加比表面积及缩小物理尺寸对于液态金属在生物医学、印刷电子、界面材料和柔性传感器等领域的应用至关重要。纳米液态金属显著改变并提升了宏观液态金属的特定物理化学性能,展现出宏观液态金属力所不及的性能,这样的例子不一而足。

　　在热界面材料领域,纳米液态金属表现出更高的颗粒融合势垒,显著地提升了绝缘导热界面材料的稳定性。在增材制造领域,利用直写和微注射等制造方式展示了批量生产液态金属图案的潜在实际应用,但受限于较大的表面张力和易于形成的表面氧化物,宏观液态金属与常用的喷墨式打印工艺不易兼容,因此制造导线宽度仅为几微米甚至更高分辨率柔性电路板一度成为难题。然而,通过引入微纳尺度液态金属液滴协助精确电路的制造,使高分辨率印刷电子"触手可及"。此外,通过对微纳米液态金属颗粒进行改性和修饰(氧化、表面活化等),能够在微观尺度上对材料功能予以定向设计,从而拓宽液态金属在微观领域的应用。同时得益于尺寸效应,液态金属微纳米颗粒在电磁光热等方面也展现出了一些异于宏观液态金属的独特性质。这些特性使其在生物医学、柔性电子、热管理和微型马达等领域发挥了独特作用。在能源热控方面,与刚性微纳米金属材料相比,柔性微纳米液态金属则表现出更强的顺应性和易于调控等特性,固液共存的状态使其能够实现刚性纳米材料所无法实现的相变储能等应用。

　　为推动纳米液态金属材料学这一新兴纳米科学与技术前沿的研究和深入发展,本书系统总结和评述了微纳米液态金属材料的各种物理化学性质,深入阐述了当前已发展出的多种用于制备微纳米液态金属材料的实验手段,着重解读这类新颖的微纳米功能材料在生物医学、柔性电子、热管理和柔性马达领域的前沿应用，探讨当前液态金属微纳米材料所面临的挑战并展望其未来前景。

全书注重介绍纳米液态金属材料最为基础的科学属性、典型效应及相关突破性应用。

限于时间和精力，本书不足和挂一漏万之处，敬请读者批评指正。

饶 伟 孙旭阳 刘 静

2022 年 11 月

目录
Contents

第1章
概　要

1.1　引言

　　作为一大类新兴的多能性材料,低熔点液态金属(liquid metals,LMs)具有高导热性、高导电性、低黏度、良好柔软度和生物相容性,常温下易于在液相和固相之间转换,在能源热控[1-4](如高导热的冷却剂、多功能界面材料和相变材料等)、增材制造与3D打印[5,6]、生物医学[7-9](如骨填充、神经重建、高对比度成像、药物递送和肿瘤治疗等)、印刷电子(如柔性电路[10]、半导体[11]、传感器[12]、自愈执行器[13]、可重构电子元件和功能电子器件[14]等)、微流体[15-17]、柔性机器[18](包括微纳马达、自驱动马达)等领域发挥了日益重要的作用。宏观液态金属具有较大的表面张力,各种物理化学性能并不完善,在有关应用上仍存在诸多技术限制。因此,从有别于宏观材料的小尺度乃至微观尺度出发予以探索,往往孕育着新的发展机遇[2-4,19]。

　　当液态金属尺寸变得更小,比如进入微米、纳米尺度甚至量子尺度,会展现出许多与常规宏观材料不同的行为,这实际上成为研发液态金属新材料的出发点[2-4]。缩小液态金属的物理尺寸、增加其比表面积并进行表面修饰可显著改善液态金属的物理、化学和生物特性,对于提升液态金属在生物材料、微纳机器、印刷电子、热管理、植入式柔性电子等领域的特殊应用至关重要。在生物医学应用方面,由于液态金属纳米颗粒体积小、低剂量(对应低毒性)和对人体内部微环境存在独特的刺激反应,使液态金属纳米颗粒更适合于药物运输[20]。此外,在增材制造方面,纳米液态金属颗粒使得高分辨率印刷电子成为可能。在热管理方面,纳米颗粒强化将催生出自然界导热率最高的液体材料甚至终极冷却剂[4],而液态金属经受部分氧化而改性后形成的纳米氧化物颗粒将显著提升液态金属热界面材料与基底的黏附性[1],由此使得相应材料可规模化用于工业封装。更多的材料革新丰富多彩,此方面不一而足。毫无疑问,当液态金属与纳米技术相遇[2],将衍生出诸多理论与应用技术发展空间。

本章扼要介绍液态金属颗粒典型物理化学性质,并讨论可变形的柔性纳米材料代表性应用。总的说来,纳米改性液态金属材料与传统材料具有良好的兼容性,促成了一系列目标性能的增强,打开了许多潜在的应用领域,同时也引申出诸多科学与技术挑战,这将在未来展望部分作简要介绍。

1.2 低熔点液态金属简介

1.2.1 低熔点液态金属的分类

低熔点金属是相对于金(Au)、银(Ag)、铜(Cu)、铝(Al)等一般常规高熔点金属而言的熔点低于 300℃(478℉,573 K)的金属单质及其合金。根据熔点相对于室温的大小,可以分为在室温环境下处于液态和固态的两种低熔点液态金属。在室温环境下呈现液态的低熔点金属一般指的是汞(Hg)、铯(Cs)、镓(Ga)等单质或者钠钾、镓基合金等,即狭义的液态金属。而在室温环境下呈现固态的低熔点金属一般指的是铋(Bi)、铟(In)、锡(Sn)等单质或者合金。由于在室温环境下呈现固态的低熔点金属特别是其形成的合金在少量外部能量输入下,很容易实现固相到液相的转变,同样拥有液态金属的柔性、可拉伸性、顺应性等特性,因此从广义角度讲,室温固态低熔点金属也可以称为液态金属。

低熔点金属在拥有金属固有的导电、导热等特性的同时,还可以从固态金属的高强度、高硬度、高密度等特性向液态金属的柔软性、可拉伸性、流动性等特性进行可逆转变。这一特性使得低熔点金属在打印电子、柔性传感、半导体、先进材料等电子领域得到应用,而且在生物医疗、能源热控等领域也得到了广泛关注。

常见的低熔点金属单质有 Hg、Cs、Ga、铷(Rb)、钾(K)、钠(Na)、锂(Li)、In、Sn、Bi 等,这些金属单质的性质如表 1-1 所示[21]。一般来说,两种或者两种以上金属配制合金时,合金的熔点要低于金属单质的熔点[22-24],所以利用低熔点金属单质可配制熔点更低的低熔点金属合金,甚至可以在低熔点金属中添加微量的其他金属元素如 Ag、锌(Zn)、铅(Pb)等获得熔点更低的金属[25-28]。

表 1-1 几种典型低熔点金属单质的物理性质

低熔点金属	熔点 (℃)	沸点 (℃)	蒸气压 (mmHg)*	比热[kJ/ (kg·K)]	密度 (kg/m³)	热导率 [W/(m·K)]	表面张力 (N/m)	危 险 性
Hg	−38.87	356.65	1.68×10^{-3}	0.139	13 546	8.34	0.455	剧毒(慢性)
Li	186	1 342.3	10^{-10}	4.389	515	41.3	0.405	遇水剧烈反应、避免皮肤接触
Na	97.83	881.4	10^{-10}	1.38	926.9	86.9	0.194	遇水剧烈反应
K	63.2	756.5	6×10^{-7}	0.78	664	54	0.103	遇水剧烈反应
Rb	38.85	685.73	6×10^{-6}	0.363	1 470	29.3	0.081	遇水剧烈反应
Cs	28.65	2 023.84	10^{-6}	0.236	1 796	17.4	0.248	易自燃
Ga	29.76	2 204.8	10^{-12}	0.37	5 907	29.4	0.707	—
In	156.8	2 023.8	$<10^{-10}$	0.27	7 030	36.4	0.55	避免皮肤接触和食入
Sn	232	2 622.8	$<10^{-10}$	0.257	6 940	15.08	0.531	无毒,避免皮肤接触和食入
Bi	271.5	1 564	4.8×10^{-7}	0.12	9 800	7.87	0.37	—

* 1 mmHg=7.501×10^{-3} Pa。为方便比较,表中数据不再换算。

　　从组成成分及其化学性质划分,低熔点金属可分为:① Hg 及其合金;② 碱金属及其合金;③ Ga 及镓基合金(既不含碱金属也不含汞);④ Bi、Pb、Sn、镉(Cd)、Zn、In 金属及其合金;⑤ 其他低熔点合金。

　　汞合金和碱金属合金及其化合物由于其独特的电学性质,在高性能电池、化学药物、原子钟以及其他电子电器产品中获得应用[29-32]。但这两类低熔点金属因固有的毒性、化学活泼性等因素受到限制,例如 Hg 及汞合金可对脑、肾和肺等器官产生永久性损害,Hg 中毒可导致多种疾病,包括肩痛(粉红色病)、亨特-罗素综合征和水俣病等[33,34],因此其广泛性应用受到诸多约束。碱金属及其合金如 Li、Na、K、Rb、Cs 等化学性质十分活泼,其中 Cs 是最活泼的元素之一,与水反应产生氢气的同时快速释放热量,易引起着火和剧烈爆炸,即使遇到冷水也可能引发爆炸性反应。为了确保安全性,通常将碱金属保存在矿物油中或在惰性气体下密封在玻璃安瓿中[35],同时也要避免与人体皮肤直接接触[35,36]。Hg 及碱金属固有的本征化学特性限制了这两类低熔点金属的普及应用[37]。

　　相对来说,Ga、In、Sn、Bi 等低熔点金属无毒或者毒性较小,一般吸入或者食用过量才会引起毒性反应,而且化学性质较为稳定,能够在室温环境下使用。镓基合金在室温下可以熔化成液体,由于其良好的导热性,可用于能源热控、柔性机器、增材制造和生物医学。铟基合金具有润湿非金属和金属表面的能力,可用于金属黏合剂。铟合金具备出色的抗疲劳性和可延展性。锡基合金具备良好的延展性,添加 Sn 的合金在模制和成型时不会变脆。铋基合金毒性低,同时具有较高热导率以及相变潜热,常被用来制作相变换热器件。

本书的讨论对象主要集中于镓基与铋基两大类毒性小、稳定性高的低熔点金属及其合金以及由此发展出的纳米复合材料,由于在室温条件下形态的不同,一般划分为镓基液态金属和铋基低熔点金属。在室温环境下呈现液态的低熔点金属特指的是镓基液态金属,即狭义的液态金属。而熔点稍高于室温的低熔点固态合金,一般指铋基合金,也包括铟锡合金等。

1.2.2 镓基液态金属

镓基液态金属,一般指 Ga 单质、镓铟合金、镓锡合金、镓铟锡合金以及掺混其他金属的镓基低熔点合金。与传统的固态金属相比,这类金属的主要特点是在室温条件下呈现液态,由于过冷度的存在,即使在环境温度低于熔点的情况下也可以保持液态,如图 1-1(a)所示[38,39]。Ga 及镓合金兼具金属性与非金属性的特点源于其独特的成键方式。α-Ga(Ga 在常温常压下的稳定相)和液态 Ga 中不仅存在金属键,也存在共价键[40-42],这使 Ga 单质的熔点低至 29.8℃[43][图 1-1(b)和(c)]。共价键的方向性使 Ga 在相变过程中展现出反常的密度变化[图 1-1(d)]。当 Ga 发生液固相变时,密度降低,体积增大,这点与非金属硅(Si)和磷(P)以及水类似[44,45]。此外,共价键的存在也使 Ga 的

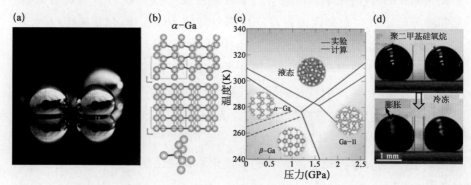

图 1-1 镓基液态金属

(a) 镓二元合金宏观形貌;(b) α-Ga 的晶体结构,红色表示共价键;(c) Ga 的相图[43];(d) Ga 在相变过程中的异常密度(体积)变化[45]。

结构相对松散,从而 Ga 原子能够渗透到原子间隙较大的金属材料中,如 Al。对于共晶镓铟合金而言,In 原子倾向于游离态,Ga 原子之间仍旧存在共价键,因此共晶合金同样具有低熔点(15.7℃)和非常规的密度变化等特征[46]。

自然界中未发现单质 Ga,但可以通过冶炼获得。Ga 的熔点为 29.8℃(302.98 K,85.6℉),略高于室温。液体 Ga 凝固后体积膨胀率为 3.3%,因此,一般在存放镓合金时,不建议将其存储在玻璃容器中,因当 Ga 改变状态时,可能会由于其体积变化导致的应力过大而使容器破裂。Ga 可以通过扩散到金属晶格中来侵蚀其他金属,例如,Ga 可以扩散到铝锌合金和钢的晶界中,使合金脆性增加。另外,Ga 也容易与多种金属形成合金,比如在核弹钚核的钚-镓合金中少量使用,可以稳定钚(Pu)的晶体结构。镓基合金在室温下同时具有流体与金属的特性,作为流体材料,具有高导电性与高导热性;作为连续态金属,在与柔性基底的复合材料中也呈现出柔性可拉伸特性。

表 1-2 列出了几种典型镓基液态金属单质与合金[47]。由表可见,镓合金的熔点一般都低于纯镓的熔点,这和大多数合金的性质类似,即合金熔点一般都低于合金中各元素组分的熔点[48,49]。在现有的镓基合金应用中,特别是在能源热控和柔性电子领域中,主要以共晶 $Ga_{75.5}In_{24.5}$ 为主,其又被称为 EGaIn。

表 1-2　几种典型镓基液态金属

镓基液态金属	熔点(℃)	密度(g/cm³)
$Ga_{61}In_{25}Sn_{13}Zn_1$	8	6.5
$Ga_{62.5}In_{21.5}Sn_{16}$	11E*	6.5
$Ga_{75.5}In_{24.5}$	16E	6.35
$Ga_{95.0}In_{5.0}$	25	6.15
Ga_{100}	29.76	5.9

* E 为共晶合金(eutectic)。

1.2.3　铋基低熔点金属

铋基低熔点金属,一般指 Bi 单质、铋铟合金、铋铟锡合金、铋锡合金以及掺入其他金属的铋基低熔点合金。

Bi 是一种呈银白色的脆性金属,表面氧化会使其呈现出多种颜色的虹彩色调[图 1-2(a)]。Bi 是最自然的抗磁性元素,是金属中导热系数最低的元素之一。长期以来,Bi 一直被认为是具有最高原子质量的稳定元素,但在 2003

年,它被发现具有极弱的放射性:其唯一的原始同位素^{209}Bi 通过 α 衰变而衰变,其半衰期超过了宇宙估计年龄的 10 亿倍[50]。Bi 在凝固时具有不寻常的体积膨胀倾向,由于凝固时的体积膨胀刚好弥补了其他金属凝固时的体积收缩,因而添加适量的 Bi 可以使金属铸造时凝固前后体积不变。

低熔点的铋基合金通常包含 40%~55% 的 Bi 以及其他金属,例如 In[图 1-2(b)]、Sn、Pb 和 Cd。铋基合金熔化时通常可与其他金属结合以提高某些性能。例如,Bi 经常与 Sn 或 Ag 结合以产生无毒的无铅焊料。

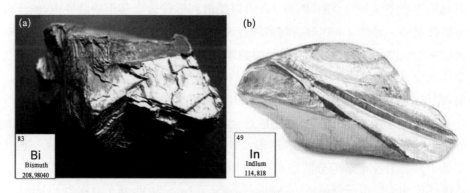

图 1-2 低熔点金属 Bi 和 In
(a) Bi;(b) In。

铋基低熔点金属常见的应用有:① 焊接。铋基低熔点合金经常被用作焊料,由于无毒或低毒特性,Bi 和 In 已代替 Pb 用于金属焊料[51]。Bi 通常用于热焊接应用,而 In 通常用于冷焊接应用。② 安全装置。由于其熔点低于300℃,因此铋基低熔点金属通常用于制造某些产品的安全装置,例如灭火系统、锅炉和热水器。当温度升高超过特定阈值时,Bi 金属安全装置将熔化[52],防止因过热和过高的压力而引起火灾或爆炸。③ 黏接应用。铟基合金可用于特定类型材料的热黏合应用。与铟合金结合的常见材料包括陶瓷、玻璃以及特定类型的金属,包括 Au[53]等。④ 金属涂料。钢铁等金属材料在使用时,由于其使用寿命长和耐用性较高的要求需要保护基础金属免受腐蚀,将低熔点合金(如 Sn)与其他金属结合,形成耐腐蚀的表面涂层[54],可有效避免生锈和结构劣化。

表 1-3 中列举了几种熔点低于 100℃ 的共晶铋基低熔点金属[55],铋基低熔点金属的应用种类较多,熔点跨度范围较大,所以在不同的应用环境中,可以选择不同熔点的铋基低熔点金属。

表 1－3 几种典型铋基低熔点金属

铋基低熔点金属	熔点(℃)	密度(g/cm³)
$Bi_{44.7}Pb_{22.6}In_{19.1}Sn_{8.3}Cd_{5.3}$	47E*	9.16
$Bi_{49}In_{21}Pb_{18}Sn_{12}$	58E	9.01
$Bi_{32.5}In_{51}Sn_{16.5}$	60E	7.88
$Bi_{30.8}In_{61.7}Cd_{7.5}$	62E	8.02
$Bi_{50}Pb_{26.7}Sn_{13.3}Cd_{10}$	70E	9.58
$Bi_{33.7}In_{66.3}$	72E	7.99
$Bi_{48.5}In_{41.5}Cd_{10}$	78E	8.49
$Bi_{57}In_{26}Sn_{17}$	79E	8.54
$Bi_{54}In_{29.7}Sn_{16.3}$	81E	8.47
$Bi_{51.6}Pb_{40.2}Cd_{8.2}$	92E	10.25
$Bi_{52.5}Pb_{32}Sn_{15.5}$	95E	9.71
$Bi_{52}Pb_{30}Sn_{18}$	96E	9.6
$Bi_{46}Sn_{34}Pb_{20}$	96E	8.99
$Bi_{50}Pb_{28}Sn_{22}$	100E	9.44

＊E 为共晶合金(eutectic)。

1.3 纳米液态金属材料简介与分类

纳米液态金属材料的物理化学特性逐步受到关注[56]。当将宏观液态金属分散成纳米液态金属颗粒时,其物理和化学特征会产生显著差异。与宏观液态金属相比,纳米液态金属表现出更高的颗粒融合势垒,有效地降低了宏观液态金属的表面张力,可对微环境或外场产生灵活的刺激响应,在微观尺度上更易实现材料结构及功能的定向设计。

1.3.1 组成分类

从组成成分划分,纳米液态金属材料可分为镓基纳米液态金属材料、铋基纳米液态金属材料与纳米液态金属复合材料。

镓基纳米液态金属材料主要指以 Ga 单质或镓合金及镓氧化物组成的纳米液态金属材料,此外还包括镓基金属与其他金属材料[如 Cu、Fe、镍(Ni)、钴(Co)、Ag、钨(W)等及其金属氧化物]复合的纳米材料。

铋基纳米液态金属材料主要指以 Bi 单质或铋合金及铋氧化物组成的纳

米液态金属材料,此外还包括铋基金属与其他金属材料(如 Cu、Fe、Ni、Co、Ag、W 等及其金属氧化物)复合的纳米材料。

纳米液态金属复合材料是指由液态金属材料及匹配的金属物质与非金属材料在纳米尺度上杂合而形成的纳米材料。根据掺杂材料种类主要分为三类:

(1) 液态金属-有机材料复合:有机材料包括有机小分子和有机高分子(聚合物)等。

(2) 液态金属-碳基材料复合:碳材料包含碳纤维、石墨烯、富勒烯、碳纳米管等碳基材料。

(3) 液态金属-硅基材料复合:硅材料包含二氧化硅(SiO_2)、硅酸盐、氮化硅(Si_3N_4)等硅基材料。

1.3.2　结构分类

从结构上来看,纳米液态金属颗粒有壳核结构、实心结构与中空结构(图 1-3)等。

(a)	(b)	(c)
200 nm	500 nm	200 nm
RGO@GaIn	PEG-IL-LM-ZrO₂	α-Ga纳米晶

图 1-3　纳米液态金属颗粒典型结构

(a) 壳核结构[57];(b) 实心结构[58];(c) 中空结构[59]。

壳核结构一般是以液态金属作为核,另一种材料(高分子、碳材料、无机氧化物、液态金属氧化物等)在液态金属颗粒表面通过化学键或者物理作用力(吸附、静电等)将其包裹起来具有纳米尺度的组装结构。

实心结构是指包覆材料[如二氧化锆(ZrO_2)等]与液态金属均匀混合,形成实心体结构。

中空结构是指液态金属与包覆材料形成的内部有一定"空间"的纳米结构。

1.3.3 形状分类

目前,根据已报道的研究,纳米液态金属颗粒典型的形状有球形[60]、棒状[61]、米状[62]、阴阳球状[63]、针状[64]等。通过调整液态金属与表面修饰物的化学组成,可以制备不同形貌和尺寸的纳米液态金属颗粒,从而调整颗粒性能,并拓展颗粒的应用范围。具体请参见 1.4.1 节。

1.4 纳米液态金属材料的物理化学特性

与刚性微/纳米材料相比,液态金属颗粒能够以固/液两相共存于各类体系中;在溶液体系中,相较于刚性颗粒在固/液界面不同的张力分布,液态金属颗粒更易于分散在水相基体中;在生物组织中,柔性液态金属颗粒与柔性组织之间具有更高的顺应性,同时也能够实现可逆的聚合与分离(图 1 - 4)。

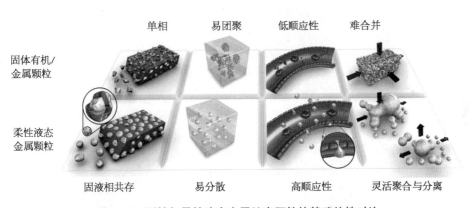

图 1 - 4 刚性与柔性液态金属纳米颗粒的基础特性对比

1.4.1 形貌

纳米液态金属颗粒典型的形状有球形[60]、棒状[61]、米状[62]、阴阳球状[63]、针状[64]等。球形是在制备镓基液态金属时最常见的形态,这是由于液态金属具有极高的表面张力,是水的 10 倍左右(EGaIn,约 700 mN/m)[65]。故在不同的制备方法中,其初始形态均呈现出表面张力最小的球形。图 1 - 5(a)和(b)显示了从几十微米到几百纳米范围的液态金属颗粒。通过氧化破坏表面平衡,液态金属球形颗粒也可以转化为棒状的羟基氧化镓(GaOOH)材料,如

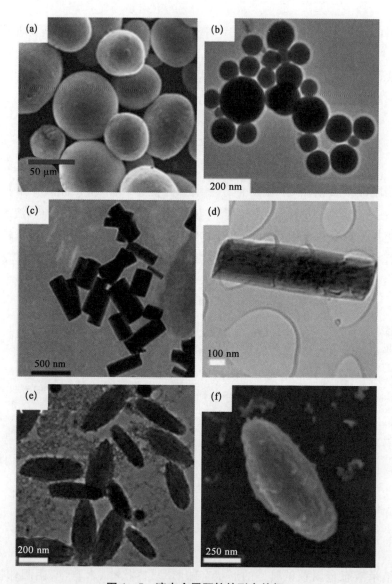

图 1-5 液态金属颗粒的形态特征

（a）球形液态金属颗粒的扫描电子显微镜图[66]；（b）球形液态金属颗粒的透射显微镜图[67]；（c）棒状 GaOOH 纳米棒的透射电镜图[66]；（d）棒状 GaOOH 纳米棒的透射电镜放大图[68]；（e）米状液态金属纳米颗粒透射电镜图[69]；（f）米状液态金属纳米颗粒透射电镜放大图[69]。

图 1 - 5(c)和(d)所示。EGaIn 与水溶性黑色素纳米颗粒通过超声处理后,可以形成米状纳米颗粒[图 1 - 5(e)和(f)],其主要构成为 GaOOH 及 In。

为了形成尺寸分布可控、表面光滑的高度均匀的液态金属颗粒悬浮液,通常需要在溶液中添加表面活性剂,一旦宏观液态金属被超声波分散,有机物在液态金属界面上快速聚集,表面活性剂可以防止单球再分裂,从而减少最终尺寸分布,提高分散颗粒的均匀性。关于液态金属颗粒的可控制备和表面活性剂的选择,将在第 2 章中进行详细介绍。

1.4.2 氧化性质

由于镓基液态金属表面的高反应活性,其在极低的氧浓度条件下即可被氧化,因此在球形液滴表面是一层较为稳定的氧化膜[60]。其主要成分为氧化镓(Ga_2O_3)[70],厚度随其所处溶液环境、表面修饰物和温度的变化而不同(0.7~3 nm),但一般而言厚度随着反应时间的延长而增加。随着氧化物的增加,液态金属黏稠性发生改变,体现出与各种基底的高黏附性,这成为制备实用化液态金属热界面材料和印刷电子材料的基本途径[71]。液态金属的氧化膜可以在氧气或空气中通过机械搅拌的方法加厚[72],还可以通过添加酸或碱的方式将其去除[73, 74]。氧化膜的存在不仅能够有效防止液态金属微纳米液滴之间相互融合聚集,还能够为不同的修饰物提供有效的修饰位点,同时使液态金属的诸多性质发生改变[75]。当氧化发生时,液态金属颗粒导电性、导热性和浸润性也会发生变化。因此,调控液态金属氧化行为是一种简单易行的调控液态金属颗粒物理化学性质的有效途径[71]。

为了揭示氧化机理,研究者对 Ga_2O_3 的逐渐形成过程进行了实验研究。在水中形成的纳米颗粒,表面的 GaOOH 晶体可作为一个隔离层,防止液态金属颗粒重新聚合。在 O_2 和 OH^- 存在时,会形成 GaOOH 的结晶体:

$$2Ga + 2OH^- + O_2 \longrightarrow 2GaOOH \tag{1.1}$$

氧化诱导的 GaOOH 晶体逐渐生长的图像如图 1 - 6(a)所示。同样地,在进行热处理时,镓基液态金属颗粒也可以通过声波反应生成 GaOOH 纳米棒。对于分散在表面活性剂溶液中的液态金属颗粒,粒子界面上的有机分散剂可快速自组装,覆盖于颗粒表面,避免颗粒进一步氧化,从而维持规则的球状。如图 1 - 6(b)所示,这些粒子的内外壳层厚度分别为 2 nm 和 3 nm。有机分散剂层包裹着 Ga_2O_3,作为一个球形的保护壳,不仅有助于控制粒子的大小,而且保证了液态金属颗粒的结构稳定[76]。

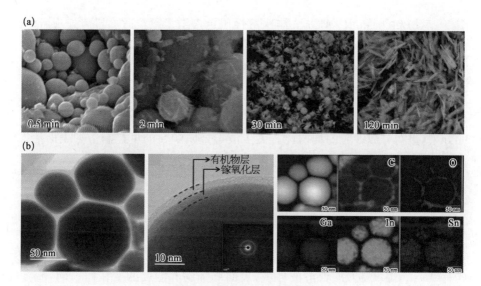

图 1 - 6   Ga₂O₃ 层的形成

(a) 从 30 s 到 120 min 逐渐氧化的纯 Ga 球和配体介导的液态金属颗粒的表征。Ga 颗粒的形状逐渐
由球状转变为部分被 GaOOH 结晶覆盖的球状,最终变成只剩下 GaOOH 的棒状[77];(b) 室温下
GaInSn 纳米粒子的 TEM 表征和 Ga₂O₃ 层的形成,GaInSn 纳米粒子的核壳结构由有机物质层、
Ga₂O₃ 层和液态金属核组成[78]。

1.4.3   电学性质

液态金属合金具有高导电性和柔软性,使它们成为柔性电子产品的理想
材料。然而,对于液态金属颗粒来说,表面覆盖的半导体氧化层(Ga_2O_3)阻碍
了粒子在导电路径上的聚结[76]。不过,外部刺激可以将液态金属颗粒合并成
一个连续的液相导电通路。聚结和非聚结颗粒的形态差异如图 1 - 7(a)所示。
如图 1 - 7(b)所示,未烧结的颗粒具有~50 kV/m 的高击穿场,表明未烧结的
液态金属颗粒是电绝缘体[79]。目前,常见的几种液态金属颗粒烧结方法包括
高温烧结[80]、低温烧结、机械烧结[79]、剥落烧结[81]、剪切摩擦烧结等,具体烧结
方法描述详见第 5 章。经过烧结后,形成了连续的液态金属导线,并展现出较
低的电阻率(~0.001 0 Ω·cm)。

为了通过机械介导的烧结方法提高液态金属纳米颗粒的重构效率,Lear
等人利用原子力显微镜建立了颗粒大小和烧结所需的力的对应关系[82]
[图 1 - 7(c)]。通过机械压缩对颗粒薄膜的电响应进行了评估,确定了不同尺
寸纳米颗粒破裂的阈值力,导出了颗粒尺寸与破裂力之间的线性关系,从而实
现特定直径颗粒的烧结[82]。

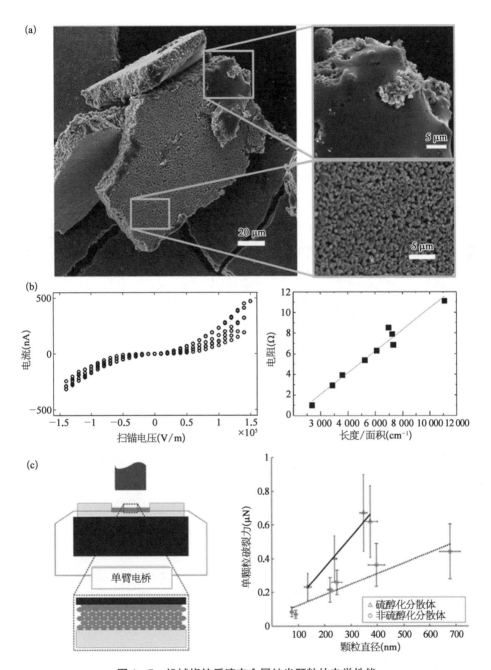

图 1-7 机械烧结后液态金属纳米颗粒的电学性能

（a）聚结与非聚结液态金属纳米颗粒形态差异；（b）在 EGaIn 纳米粒子网络贯通前存在高击穿场，破裂后电阻率与示踪长度呈线性关系，示踪长度的斜率代表电阻率[79,80]；（c）用于压缩试验的材料试验仪器示意。所得数据表明，平均破裂力与平均颗粒直径之间呈线性关系[82]。

此外,Ga₂O₃外壳赋予这些粒子可调节的介电特性[62]。例如,Ren等通过调整镓铟锡合金(EGaInSn)的成分配比,在超声作用下获得了纳米液态金属颗粒,其最高超导临界温度可以调节到6.6 K(图1-8,相比之下,Ga的超导临界温度为1.08 K)[78]。将纳米液态金属颗粒分散于水性或有机分散剂中,通过喷墨打印可获得特定形状和尺寸的柔性微纳电路,其在超导转变温度以下有着电阻为零的超导特性。

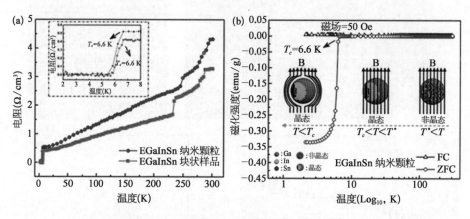

图 1-8　纳米液态金属颗粒的超导特性[78]

(a) EGaInSn 块状样品(2 mm×5 mm×0.2 mm)和机械烧结后印刷的 EGaInSn 纳米液滴图案(2 mm×5 mm×0.1 mm)的电阻率(ρ-T 曲线)在 2~300 K 的温度依赖性;插图为 2~8 K ρ-T 曲线的放大图。这两个样品的超导转变温度 T_c 都在 6.6 K 左右。(b) 在 50 Oe 的磁场下,EGaInSn 纳米微滴从 2~300 K 的零场冷却和场冷却(ZFC,FC)磁化曲线。插图显示,随着温度从 RT(300 K)下降到 T^*(133 K,EGaInSn NDs 的完全结晶温度点),EGaInSn 纳米液滴将从非晶态过渡到晶线。当温度高于 T_c(≈6.6 K)时,无定形的结晶 EGaInSn 纳米液滴仍然是顺磁性的,但是当温度低于 T_c 时,由于超导 EGaInSn 纳米液滴中的迈斯纳效应,结晶的 EGaInSn 纳米液滴将转变为反磁性。

1.4.4　热学性质

宏观液态金属能够在一个较宽的温度范围(6~2 200℃)内保持液相。受纳米效应影响,液态金属纳米颗粒的热学性质也发生了变化。Kumar 等的差示扫描量热法(DSC)结果表明[83],宏观 Ga 的熔点约为 29.8℃;对于直径~0.45 μm 的 Ga 粒子,其熔点降低了约 2℃(27.9℃),而直径为 35 nm 的 Ga 纳米粒子的熔点降低到了-14.2℃[图 1-9(a)和(b)]。同样,凝固点分别下降到-21℃和-128.3℃。

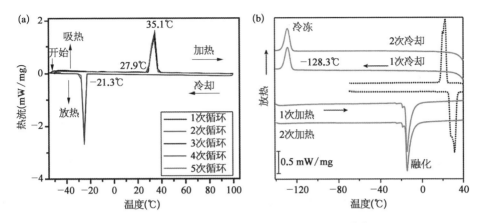

图 1-9　微米和纳米 Ga 颗粒的特征 DSC 曲线[83]

(a) 微米颗粒（~0.45 μm）；(b) 纳米颗粒（35 nm）。

1.5　纳米液态金属独特的可变形特性

可变形性是柔性液态金属材料有别于刚性纳米材料的最大特点[84]。与宏观液态金属与刚性纳米材料相比，纳米液态金属材料的转化更容易通过微环境操纵来实现，其热学特性、电学特性、化学特性等可随颗粒形态变化灵活调控。

从引发纳米液态金属颗粒变形的原理来说，主要分为物理变形与化学变形两种（图 1-10）。物理变形分为液态金属颗粒的融合变形、相变引发的液固

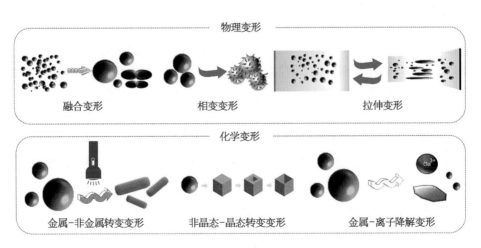

图 1-10　纳米液态金属颗粒的变形方式

转化变形,以及由基底变形引发的液态金属融合、分离、拉伸等变形。化学变形是指在外场刺激下(包括电场、磁场、声场、光场和热场等)或者微环境(水溶液、有机溶液、大气环境等)的作用下,由液态金属颗粒化学性质的改变所引发的变形,包括金属向非金属转变过程的变形、非晶态液态金属向液态金属晶体转变的变形以及降解过程从金属到离子转变的变形等。

比较常见的液态金属微纳米材料变形主要是由新的氧化物生成或相变膨胀引起的,一般可由温度场或磁场触发。

温度升高时,液态金属能够产生从球形到棒状的转变。这主要是由于在温度的作用下,棒状 GaOOH 的生成所致。Lin 等的研究表明[85],当阳离子表面活性剂修饰的液态金属微纳米颗粒置于水溶液中并加热到 70℃ 30 min 时,会从球形向棒状发生转变。除了温度,阳离子表面活性剂也是产生该转变的必要条件,阴离子表面活性剂包裹的液态金属颗粒则无法在高温条件下产生这一转变。除此之外,光照引发的温升也可以使液态金属从球形向米状和棒状进行转变,但液态金属本身的光热效果在特定条件下不足以使其自身产生变形,一般需要借助表面修饰具有更强光热转化效率的物质。Gan 等提出了一种包裹多巴胺的液态金属微纳米颗粒[86],在近红外激光的照射下,能实现从球形到米状的转变,但如果表面包裹的多巴胺厚度较厚(>15 nm),则会限制氧气和水的进入而阻碍变形的产生。除此之外,Lu 提出了一种被碳量子点修饰的液态金属微纳米球,其光热转化效率更高因而温升更大,在无其他修饰物限制的条件下,能够产生更为彻底的棒状转变,图 1-11(a)展示了其由球形向棒状变化的动态过程[87]。

低温也可以使液态金属产生相变的同时发生变形。Sun 等报道了液态金属微纳米颗粒在相变时的剧烈形变[88]。如图 1-11(b)所示,随着温度以 10℃/s 的速度下降到 −60℃,在壳聚糖或磷酸盐(PBS)缓冲液中液态金属液滴会产生"炸弹爆炸式"变形。由于液态金属的过冷性质,壳聚糖与 PBS 会先于液态金属微纳颗粒凝固,提供了受限空间。液态金属在凝固过程中体积膨胀,由于其较低的杨氏模量及受限空间的挤压使其在某些方向上产生变形。但在能够减少冰晶生成的 DMSO 溶液中,该变形则难以实现。DMSO 溶液晚于液态金属微纳米颗粒凝固,无法提供该受限空间,液态金属微纳米颗粒呈现圆形微膨胀现象。因此,液态金属反热膨胀性及其周围的受限空间是使其产生变形的关键。无独有偶的是,Wang 等用细胞膜包裹液态金属微纳米颗粒,并在液氮环境中观察到液态金属微纳米颗粒"仙人掌状"的变形效果[89]。其机

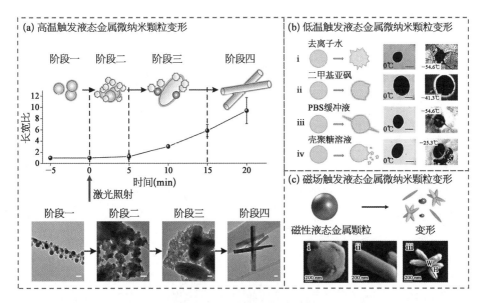

图 1 - 11 液态金属的变形特性

(a) 修饰碳量子点的液态金属微纳米颗粒随光照时间变形的示意图对应的透射电子显微镜图（比例尺 100 nm）[87]；(b) 低温诱导的液态金属微爆破式变形示意图及其在不同溶液中变形的示意图与对应的显微镜照片[88]；(c) 磁性 Galinstan 颗粒在旋转磁场下变形的示意图及对应的扫描电子显微镜图，其中 (i) 球形、(ii) 棒状、(iii) 五角星状[90]。

理在于当液态金属受低温膨胀时，部分液滴脱离主体液滴，但受到了外面包裹的细胞膜的限制，细胞膜因低温产生的裂缝和缺陷为脱离的液态金属小液滴的凝固提供了新的成核位点，因此在低温刺激下呈现出多刺的仙人掌形状。

　　磁场触发的液态金属微纳米颗粒变形一般需要磁性物质的加入，例如 Fe 或 Ni。Elbourne 等提出了一种掺杂 Fe 微纳米颗粒的液态金属材料能够在交变磁场下产生棒状和五角星状的变形[90]［图 1 - 11(c)]。当交变的磁场在液态金属材料中产生热效应时，液态金属的表面氧化为棒状的 GaOOH。由于磁场对掺杂其中 Fe 的磁场拖曳力，棒状 GaOOH 以同一个液态金属球为中心向各个方向生长，因此呈现出五角星状。值得注意的是，较大磁场强度（775 mHz）在触发该变形中是十分关键的。当场强较小时，其热量和拖拽力不足以产生该变形。Liu 等制备了一种掺杂四氧化三铁（Fe_3O_4）的哑铃状液态金属微纳米颗粒[91]，其在交变磁场中能产生有效运动，同时由于磁热的产生，其发生由哑铃状向球形的转变。这主要是由于磁热产生的涡流撕裂了液态金属颗粒表面的氧化膜，内部液态的金属流出后形成新的球形颗粒。

　　需要指出的是,纳米液态金属的变形可存在于液态金属的制备、应用及回收或降解过程中(图1-12)。通过改变液态金属表面氧化物、表面修饰物、外场及外界微环境,可以灵活调控液态金属的变形行为。举例来说,在超声制备液态金属纳米颗粒过程中,表面修饰物在纳米液态金属颗粒表面沉积可能会改变液态金属颗粒表面的光滑度,进一步的氧化反应使得镓基液态金属中的Ga发生氧化反应生成GaOOH,从而发生从球状到棒状、针状、米状的转变。在镓基纳米液态金属颗粒应用过程中,热场的刺激会加速Ga在水溶液中的氧化反应;而冷场的刺激会使液态的金属颗粒产生相变,表面生成尖刺。液态金属颗粒在酸性或者碱性溶液中的降解过程中,离子化行为使得颗粒不断解离,直至完全降解。

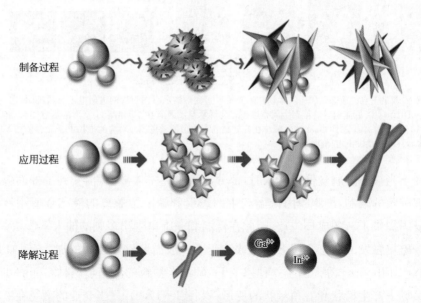

图1-12　纳米液态金属颗粒在制备、应用及降解过程中的变形行为

　　通过对纳米液态金属颗粒变形行为的调控,可以通过材料或者外场调控进行纳米液态金属材料的自修复、自适应、自组装、自驱动等不同的行为模式或者模式叠加,实现在能源热控、柔性马达、微纳制造、生物医学等领域的应用。

1.6　纳米液态金属制造问题

　　制备液态金属颗粒的方法很多,主要分为通过物理分裂的自上而下法(包括模板法、喷注法、微流体技术、机械剪切法、沸腾破碎法和超声处理法），以及通过相变沉积的自下而上的方法（如物理气相沉积），如图1-13所示。

图1-13 液态金属颗粒的不同制造方法[66,78,81,92-96]

拓展液态金属颗粒的应用存在两个主要障碍：一方面是微观尺度上对液态金属颗粒的物理化学性质了解不足，另一方面则是颗粒制备的精准控制。第2章将对广泛使用的液态金属颗粒制造方法作详细总结，包括模板成型、射流喷射、流动聚焦，将液体剪切成复杂颗粒、超声处理和物理气相沉积等。制造部分描述了每种方法的分步程序，还提供了有助于为特定目的选择适当制造方法的途径。当直径从微米级减小到纳米级时，通过特定方法制备的液态金属颗粒获得了不同于宏观液态金属的独特性质，例如形状、热性能和电性能等。

1.7 纳米液态金属材料的应用领域

增加液态金属液滴的比表面积并缩小其物理尺寸对于生物医学、印刷电子、柔性接口材料和电传感器等领域的特殊应用至关重要。此外，纳米材料显著改变和改善了液态金属的物理、化学和生物特性。基于液态金属的微小变形有许多新的应用，这些应用无法用宏观材料实现（图1-14）。

在能源热控领域，热界面材料通过与液态金属颗粒的耦合可以获得可控的电容量和优异的热容量。总的来说，液态金属颗粒与传统材料具有良好的兼容性，并在许多应用中实现性能增强。

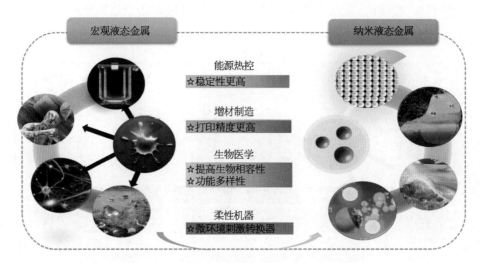

图 1-14 纳米液态金属材料的主要应用领域

在增材制造领域,尽管通过直接打印和微通道注入显示了图案化液态金属的潜在实际应用,但仍然需要制造更高分辨率的柔性电路板。由于大的表面张力和表面氧化物的形成,宏观液态金属与喷墨打印不兼容。然而,基于微纳米液态金属材料制备与打印有助于克服这些障碍,通过引入液态金属颗粒可实现精确电路的制造。具体而言,利用外部刺激的烧结方法对液态金属液滴的胶态悬浮液进行喷墨图案化使得实现高分辨率印刷电子产品成为可能。在功率密度迅速增加导致热机械故障的情况下,微型液态金属制动器可以自动恢复断裂的导电路径,无需任何手动维修或外部加热,显示出较好的鲁棒性。天生的自愈液态金属颗粒有助于克服锂离子电池容量和寿命之间的不兼容性。

在生物医学领域,与宏观液态金属相比,液态金属纳米颗粒更容易通过微环境操纵实现。液态金属纳米颗粒可在微酸性细胞条件下通过融合从而触发药物释放。研究表明,液态金属纳米球可以转化为纳米棒,具有形状转变行为的功能性液态金属纳米颗粒可以作为药物递送和消除癌细胞的光热敏化剂的载体,以促进肿瘤细胞内体的完全破坏。纳米尺度液态金属具有许多优点,特别是柔软性和可转换性,使其适合于实际和新颖的应用。

在柔性机器领域,对这些新兴金属材料的研究尚处于早期阶段,利用电、磁、声、光、热场驱动的纳米液态金属机器和马达领域有大量的研究缺口亟须探索,以实现进一步的改进和更易获得的功能材料。

在其他领域,如电磁屏蔽,可以利用柔性液态金属纳米颗粒与基底之间的互相匹配,实现更好的屏蔽与吸波性能。

1.7.1 生物医学

1. 癌症治疗

液态金属纳米颗粒有诸多独特的特性,如低毒、增强渗透、光热转换和可变形性等,使其成为可将化学疗法与物理疗法结合用于癌症治疗的新型材料[8]。功能性液态金属微纳米颗粒能够通过滞留效应或其他主动靶向在肿瘤部位积聚。在外部激光照射下,液态金属微纳米颗粒聚集并阻塞局部血管以切断肿瘤的血液供应,同时将激光能量转化为热量以杀死肿瘤细胞。对于其他作为药物载体的液态金属微纳米颗粒,可以通过内吞作用进入癌细胞,并通过变形刺穿溶酶体膜以加速药物的释放。液态金属微纳米颗粒在癌症治疗中目前主要有三个重要方向:① 可生物降解的药物载体,用于可控的药物递送;② 破坏内体/溶酶体的智能变形器;③ 光热疗法中的光热转化增敏剂。具体内容详见第8章。

2. 抗菌材料

在抗菌领域,非药物溶出性的抗菌表面具有很大的发展潜力[97]。相比抗菌药剂,抗菌表面具有抗菌活性持久、广谱、预防耐药菌产生等优势[98-100]。值得一提的是,不同于宏观的金属 Ga,镓盐和镓基纳米复合材料的抗菌活性已经得到了很好的研究,例如 Kurtjak 等开发了一种生物兼容的纳米复合材料,包含抗菌镓纳米球和生物活性羟基磷灰石纳米棒[101]。Choi 等合成了 6 种不同类型的 Ga^{3+} 和利福平纳米颗粒来抑制强毒性结核分枝杆菌的生长[102]。此外,以 Ga^{3+} 为基础的化合物也证明了它们对联合感染的人巨噬细胞中分枝杆菌和 HIV 的生长具有强大的抑制活性[103]。总的来说,有许多直接和间接的证据表明 Ga^{3+} 作为一种抗菌剂的关键作用。

尽管 Ga@HAp 取得了优异的抑菌活性,但其抗菌机制仍旧存疑。主流观点认为纳米粒子释放的 Ga^{3+} 可以抑制细菌生长或杀死细菌。Li 等人证实了镓基液态金属离子 Ga^{3+} 可诱导细胞内活性氧物质生成而具有优异的抗菌活性[104]。此外,基于 Ga^{3+} 的化合物还说明了它们对分枝杆菌和 HIV 共同感染的人类巨噬细胞的生长起到有效抑制活性的作用[103]。另外,He 等利用 Ga^{3+} 和两性离子聚合物 PEIs(polyethylenimine-quaternized derivatives)协同

2. 基于液态金属颗粒的自愈合导电体

电路元件正朝着小体积和高集成的方向发展,因此,对具有更高输入/输出(I/O)电流密度和更小特征尺寸的电子设备的需求越来越高。然而,由于可能面临的热负荷和机械损坏,此类电子元件的耐用性受到导电通路故障的限制。液态金属是一种优异的自修复导电体,因为它具有良好的流动性、高表面张力和高导电性。为了提升高度集成电路中导电通路的鲁棒性,Palleau 等人引入了一种愈合电线,可以通过将液态金属注射到可愈合聚合物中,以重新连接电子电路[14]。与传统的抢救措施相比,该方法操作简单且效率更高。

1.7.3　能源热控

导热硅脂等热界面材料具有良好的热稳定性和润湿性,有利于电子封装,但其固有的导热性差一直限制了其应用。高导热性和可调节的导电性使液态金属颗粒适用于热界面材料[1],同时,柔性和可变形性更有利于液态金属颗粒与传统材料之间更好的耦合。Mei 等首次提出利用液态金属微纳米颗粒作为软填充颗粒来制造高性能热界面材料[115]。基于液态金属纳米颗粒的热界面材料,具有高热导率、良好绝缘性、低热阻、宽工作温区、高耐击穿电压等优异性能,与固体颗粒填料相比,液态金属颗粒可以避免热界面材料内部应力集中,同时,柔软且可变形的液态金属颗粒赋予导热油脂或有机硅弹性体高导热性。液态金属导热绝缘热界面材料导热率远高出常规热界面材料如硅油或其添加有高导热纳米颗粒材料约 1 个数量级,是一种比较理想的高导热电绝缘界面材料[116]。为了提升纳米液态金属颗粒的含量,Lee 小组提出利用羧酸功能化的聚二甲基硅氧烷(COOH - PDMS - COOH)对 EGaIn 纳米颗粒进行表面修饰[117],并通过与表面修饰过的 EGaIn 纳米颗粒交联形成 PDMS 基体,实现了高体积占比(>40vol%)导热弹性体,具备较低的弹性模量(6.91 kPa),在集中机械应力作用下也可以保持电绝缘。

Yu 等利用液相脉冲激光辐照技术,通过超声处理,可以获得 10 nm 甚至更小的 GaInSn 纳米颗粒,将纳米液态金属颗粒植入钙钛矿薄膜中,可以获得光电转换效率高达 22.03% 的光电器件[118]。

1.7.4　微纳马达

到目前为止,已有多项工作聚焦于宏观液态金属马达,液态金属因其固有的柔软性和可变形性被认为是未来软机器人的理想材料[18,119-122]。然而,与液态金属微纳米颗粒相比,宏观液态金属不能在一些狭窄的环境中发挥作用。因此,开发柔软、可变形以适应复杂微环境的微型液态金属马达迫在眉睫。

2015 年,刘静小组发现了自供能的液态金属机器现象[123]及一系列微马达行为如过渡态机器[124]、宏观布朗运动[125]、磁性自驱动液态金属机器[126]等,揭开了液态金属如何获取能量形成自主运动机器的奥秘,该方向预示着一系列机器形态的发展[127]。自驱动液态金属可大可小,亚毫米级的微型马达在碱性溶液中以~3 cm/s 的速度随机移动,与经典的布朗运动相似,但不同于以往借助分子碰撞实现无规律运动的是,液态金属马达自身拥有动力。与大型自驱动液态金属依靠内生电场不同,这些微马达的部分动力还来源于底部产生的 H_2 气泡。一般说来,这种微型液态金属马达主要通过在溶液中"游泳"来实现平面运动。2016 年,汤等发现在 NaOH 溶液中将 Ni 颗粒与液态金属颗粒接触会诱导液态金属颗粒在不同的基板上跳跃或滚动[128],从而实现三维运动。这两种液态金属微马达的动力源于瞬间产生的大量 H_2 气泡,以克服流动阻力和摩擦力,这使它们可以在碱性或水溶液中进行简单的运动。然而,由于 H_2 产生的无序和不可控过程,它们无法控制自己的方向、速度和区域。到目前为止,主要在有外部电场或磁场的 NaOH 溶液中实现对液态金属微马达的可控运动。

1.7.5 其他领域

在电磁屏蔽领域,通常来讲,高导电性的非磁性金属材料在吸波领域作用有限,但是纳米材料和复合材料的发展拓展了吸波材料的可行范围。目前,碳纳米管、碳纤维、石墨烯等导电性相对较差的碳系材料,树枝状铁、氧化铁,以及金属复合材料等在微波波段内起到了吸波的作用。但是这类刚性材料填充颗粒与有机材料之间存在"相"的不匹配。此外,由于固态材料的形状不可变,以固体颗粒为填充物的吸波复合材料的有效响应带无法按预期进行动态调谐。相较固体颗粒而言,液态金属颗粒在柔韧性和可变形性方面具有明显的优势[129],并且能够解决动态调谐问题。Ou 等利用 GaInSn 纳米颗粒制备了一种可调节介电常数和磁导率的复合材料(简称 GaInSn 吸波材料),表现出了可调节的吸波能力[130]。首先将 GaInSn 放置于硫醇溶液中进行超声,以制备纳米级的液态金属颗粒。随后将其置于 PDMS 中进行研磨,完全混合后加入固化剂,随后 80℃下加热成型。内部 GaInSn 颗粒的尺寸介于 100~300 nm。尽管液态金属密度较高,但是由于颗粒粒径较小,GaInSn 的纳米颗粒仍旧悬浮在 PDMS 中。当复合材料变形时,GaInSn 颗粒随基底材料变形,其整体的介电常数和磁导率也随之发生变化,最终导致吸波性能发生变化。

在微纳焊接领域,Ma 研究团队利用超声分散制备微米到纳米尺度的液态金属颗粒[63],通过离子溅射,在液态金属颗粒上喷镀铂(Pt)金属纳米层,制备出一半 Pt 材料,另一半液态金属材料的非对称结构液态金属微纳米马达。其中 Pt 材料催化分解 H_2O_2 燃料,从而获得自泳驱动能力。借助液态金属的低温流动性和良好的导电性,这种液态金属微纳米马达还能够主动"搜索"并自动趋向 AgNW 网络中的目标焊点位置,到达目标点之后,通过常温酸雾处理,除去液态金属微纳米马达表面的氧化膜,实现对纳米银线搭接节点的精准焊接,降低了接触节点的电阻。

在摩擦润滑领域,He 等发现二烷基二硫代磷酸酯(DDP)的修饰有助于提高纳米液滴在基础润滑油聚 α-烯烃(PAO)中的分散性。因此其作为基础油添加剂,可以显著降低摩擦副表面的摩擦系数和磨损体积[131]。

1.8　纳米液态金属材料的生物安全性

尽管小剂量的宏观液态金属已被证明具有生物相容性,但液态金属纳米颗粒的毒性仍缺少系统深入的研究。目前,越来越多的证据表明液态金属纳米颗粒在体外和体内都表现出优异的生物安全性。

镓基液态金属的生物毒性受其尺寸、合金组分、表面修饰物等诸多因素的影响。表面修饰被证明是一种提高液态金属微纳米材料的生物安全性的有效方法。例如水凝胶包裹的液态金属微纳米材料安全浓度可达 2 mg/mL[132]。

体外实验显示,与其他刚性纳米材料相比,如单壁碳纳米管、多壁碳纳米管和金纳米棒,液态金属纳米颗粒即使在高浓度下也表现出低毒性(超过 90% 的 HeLa 细胞在 1 600 μg/mL 的浓度中存活)[图 1-15(a)]。此外,Wang 等证明,即使在 300 mg/L 的浓度下,超过 80% 的肝细胞仍然存活[133]。Chechetka 等研究了镓基液态金属微纳米材料在体外的生物毒性。结果表明,与传统无机材料相比,液态金属微纳米材料在细胞内具有更高的安全浓度阈值[134]。

体内实验表明,注射了高浓度(330 μg/mL)液态金属纳米颗粒的小鼠的生存能力和体重并没有出现明显变化。此外,Lu 等评价了液态金属颗粒对小鼠的毒性[20],液态金属颗粒对肝功能的重要指标,包括丙氨酸转氨酶(ALT)、天冬氨酸转氨酶(AST)、碱性磷酸酶(ALP)和白蛋白浓度均无影响。接受治疗的小鼠血液中的尿素水平(肾功能的重要指标)也在正常范围内[图 1-15(c)～(e)]。

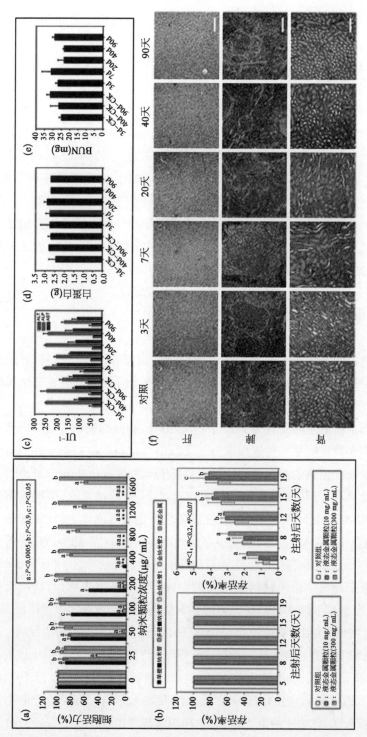

图 1-15 液态金属纳米颗粒的毒理学评估

(a) 被不同纳米材料处理的细胞的活力,包括碳纳米管、金纳米棒和液态金属纳米颗粒。(b) 被不同浓度的液态金属纳米颗粒处理的小鼠的生存能力和体重。(c)~(e) 液态金属颗粒对多种重要的指标的影响。(f) 小鼠主要器官的组织切片[20,134]。

他们还对主要器官(肝、脾和肾)进行了组织学评估,并未发现明显的器官损伤[图 1-15(f)]。这些结果证明了液态金属纳米颗粒的生物相容性。此外,Liu等通过将 0.2 mL 的 Ga 液滴直接注入实验小鼠的胃中来评估较大尺寸的液态金属液滴的毒性。在为期 20 d 的观察中,实验小鼠与对照组在体重、进食和排泄及胃部与肠道切片等方面均无明显差异[135]。

液态金属纳米颗粒对生物体表现出低毒性的机制仍然没有完全确定,目前仅能从以下几个方面进行解释:一是液态金属纳米颗粒在暴露于酸性环境时会被逐渐降解,即细胞中的液态金属纳米颗粒会在酸性环境中转化为 Ga^{3+}。另一个因素是残留的液态金属纳米颗粒可以通过肾脏或其他排泄物去除。排泄监测试验表明,Ga 和 In 的排泄浓度随时间稳定下降[19]。总之,液态金属纳米颗粒的毒性的系统评估尚未建立,但越来越多的证据表明液态金属纳米颗粒有望成为理想的诊断治疗生物材料。

1.9　未来展望

总的来说,纳米液态金属的高性能可在许多领域获得广泛应用。然而,在应用推广之前,必须解决几个基本问题和技术挑战。例如,悬浮颗粒会带来额外的问题,如颗粒沉积、聚集、易结垢、溶液质量退化和通道可能堵塞。纳米流体悬浮液的稳定性问题包括热力学稳定性、流体稳定性和聚集稳定性。悬浮纳米颗粒之间的相互作用导致了颗粒的团聚。粒子一旦聚集,就很难分离,进一步的聚集导致纳米颗粒团簇的形成,进而降低了粒子的均匀分散性。以纳米液态金属为例,由于液态金属与纳米颗粒难以共混,影响了分散的均匀性,在纳米流体的合成上还存在许多问题[2]。基于这些考虑,解决这些问题的策略有:纳米粒子表面的处理和改性,开发性能优良的分散剂和稳定剂,探索分散条件,优化制备工艺。而且,由于液态金属对某些固体金属的腐蚀性,金属颗粒应小心地载入基液中并涂上隔离层。

此外,为了保证纳米液态金属的应用,需要对其物理机制进行基础研究,对这种高导电纳米流体的深入研究将加速其实际应用。目前对纳米流体的认识还比较有限,纳米液态金属作为一种被严重忽视的创新材料,需要建立更多的理论模型。现有的纳米流体方程需要进行修正,以准确描述纳米液态金属的特性。另外,从不同的物理或化学角度来理解纳米液态金属将是非常必要的。

1.10 小结

纳米液态金属作为一种新兴的功能材料具有巨大的发展潜力,为研究者和工程师开发各种非传统技术提供了巨大的机会。同时,还有许多科学和技术挑战需要解决,这将需要纳米材料、物理、化学和工程之间的跨学科合作。纳米液态金属的合成方法、悬浮稳定性、表征、特殊性质以及与相关材料的相互作用等都需要进一步的研究。为了有效地拓展纳米液态金属的应用,需要付出各种努力来更好地理解其中所涉及的物理或化学机制,特别是由于纳米液态金属的基本性质和应用在过去一直被忽视,未来一些年纳米液态金属技术还有很大的探索空间。

参 考 文 献

[1] Liu J. Advanced liquid metal cooling for chip, device and system. Shanghai: Shanghai Science & Technology Press, 2020.

[2] Liu J. Nano liquid metal materials: when nanotechnology meets with liquid metal. Nanotech Insights, 2016, 7(3&4): 2 - 6.

[3] Zhang Q, Liu J. Nano liquid metal as an emerging functional material in energy management, conversion and storage. Nano Energy, 2013, 2(5): 863 - 872.

[4] Ma K Q, Liu J. Nano liquid-metal fluid as ultimate coolant. Physics Letters A, 2007, 361: 252 - 256.

[5] 刘静,王磊.液态金属 3D 打印技术:原理及应用.上海:上海科学技术出版社,2019.

[6] 刘静,王倩.液态金属印刷电子学.上海:上海科学技术出版社,2019.

[7] Wang Q, Yu Y, Pan K, et al. Liquid metal angiography for mega contrast x-ray visualization of vascular network in reconstructing in-vitro organ anatomy. IEEE Transactions on Bio-medical Engineering, 2014, 61(7): 2161.

[8] Yi L, Liu J. Liquid metal biomaterials: a newly emerging area to tackle modern biomedical challenges. International Materials Reviews, 2017, 62(7): 1 - 26.

[9] Liu J, Yi L. Liquid metal biomaterials: principles and applications. Springer, 2018.

[10] Gao Y X, Li H Y, Liu J. Direct writing of flexible electronics through room temperature liquid metal ink. PLoS ONE, 2012, 7(9): e45485.

[11] Zhang Q, Zheng Y, Liu J. Direct writing of electronics based on alloy and metal ink (DREAM Ink): A newly emerging area and its impact on energy, environment and health sciences. Frontiers in Energy, 2012, 6(4): 311 - 340.

[12] Li H Y, Yang Y, Liu J. Printable tiny thermocouple by liquid metal gallium and its

matching metal. Applied Physics Letters, 2012, 101: 073511.

[13] Liu Y, Gao M, Mei S F, et al. Ultra-compliant liquid metal electrodes with in-plane self-healing capability for dielectric elastomer actuators. Applied Physics Letters, 2013, 102: 064101.

[14] Palleau E, Reece S, Desai S C, et al. Self-healing stretchable wires for reconfigurable circuit wiring and 3D microfluidics. Advanced Materials, 2013, 25(11): 1589 – 1592.

[15] Cheng S, Wu Z. A microfluidic, reversibly stretchable, large-area wireless strain sensor. Advanced Functional Materials, 2011, 21(12): 2282 – 2290.

[16] Tang S Y, Khoshmanesh K, Sivan V, et al. Liquid metal enabled pump. Proceedings of the National Academy of Sciences, 2014, 111(9): 3304 – 3309.

[17] 桂林,高猛,叶子,等.液态金属微流体学.上海:上海科学技术出版社,2021.

[18] Liu J, Sheng L, He Z Z. Liquid metal soft machines: principles and applications, Springer, 2019.

[19] 刘静.微米/纳米尺度传热学.北京:科学出版社,2001.

[20] Lu Y, Hu Q, Lin Y, et al. Transformable liquid-metal nanomedicine. Nature Communications, 2015, 6: 10066.

[21] Ma K, Liu J. Liquid metal cooling in thermal management of computer chips. Frontiers of Energy and Power Engineering in China, 2007, 1(4): 384 – 402.

[22] Wang W H, Wang J, Tang X Y, et al. Effects of addition small amount high melting point metal on properties of lead-free solders. Electronic Components & Materials, 2005, 24(9): 48 – 51.

[23] Fang Y, Lu B, Chen C. Effects of alloy composition on microstructure, thermal conductivity and melting point of Cu-Ni-Nb-Mo alloy prepared by vacuum arc-melting. Special Casting & Nonferrous Alloys, 2015, 35(3): 318 – 321.

[24] Chelikowsky J R, Anderson K E. Melting point trends in intermetallic alloys. Journal of Physics & Chemistry of Solids, 1987, 48(2): 197 – 205.

[25] Chen S W, Chen P Y, Wang C H. Lowering of SnSb alloy melting points caused by substrate dissolution. Journal of Electronic Materials, 2006, 35(11): 1982 – 1985.

[26] Yamaguchi A, Yamashita Y, Furusawa A, et al. Properties of solder joints using Sn-Ag-Bi-In solder. Materials Transactions, 2004, 45(4): 1282 – 1289.

[27] Chen G, Li X, Ma J. The study on the new type lead-free solder alloys Sn-Zn-Ga. Rare Metal Materials and Engineering, 2004, 33(11): 1222 – 1225.

[28] Endoh T, Kurihara Y. Influence of Pb impurity on melting point and metallography of Sn-5wt%Sb alloy. Electronics & Communications in Japan, 2015, 81(1): 1 – 12.

[29] Li J B, Meng H J, Pi Z J, et al. Application status and development trends of the lithium primary batteries. Chinese Journal of Power Sources, 2018, 42(5): 725 – 727.

[30] Zhang Y. Speciation, bioavailability and toxicity of mercury in traditional Chinese medicine. Environmental Chemistry, 2011, 30(7): 1322 – 1326.

[31] Derevianko A. Hyperfine-induced quadrupole moments of alkali-metal atom ground

states and their implications for atomic clocks. Physics, 2015, 93(1): 012503.

[32] Xu Z F, Wang Y X. Effects of alloyed metal on the catalysis activity of Pt for ethanol partial oxidation: adsorption and dehydrogenation on Pt3m (m=Pt, Ru, Sn, Re, Rh, and Pd). The Journal of Physical Chemistry C, 2011, 115(42): 20565.

[33] Ozuah P O. Mercury poisoning. Current Problems in Pediatric and Adolescent Health Care, 2000, 30(3): 91-99.

[34] Engleson G, Herner T. Alkyl mercury poisoning. Acta Paediatrica, 1952, 41(3): 289.

[35] Zhang Y, Liao S, Yun X. Highly active alkali metal hydrides: their catalytic syntheses and properties. Journal of Molecular Catalysis, 1993, 84(3): 211-221.

[36] Konovalov é V, Lastov A I, Malumyan I V, et al. Ecologically safe storage for radioactive alkali-metal wastes. Soviet Atomic Energy, 1991, 70(5): 376-379.

[37] Huang Z, Xiao G, Wen W, et al. A "smart" hollandite denox catalyst: self-protection against alkali poisoning. Angewandte Chemie International Edition, 2013, 52(2): 688-692.

[38] Yu Z, Chen Y, Yun F, et al. Simultaneous fast deformation and solidification in supercooled liquid gallium at room temperature. Advanced Engineering Materials, 2017: 1700190.

[39] Carlson D G, Feder J, Segmüller A. Measurement of the liquid-structure factor of supercooled gallium and mercury. Physical Review A, 1974, 9(1): 400-403.

[40] 龚新高.高温及高压下液体镓的结构——第一性原理分子动力学方法研究.物理学报, 1995,6: 885-896.

[41] González L E, González D J, Stott M J. Covalentlike electronic effects in metallic liquids using an orbital-free ab initio method. Physical Review B, 2008, 77(1): 014207.

[42] Niu H, Bonati L, Piaggi P M, et al. Ab initio phase diagram and nucleation of gallium. Nat Commun, 2020, 11(1): 2654.

[43] Tsai K H, Wu T M, Tsay S F. Revisiting anomalous structures in liquid Ga. J Chem Phys, 2010, 132(3): 034502.

[44] 黎文彬.硅烯、硼烯和 CO 分子晶体的 MBE 生长与 STM 研究(博士学位论文).北京: 中国科学院大学,2018.

[45] Chen S, Wang H Z, Sun X Y, et al. Generalized way to make temperature tunable conductor-insulator transition liquid metal composites in a diverse range. Materials Horizons, 2019, 6(9): 1854-1861.

[46] 王焕荣,叶以富,闵光辉.共晶 Ga-In 合金的液态结构与粘度研究.金属学报,2001,8: 801-804.

[47] America Indium Corporation. Gallium containing indalloy metals. 2021.

[48] Mei Z, Holder H A, Plas H. Low temperature solder. 1996, 47: 91-98.

[49] Chelikowsky J R, Anderson K E. Melting-point trends in intermetallic alloys. Journal of Physics and Chemistry of Solids, 1987, 48(2): 197-205.

[50] Lindgren E, Westberg G. Radioactive bismuth phosphate for treatment of craniopharyngioma. Acta Radiologica-Therapy Physics Biology, 1964, 2(2): 113 - 120.

[51] Meijer H C, Beduz C, Mathu F. Thermal contact at very low-temperatures-use of bismuth solder. Journal of Physics E-Scientific Instruments, 1974, 7(6): 424 - 425.

[52] Playford R J, MacDonald C E. Safety of bismuth. Alimentary Pharmacology & Therapeutics, 1996, 10(6): 1035 - 1036.

[53] Haneman D. Adsorption and bonding properties of cleavage surfaces of bismuth telluride. Physical Review, 1960, 119(2): 567 - 569.

[54] Huang X, Yang Z, Li Y. Electroplating of tin-bismuth alloy coating on high silicon aluminum alloy. Electroplating & Pollution Control, 2016, 36(4): 9 - 12.

[55] America Indium Corporation. Indalloy metal mix Containing bismuth. 2021.

[56] Guisbiers G, Mejia-Rosales S, Leonard Deepak F. Nanomaterial properties: size and shape dependencies. Journal of Nanomaterials, 2012, 2012: 1 - 2.

[57] Wang Y S, Wang S N, Chang H, et al. Galvanic replacement of liquid metal/reduced graphene oxide frameworks. Advanced Materials Interfaces, 2020, 7(19): 2000626.

[58] Wu B, Xia N, Long D, et al. Dual-functional supernanoparticles with microwave dynamic therapy and microwave thermal therapy. Nano Letters, 2019, 19(8): 5277 - 5286.

[59] 王玉书.液态金属与碳基材料界面作用机制及应用研究(博士学位论文).北京：中国科学院理化技术研究所,2020.

[60] Hohman J N, Kim M, Wadsworth G A, et al. Directing substrate morphology via self-assembly: Ligand-mediated scission of gallium-indium microspheres to the nanoscale. Nano Lett, 2011, 11(12): 5104 - 5110.

[61] Li Z, Zhang H, Wang D, et al. Reconfigurable assembly of active liquid metal colloidal cluster. Angew Chem Int Ed Engl, 2020, 59(45): 19884 - 19888.

[62] Yan J, Zhang X, Liu Y, et al. Shape-controlled synthesis of liquid metal nanodroplets for photothermal therapy. Nano Research, 2019, 12(6): 1313 - 1320.

[63] Wang Y, Duan W, Zhou C, et al. Phoretic liquid metal micro/nanomotors as intelligent filler for targeted microwelding. Adv Mater, 2019, 31(51): e1905067.

[64] Wang D, Gao C, Zhou C, et al. Leukocyte membrane-coated liquid metal nanoswimmers for actively targeted delivery and synergistic chemophotothermal therapy. Research, 2020, 2020: 3676954.

[65] 常皓.基于镓基液态金属的微观表/界面行为特性研究(博士学位论文).北京：中国科学院理化技术研究所,2022.

[66] Tang S Y, Ayan B, Nama N, et al. On-chip production of size-controllable liquid metal microdroplets using acoustic waves. Small, 2016, 12(28): 3861 - 3869.

[67] Sun X Y, Sun M M, Liu M M, et al. Shape tunable gallium nanorods mediated tumor enhanced ablation through near-infrared photothermal therapy. Nanoscale, 2019, 11(6): 2655 - 2667.

[68] Lin Y, Liu Y, Genzer J, et al. Shape-transformable liquid metal nanoparticles in

aqueous solution. Chemical Science，2017，8(5)：3832 - 3837.

［69］Yan J J，Zhang X D，Liu Y，et al. Shape-controlled synthesis of liquid metal nanodroplets for photothermal therapy. Nano Research，2019，12(6)：1313 - 1320.

［70］Martin A，Kiarie W，Chang B，et al. Chameleon metals：Autonomous nano-texturing and composition inversion on liquid metals surfaces. Angew Chem Int Ed Engl，2020，59(1)：352 - 357.

［71］Gao Y X，Liu J. Gallium based thermal interface material with high compliance and wettability. Appl Phys A，2012，107：701 - 708.

［72］Chang H，Guo R，Sun Z，et al. Direct writing and repairable paper flexible electronics using nickel-liquid metal ink. Advanced Materials Interfaces，2018，5(20)：1800571.

［73］Kim D，Thissen P，Viner G，et al. Recovery of nonwetting characteristics by surface modification of gallium-based liquid metal droplets using hydrochloric acid vapor. ACS Appl Mater Interfaces，2013，5(1)：179 - 185.

［74］Zhang J，Sheng L，Liu J. Synthetically chemical-electrical mechanism for controlling large scale reversible deformation of liquid metal objects. Scientific Reports，2014，4：7116.

［75］Wang D，Wang X，Rao W. Precise regulation of Ga-based liquid metal oxidation. Accounts of Materials Research，2021，2(11)：1093 - 1103.

［76］Sivan V，Tang S Y，O'Mullane A P，et al. Liquid metal marbles. Advanced Functional Materials，2013，23(2)：144 - 152.

［77］Kumar V B，Gedanken A，Porat Z. Facile synthesis of gallium oxide hydroxide by ultrasonic irradiation of molten gallium in water. Ultrasonics Sonochemistry，2015，26：340 - 344.

［78］Ren L，Zhuang J，Casillas G，et al. Nanodroplets for stretchable superconducting circuits. Advanced Functional Materials，2016，26(44)：8111 - 8118.

［79］Boley J W，White E L，Kramer R K. Mechanically sintered gallium-indium nanoparticles. Advanced Materials，2015，27(14)：2355.

［80］Lin Y，Cooper C，Wang M，et al. Handwritten，soft circuit boards and antennas using liquid metal nanoparticles. Small，2016，11(48)：6397 - 6403.

［81］Tang L，Cheng S，Zhang L，et al. Printable metal-polymer conductors for highly stretchable bio-devices. iScience，2018，4：302 - 311.

［82］Lear T R，Hyun S H，Boley J W，et al. Liquid metal particle popping：macroscale to nanoscale. Extreme Mechanics Letters，2017，13：126 - 134.

［83］Kumar V B，Porat Z e，Gedanken A. Dsc measurements of the thermal properties of gallium particles in the micron and sub-micron sizes，obtained by sonication of molten gallium. Journal of Thermal Analysis and Calorimetry，2015，119(3)：1587 - 1592.

［84］Zhang M K，Yao S Y，Rao W，et al. Transformable soft liquid metal micro/nanomaterials. Materials Science & Engineering R-Reports，2019，138：1 - 35.

［85］Lin Y，Liu Y，Genzer J，et al. Shape-transformable liquid metal nanoparticles in aqueous solution. Chem Sci，2017，8(5)：3832 - 3837.

[86] Gan T, Shang W, Handschuh-Wang S, et al. Light-induced shape morphing of liquid metal nanodroplets enabled by polydopamine coating. Small, 2019, 15 (9): e1804838.

[87] Lu Y, Lin Y, Chen Z, et al. Enhanced endosomal escape by light-fueled liquid-metal transformer. Nano Lett, 2017, 17(4): 2138 - 2145.

[88] Sun X, Cui B, Yuan B, et al. Liquid metal microparticles phase change medicated mechanical destruction for enhanced tumor cryoablation and dual-mode imaging. Advanced Functional Materials, 2020, 30(39): 2003359.

[89] Wang X, Li X, Duan M, et al. Endosomal escapable cryo-treatment-driven membrane-encapsulated Ga liquid-metal transformer to facilitate intracellular therapy. Matter, 2022, 5(1): 219 - 236.

[90] Elbourne A, Cheeseman S, Atkin P, et al. Antibacterial liquid metals: biofilm treatment via magnetic activation. ACS Nano, 2020, 14(1): 802 - 817.

[91] Liu M, Wang Y, Kuai Y, et al. Magnetically powered shape-transformable liquid metal micromotors. Small, 2019, 15(52): e1905446.

[92] Mohammed M G, Xenakis A, Dickey M D. Production of liquid metal spheres by molding. Metals, 2014, 4(4): 465 - 476.

[93] Yu Y, Wang Q, Yi L, et al. Channelless fabrication for large-scale preparation of room temperature liquid metal droplets. Advanced Engineering Materials, 2013, 16 (2): 255 - 262.

[94] Thelen J, Dickey M D, Ward T. A study of the production and reversible stability of egain liquid metal microspheres using flow focusing. Lab on A Chip, 2012, 12(20): 3961 - 3967.

[95] Hutter T, Bauer W A C, Elliott S R, et al. Formation of spherical and non-spherical eutectic gallium-indium liquid-metal microdroplets in microfluidic channels at room temperature. Advanced Functional Materials, 2012, 22(12): 2624 - 2631.

[96] Kumar V B, Gedanken A, Kimmel G, et al. Ultrasonic cavitation of molten gallium: formation of micro-and nano-spheres. Ultrasonics Sonochemistry, 2014, 21 (3): 1166 - 1173.

[97] 裴阳阳,宋青,李鹏.仿生微纳结构抗菌表面研究进展.表面技术,2019,48(7): 11.

[98] Tripathy A, Sen P, Su B, et al. Natural and bioinspired nanostructured bactericidal surfaces. Advances in Colloid and Interface Science, 2017, 248: 85 - 104.

[99] Epstein A K, Hong D, Kim P, et al. Biofilm attachment reduction on bioinspired, dynamic, micro-wrinkling surfaces. New Journal of Physics, 2013, 15(9): 095018.

[100] Epstein A K, Hochbaum A I, Kim P, et al. Control of bacterial biofilm growth on surfaces by nanostructural mechanics and geometry. Nanotechnology, 2011, 22(49): 494007.

[101] Kurtjak M, Vukomanovi M, Kramer L, et al. Biocompatible nano-gallium/ hydroxyapatite nanocomposite with antimicrobial activity. Journal of Materials

Science Materials in Medicine, 2016, 27(11): 170.

[102] Choi S R, Britigan B E, Moran D M, et al. Gallium nanoparticles facilitate phagosome maturation and inhibit growth of virulent mycobacterium tuberculosis in macrophages. PLoS One, 2017, 12(5): e0177987.

[103] Narayanasamy P, Switzer B L, Britigan B E. Prolonged-acting, multi-targeting gallium nanoparticles potently inhibit growth of both HIV and mycobacteria in co-infected human macrophages. Scientific Reports, 2015, 5: 8824.

[104] Li L, Chang H, Nie Y. Superior antibacterial activity of gallium based liquid metal due to Ga^{3+} induced intracellular ROS generation. Journal of Materials Chemistry B, 2020, 9(1): 85 - 93.

[105] He B, Du Y, Wang B, et al. Self-healing polydimethylsiloxane antifouling coatings based on zwitterionic polyethylenimine-functionalized gallium nanodroplets. Chemical Engineering Journal, 2022, 427: 131019.

[106] Choi S R, Britigan B E, Narayanasamy P. Ga(iii) nanoparticles inhibit growth of both Tb and HIV and release of il-6 and il-8 in co-infected macrophages. Antimicrobial Agents & Chemotherapy, 2017, 61(4): AAC.02505 - 16.

[107] Soto E R, O'Connell O, Dikengil F, et al. Targeted delivery of glucan particle encapsulated gallium nanoparticles inhibits HIV growth in human macrophages. Journal of Drug Delivery, 2016, 2016(6851): 8520629.

[108] Elbourne A, Cheeseman S, Atkin P, et al. Antibacterial liquid metals: biofilm treatment via magnetic activation. Acs Nano, 2020, 14(1): 802 - 817.

[109] Wang X L, Liu J, Recent advancements in liquid metal flexible printed electronics: properties, technologies, and applications. Micromachines, 2016, 7: 206.

[110] Rogers J A, Ghaffari R, Kim D H. Stretchable bioelectronics for medical devices and systems. Springer International Publishing, 2016.

[111] Boley J W, White E L, Chiu G T C, et al. Direct writing of gallium-indium alloy for stretchable electronics. Advanced Functional Materials, 2014, 24(23): 3501 - 3507.

[112] Kramer R K, Majidi C, Wood R J. Masked deposition of gallium-indium alloys for liquid-embedded elastomer conductors. Advanced Functional Materials, 2013, 23(42): 5292 - 5296.

[113] Wang Q, Yu Y, Yang J, et al. Fast fabrication of flexible functional circuits based on liquid metal dual-trans printing. Advanced Materials, 2016, 27(44): 7109 - 7116.

[114] Zheng Y, He Z Z, Yang J, et al. Personal electronics printing via tapping mode composite liquid metal ink delivery and adhesion mechanism. Sci Rep, 2014, 4(6179): 4588.

[115] Mei S, Gao Y, Deng Z, et al. Thermally conductive and highly electrically resistive grease through homogeneously dispersing liquid metal droplets inside methyl silicone oil. ASME Journal of Electronic Packaging, 2014, 136(1): 011009.

[116] Fan P, Sun Z, Wang Y, et al. Nano liquid metal for the preparation of a thermally

conductive and electrically insulating material with high stability. RSC Advances, 2018, 8: 129 - 132.

[117] Bark H, Tan M W M, Thangavel G, et al. Deformable high loading liquid metal nanoparticles composites for thermal energy management. Advanced Energy Materials, 2021, 11(35): 2101387.

[118] Yu H W, Zhao W H, Ren L, et al. Laser-generated supranano liquid metal as efficient electron mediator in hybrid perovskite solar cells. Advanced Materials, 2020, 32(34): 2001571.

[119] Sheng L, Zhang J, Liu J. Diverse transformations of liquid metals between different morphologies. Advanced Materials, 2014, 26: 6036 - 6042.

[120] Wang X L, Guo R, Liu J. Liquid metal based soft robotics: materials, designs and applications. Advanced Materials Technologies, 2019, 4: 1800549.

[121] Xu S, Yuan B, Hou Y, et al. Self-fueled liquid metal motors. Journal of Physics D: Applied Physics, 2019, 52: 353002.

[122] Wang H, Chen S, Yuan B, et al. Liquid Metal Transformable Machines. Acc. Mater. Res. 2021, 2(12): 1227 - 1238.

[123] Zhang J, Yao Y Y, Sheng L, et al. Self-fueled biomimetic liquid metal mollusk. Advanced Materials, 2015, 27: 2648 - 2655.

[124] Sheng L, He Z, Yao Y, et al. Transient state machine enabled from the colliding and coalescence of a swarm of autonomously running liquid metal motors. Small, 2015, 11(39): 5253 - 5261.

[125] Yuan B, Tan S, Zhou Y, et al. Self-powered macroscopic brownian motion of spontaneously running liquid metal motors. Science Bulletin, 2015, 60(13): 1203.

[126] Zhang J, Guo R, Liu J. Self-propelled liquid metal motors steered by a magnetic or electrical field for drug delivery. Journal of Materials Chemistry B, 2016, 4(32): 5349 - 5357.

[127] Liu J. Liquid metal machine is evolving to soft robotics. Science China Technological Sciences, 2016, 59(11): 1793 - 1794.

[128] Tang J, Wang J, Liu J, et al. Jumping liquid metal droplet in electrolyte triggered by solid metal particles. Applied Physics Letters, 2016, 108(22): 223901.

[129] Zhang M, Zhang P, Wang Q, et al. Stretchable liquid metal electromagnetic interference shielding coating materials with superior effectiveness. J. Mater. Chem. C, 2019, 7: 10331 - 10337.

[130] Ou M, Liu H, Chen X, et al. Tunable electromagnetic wave-absorbing capability achieved in liquid-metal-based nanocomposite. Applied Physics Express, 2019, 12 (4): 045005.

[131] He B, Liu S, Zhao X, et al. Dialkyl dithiophosphate-functionalized gallium-based liquid-metal nanodroplets as lubricant additives for antiwear and friction reduction. ACS Applied Nano Materials, 2020, 3(10): 10115 - 10122.

［132］Wang D，Wu Q，Guo R，et al. Magnetic liquid metal loaded nano-in-micro spheres as fully flexible theranostic agents for smart embolization. Nanoscale，2021，13(19)：8817－8836.

［133］Wang D L，Gao C，Wang W，et al. Shape-transformable，fusible rodlike swimming liquid metal nanomachine. ACS Nano，2018，12(10)：10212－10220.

［134］Chechetka S A，Yu Y，Zhen X，et al. Light-driven liquid metal nanotransformers for biomedical theranostics. Nat Commun，2017，8：15432.

［135］Liu H，Yu Y，Wang W，et al. Novel contrast media based on the liquid metal gallium for in vivo digestive tract radiography：a feasibility study. Biometals，2019，32(5)：795－801.

第2章
纳米液态金属材料制备与表面修饰

2.1 引言

当液态金属直径减小到纳米级时,通过特定方法制备的液态金属纳米颗粒将获得不同于宏观液态金属的独特性质[1],例如形状、热、电、光等特性。制约液态金属纳米材料应用的主要原因之一在于制备方法的优化与可控。纳米液态金属材料现有的制备方式主要以物理制备方法为主,分为两大类:一种是从宏观到微观"自上而下"逐步分离的方式,主要指通过流体喷射、液体剪切、模板法、超声处理等物理方式使液态金属形成纳米尺度的颗粒;另外一种采用"自下而上"逐步构筑的方式,主要指物理气相沉积等方法。

在制备纳米液态金属颗粒的过程中,关键在于克服液态金属的表面张力,避免相邻的液态金属颗粒相互融合。一般来说,镓基纳米液态金属颗粒需要在相邻的液态金属颗粒之间建立屏障。简单的方法是在溶液中采用表面活化剂分离金属液滴;也可利用镓基液态金属表面自限性氧化层,稳定的状态下镓基氧化层可以起到分离液态金属颗粒的作用,但是当液态金属液滴处在酸性、碱性溶液中,氧化层会被溶解;另外在流动或撞击的环境中,氧化层也容易破裂,使得颗粒合并为更大尺度的液态金属。另外一种常用的表面钝化技术是利用物理静电吸附或者化学键作用,在液态金属颗粒表面包覆有机化合物层、无机化合物层或者金属层等,这种方法可以获得更为稳定的液态金属纳米颗粒。

本章详细总结广泛使用的液态金属纳米材料制备方法,不仅详细描述了每种方法的分步程序,还提供了各种方法的调控策略。此外,本章还介绍了几种常见的液态金属表面修饰方法。

2.2 纳米液态金属材料的制备方法

2.2.1 模板法

图 2-1(a)描述了模板法制备共晶镓铟合金(EGaIn)颗粒的步骤：激光切割机在丙烯酸片材上形成柱状图案,然后将聚二甲基硅氧烷(PDMS)浇注并固化在丙烯酸片材上,以形成许多中空的柔性柱。接下来,在这些空隙上分散大量液态金属,利用液态金属填充这些空隙。由于薄氧化层降低了液态金属的表面张力,得到的颗粒是不规则球体。进一步用盐酸(HCl)蒸汽填充模具有助于去除氧化皮,从而形成规则的球形颗粒。利用这种方法,也可以很容易地将液态金属颗粒转移到另一种基质上[图 2-1(b)][2]。进一步地,Wang 等通过真空抽滤辅助的模板法制备了液态金属微纳米棒[图 2-1(c)~(e)][3,4],该模板法制备得到的液态金属微纳米棒的两端具有不同的尺寸,因此利用超声在两端作用产生的声压不同,从而驱动纳米棒进行运动。通过调节超声场的频率和方向,能够对液态金属纳米棒的运动速度和运动方向加以调控。

模板法是一种简便快捷的制备方法,液态金属颗粒的尺寸也可以通过设计的模具进行控制,但大规模生产较为耗时,并且不同直径颗粒的制备是不可扩展的。目前,模板成型技术主要用于制备直径从百纳米到百微米级液态金属颗粒。

2.2.2 流体喷射法

1. 制备步骤

流体喷射法由 Yu 等提出[5],他们在实验中发现,由于液态金属与常规溶液存在较大的表面张力及一系列流体特性差异,将液态金属注入溶液时会因周围流体的阻挡和剪切作用形成各种结构的液态金属,具体结构取决于注射速度、溶液种类及温度等的调控,可以在溶液中生成细长的液态金属线、短结构线以及液滴颗粒等。由此方法发展的装置简单且易于制造,只需要注射器和培养皿即可在室温下制备液态金属液滴[图 2-2(a)]。为避免金属液滴凝聚,研究者引入了表面活化剂,可以获得大量堆集到一起但不融合的稳定液态金属液滴,实验观察到长达两周时间内这些液滴也不发生凝聚。将液态金属

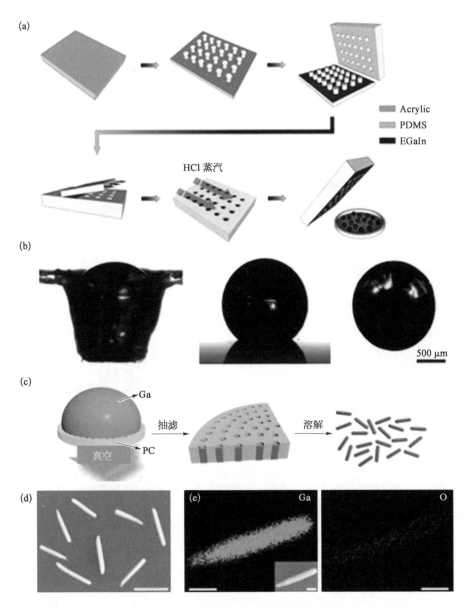

图 2 - 1　合成液态金属颗粒的模板制备法

（a）用于制造液态金属颗粒的逐步成型示意；（b）通过模板制备而成的液态金属颗粒[2]；（c）通过压力过滤模板法制备液态金属纳米棒的示意；（d）使用孔径为 400 nm 的聚碳酸酯膜制成的液态金属纳米棒 SEM 图像，标尺：5 μm；（e）液态金属纳米棒的 EDX 图谱显示 Ga 和 O 的存在，标尺：1 μm[3]。

注入装有表面活性剂的溶液中,针头处会出现连续的液态金属细流,随着液态金属细流远离针头,液态金属将破碎成各种形状,如颈状、梭状、不规则状和球形[图2-2(b)]。表面活性剂和氧化物层的保护作用使液态金属颗粒保持分散和稳定[图2-2(b)和(c)]。研究还进一步展示,如果环境温度低于液态金属的熔点,液态金属颗粒将凝固并形成具有微结构的多孔金属块[5]。

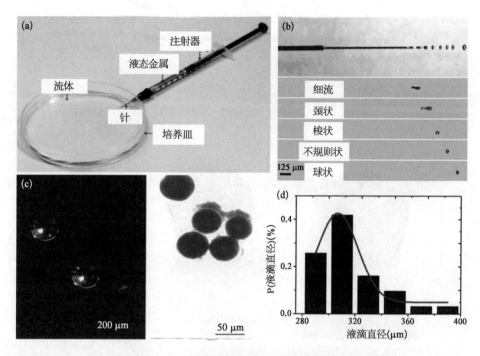

图2-2 流体喷射法制备液态金属颗粒

(a) 流体喷射法装置,主要包括注射器、针头和培养皿;(b) 高速摄像机检测到的液滴制造的详细过程,连续的细流在距针头一定距离处破碎成液滴;(c) 通过流体喷射法制造的液态金属颗粒;(d) 由流体喷射法制造的液滴直径的直方图[5]。

2. 粒径表征与调控方法

根据图2-2(a)的制备方法,当针头直径为0.21 mm(27G),注射速度为70 μL/s,溶液为十二烷基硫酸钠时,可以生成平均直径为(312±24)μm的液态金属颗粒。此外,改变针头孔径和喷射速度可调节液态金属颗粒的直径,实验显示较小的针头和较高的注射速度有助于形成更小的液态金属颗粒[图2-2(c)]。使用60 μm(34G)针头制造的平均粒径为(173±18)μm。当针头直径为410 μm时,平均液滴直径可达(590±71)μm。这种方法既方便又有效且相对便宜,已广泛用于制造液态金属微马达[6,7]。流体喷射法是一种具有一定普适性的方法,中科院理化所与清华大学联合实验室此后还发展了利用电场实现液态金属射流进而形成金属液滴、颗粒、线条乃至发光颗粒的方法[8,9],以后国际上又有多个实验室复现了相应的工作。

流体喷射法是一种快捷的制备方法,液态金属颗粒尺寸可根据针头直径及注射速度进行调整,适合大规模制备。但目前,流体喷射法制备技术更多是用于制备微米级别的液态金属颗粒,纳米级液态金属颗粒制备仍需对针头及注射流速等因素进行优化。

2.2.3　微流控制备方法

1. 制备方法

为了获得均匀的液态金属颗粒,迫使液态金属和另一种不混溶的流体(甘油或水)通过微通道,当两股流体在微孔中相遇时,连续相流体(甘油或水)产生足够的剪切力将分散相的液态金属分解成液态金属颗粒,随后将液态金属颗粒推出微通道中[图 2-3(a)],最终形成了液态金属微米颗粒与甘油或水的混合体系[10,11]。Gol 等设计了一个转移系统,将液态金属颗粒转移到氢氧化钠(NaOH)溶液中,实现了液态金属与甘油的分离[图 2-3(b)和(c)]。当液态金属颗粒、NaOH 和甘油的汇合出现时,液态金属颗粒逐渐从高黏度流体(甘油)穿过界面过渡到低黏度的 NaOH 中[12]。

2. 粒径表征与调控方法

微流体技术产生的颗粒大小取决于三个因素:界面张力、惯性力和剪切力。Tang 等利用电化学和电毛细作用的效应来改变液态金属的表面张力(即界面张力)[15],由此可调节颗粒的直径和液态金属微球的产生频率[图 2-3(d)]。随着电压从 0 增加到 10 V,液态金属液滴的直径从～185 μm 平滑地减小到～85 μm,并且微液滴的产量急剧增加[图 2-3(e)][13]。然而,降低界面张力并不足以实现微米到纳米的转变。为了进一步降低液态金属颗粒的平均尺寸,研究人员设计了一种微流控芯片,利用超声波诱导产生的高剪切力,辅助微流体设备,以制备平均粒径更小的液态金属颗粒。该芯片包含一个蛇形通道,后端包括一个 T 型接头(高度和宽度分别为 50 μm 和 500 μm)作为出口。选择聚乙二醇作为连续相流体,被聚乙二醇剪切形成的液态金属微球经过蛇形

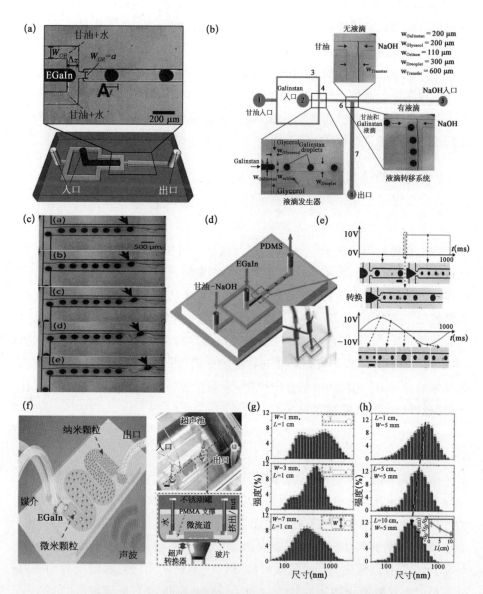

图 2-3 合成液态金属微米颗粒和纳米颗粒的微流体设备

(a) 传统的微流体技术设备；(b)~(c) 液态金属微球与甘油分离；(d)~(e) 改变液态金属表面张力来控制液态金属颗粒的直径和形成频率；(f) 超声波辅助的微流体技术；(g) 使用不同宽度的微通道获得的液态金属纳米颗粒的尺寸分布；(h) 不同长度的微通道获得的纳米颗粒的尺寸分布[10,12-14]。

通道时,受到超声波的剪切力作用而逐渐分解成纳米颗粒[图 2 - 3(f)]。颗粒的平均尺寸可以通过改变流道的宽度和长度来调整。如图 2 - 3(g)和(h)所示,当通道长度从 10 mm 增加到 100 mm 时,液态金属的平均尺寸从~400 nm 减小到~250 nm。

2.2.4 机械剪切法

机械剪切法是一种合成液态金属纳米颗粒的直接方法,可视为传统乳化技术的延伸[图 2 - 4(a)和(b)]。剪切探头高速旋转产生的剪切力使大块液态金属破碎,此时,作用于液态金属液滴的力包括:剪切力(γ)、重力(F_g)、阻力(F_d)、离心力(F_c)和浮力(F_b)[图 2 - 4(c)]。随着转速逐渐增加,离心力和剪切力增加,初始静态液滴被拉伸成圆柱状。当达到 Rayleigh - Plateau 极限时,圆柱形液态金属被分解为液态金属球,形成直径从~6.4 nm 到~10 μm 的液态金属微纳米颗粒[图 2 - 4(d)和(e)][16]。

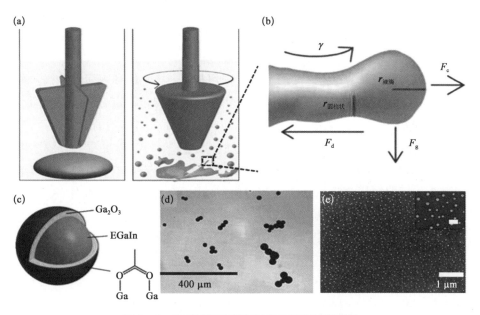

图 2 - 4 机械剪切法制备液态金属微纳米颗粒

(a)~(b) 机械剪切法的原理示意;(c)~(e) 液态金属颗粒的结构图和电镜图[16]。

值得指出的是,机械剪切法是一种合成具有复杂表面组成和形态的核壳颗粒的简单方法。但由于剪切力的不对称性,机械剪切法并不是制造具有均匀尺寸分布的纳米粒子的最佳技术。

2.2.5 超声制备方法

将超声探头插入液态金属和水或有机溶剂的两相体系中,探头的超声能量在水或有机溶剂中引起超声空化,使熔融液态金属转化为液态金属微纳米颗粒[图 2-5(a)和(b)][17-22]。在超声处理下,颗粒尺寸取决于超声功率、处理时间和超声的环境温度。随着输出功率增加,平均直径达到最小尺寸水平的时间减少[图 2-5(d)]。较低的环境温度也会获得更小的液态金属颗粒[图 2-5(c)]。此外,液态金属纳米颗粒的可逆聚结和破裂可以通过改变 pH 或切换温度实现[图 2-5(e)][23]。如果超声体系中缺乏表面活性剂,颗粒表面的氧化层将被超声能量逐渐剥离;随后,新暴露的液态金属液滴表面将被迅速氧化,形成新的氧化层。这种重复的过程使颗粒状的 Ga 颗粒转化为纳米片状的 Ga_2O_3[图 2-5(f)][24-26]。有趣的是,在溶液中加入氧化剂后,液态金属颗粒将被氧化并在超声处理下由球状转化为纳米片状(Ga_2O_3),随后这些纳米片会自发地卷成纳米棒[27]。Gu 等发现调节反应参数,如超声处理时间和温度,对此类纳米棒的形成过程有重要影响[28]。

液态金属颗粒的稳定性与两个因素密切相关:氧化层和表面活性剂。覆盖表面的氧化层和在溶液中加入表面活性剂以确保颗粒稳定分散已成为两种最常用的方法。通常,氧化层足够坚固,以应对表面张力驱动的颗粒团聚,这保证了液态金属颗粒在中性溶液中短暂地稳定分散。但是,如果氧化膜不断地溶解或剥离,分散粒子之间的平衡很快被打破,从而进一步诱发粒子的聚结或融合。不幸的是,当 pH 升高或降低时,氧化层会迅速溶解。此外,Kurtjak 等证明即使在中性溶液中,氧化层也会被外加的机械力破坏[30]。因此,为保持液态金属纳米颗粒稳定,在超声处理前应在混合溶液中添加表面活性剂(如 1-十二烷硫醇)[29,31]。在之前的研究中,发现硫醇基表面活性剂,尤其是硫基十八烷($C_{18}H_{37}-SH$),不仅可以有效地稳定液态金属颗粒,还可以提高纳米颗粒的产率。在基于硫醇的表面活性剂中,$C_{18}H_{37}-SH$ 能最大限度地提升液态金属颗粒的产率,同时产生更小的液态金属颗粒(80 nm)[图 2-5(g)和(h)]。

超声波是目前最常用的大规模生产液态金属微纳米颗粒的方法,但如何通过超声进一步获得更小的液态金属纳米颗粒(小于 10 nm)仍需要进一步研究。

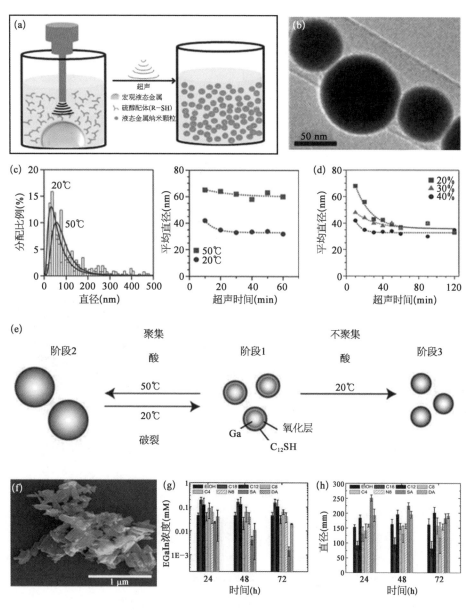

图 2‑5 超声法制备液态金属微纳米颗粒

(a) 超声处理示意;(b) 液态金属微纳米颗粒的电镜图,显示出其氧化层结构;(c) 不同超声处理温度下,平均粒径和超声处理时间的关系;(d) 不同超声功率下,超声时间与平均粒径的关系;(e) 液态金属微纳米颗粒实现可逆的尺寸控制;(f) 片状结构的 α‑Ga₂O₃ 的电镜图;(g)~(h) 在多种表面活性剂中超声获得的液态金属纳米颗粒的浓度和稳定性。

C8:辛硫醇,C13:十二烷硫醇,C18:十八烷硫醇,C4:丁硫醇,N8:辛胺,SA:十八烷酸,DA:十二烷酸[22,23,26,29]。

2.2.6 物理气相沉积法

物理气相沉积技术是制造液态金属颗粒的新兴方法。以制备 EGaIn 纳米粒子的过程为例[图 2-6(a)和(b)]。首先,将放置在钨舟中的大块 EGaIn 高温下蒸发为合金蒸汽。接着这些原子扩散并相互碰撞在冷靶基板(Si、玻璃或云母)上形成稳定的成核点,随后从下方源源不断涌上的原子在成核点上生长。液态金属颗粒在这个过程中逐渐长大。沉积 100 s 后,所形成的液态金属颗粒的平均粒径约为 25 nm[图 2-6(c)]。进一步将沉积时间增加到 500 s 后,颗粒融合生长到约 100 nm[图 2-6(d)]。这些纳米颗粒是单分散的,在没有表面活性剂的情况下可以保持稳定[32]。然而,EGaIn 的高蒸气压和较高的沸点妨碍了物理气相沉积法的推广。

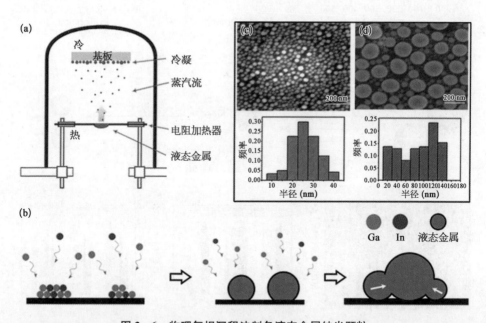

图 2-6　物理气相沉积法制备液态金属纳米颗粒

(a)~(b) 采用物理气相沉积法制备液态金属纳米颗粒的示意;(c)~(d) Si 衬底上沉积的 EGaIn 纳米颗粒的电镜图像(顶部)和相应的粒径直方图(底部)[32]。

表 2-1 中列出了上述制造方法的特点比较。

表 2－1　制造液态金属纳米颗粒的典型制造方法比较

方　法	优　点	缺　点	粒　径 (最小～最大)*	参考文献
模板法	易于操作	费时 特定粒径	100 nm～3 500 μm	[2]
流体注射法	低成本,高效 易于操作	小粒径不可控	50～800 μm	[5]
微流控	尺寸可控 可制备纳米颗粒	费时 系统	～100 nm～185 μm	[10-14]
机械剪切	可制备纳米颗粒	尺寸不均一	6.4 nm～10 μm	[8,16,33]
超声	可制备纳米颗粒 粒径较为均一 尺寸可控	设备较复杂	～10 nm～5 μm	[17-21,23,25,26] [29,31]
物理气相沉积	可制备纳米颗粒 粒径较小	不易操作	10～300 nm	[32]

* 该范围基于显微镜图像中显示的颗粒或发表论文中清楚显示的颗粒直径。每种方法都可能产生不均一的颗粒。因此,表中所列范围只是一个大概的参考。此外,应注意的是,该范围与平均粒径没有直接关系。

2.3　液态金属颗粒的表面修饰

目前主要有两种形成液态金属纳米颗粒的方法,最简单的方法依赖于在液态金属表面上形成自限界面氧化层(图 2－7),但是,天然氧化层不稳定,可溶解在酸或碱溶液中。一种更精准的表面钝化技术是利用物理吸附或者化学反应。物理吸附以静电吸附为主;化学反应则是利用在液态金属表面的配体。

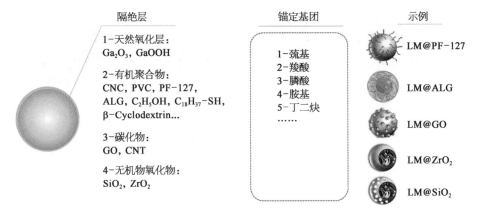

图 2－7　液态金属纳米材料的表面修饰方法

这种配体通常由结合到液态金属表面的锚定基团和可自组装成有序阻挡层的尾基团组成。常用的锚定基团包括硫醇基团,非硫醇锚定物通常会附着到界面氧化物而不是裸的液态金属或金属合金表面。

　　利用有机配体对镓基液态金属纳米颗粒表面修饰是增强其分散性和功能性的常用策略,在有机配体作用下,镓基液态金属表面也会形成厚度不同的反应氧化层。Buonsanti 团队利用显微成像和光谱表征技术深入探讨了有机配体和液态金属氧化层之间的相互作用[34],通过实验证实胺和羧酸基团可以促进较厚氧化层的生成,而硫醇和膦基团则会阻碍氧化层的生长[图 2-8(a)～(c)],并从热力学和反应动力学的角度进行了剖析[图 2-8(d)]。从热力学角

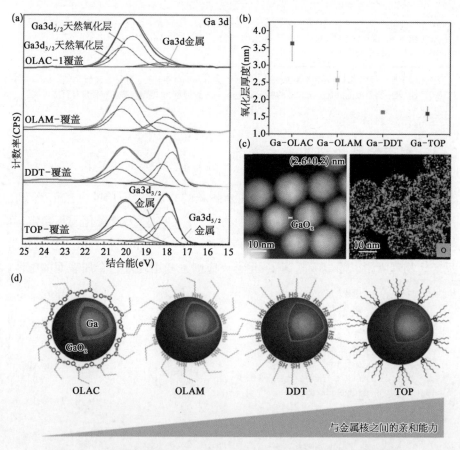

图 2-8　表面修饰基团对液态金属纳米颗粒表面氧化层厚度的影响[34]

(a) 通过 XPS 光谱可以计算不同有机配体修饰的颗粒中 Ga 和 Ga_2O_3 的比例,以及氧化层的厚度;
(b) 不同配体对应的氧化层厚度 OLAC>OLAM>DDT～TOP;(c) HAADF-STEM 对氧化层厚度的表征说明了实际值和计算值接近;(d) 从热力学和动力学的角度剖析。

度看,有机配体对 Ga 或者 Ga_2O_3 的亲和倾向起主导作用;从纯动力学的角度来看,应考虑有机配体在液态金属表面的堆积密度,因为它可以改变氧气对金属表面位点的接触。对于油酸(OLAC)和油胺(OLAM),它们有相同的烷基链,只是基团上有所不同,因此二者在液态金属表面的堆积密度可以认为是相同的,不会对氧化物生长的表面位点造成差别。根据软硬酸碱理论,羧酸盐是比胺更硬的碱,因此具有对硬酸(Ga^{3+})更高的亲和力。OLAC 不仅有利于 Ga^{3+} 的外向扩散,而且在氧化物形成过程中可更好地钝化氧化物,最终促进形成比 OLAM 更厚的氧化层。而对于三辛基膦(TOP)和十二硫醇(DDT),膦和硫醇是软碱,对软酸具有更大的亲和力,对于阻碍镓基纳米颗粒的氧化,它们是合适的配体。膦是比硫醇更软的碱,因此对金属位点具有更强的亲和力。除了软硬酸碱理论,TOP 比 DDT(0.8D)有更大的电偶极矩(>1.2D),因此它可能在更大程度上反对 Mott 电位,最终减少氧化厚度。总的来说,热力学表明 DDT 的氧化壳比 TOP 的厚。

形成阻挡层的典型材料包括有机化合物、碳基材料和无机氧化物材料等等,下面将作具体介绍。

2.3.1　有机化合物修饰

利用有机化合物对液态金属纳米颗粒进行修饰是目前较为常用的表面修饰方法,已报道过的有机聚合物包括 PVC、CNC、PF-127、ALG、C_2H_5OH、$C_{18}H_{37}-SH$、β-Cyclodextrin 等,锚定基团包括巯基、羧基、膦酸基团、氨基、丁二炔等。在水溶液中液态金属微纳米颗粒表面的修饰物可大致分为 4 大类,即表面活性剂类、聚合物类、硫醇修饰的 PEG 类和生物分子类[35](表 2-2)。

表 2-2　常见的液态金属表面修饰物

溶 剂	分 类	代 表 性 物 质	参考文献
酒精	硫醇类	十八烷硫醇	[36]
水	亲水基修饰硫醇类	SH-PGE;SH-PGE-SH	[35]
	聚合物类	聚乙烯醇(PVA);聚丙烯酸(PAA);海藻酸钠;聚乙二醇单丁醚(bPEG)	[37,38]
	表面活性剂类	阳离子类:十六烷基三甲基溴化铵(CTAB)	[39]
		阴离子类:白蛋白;聚苯乙烯磺酸;十二烷基硫酸钠(SDS)	[39]
	生物分子类	多巴胺;黑色素;胆酸	[40,41]

1. 不同表面活性剂修饰的纳米液态金属颗粒

不同有机聚合物修饰对于纳米液态金属的形状、粒径、表面电势会产生不同的影响。通过扫描电子显微镜对 CTAB、PEG‑SH、SDS 的液态金属微纳米颗粒的形貌进行观察,结果如图 2‑9 所示,在 37℃的去离子水溶液中放置48 h 后,CTAB 修饰的纳米液态金属颗粒从球形变为棒状的 GaOOH,而PEG‑SH 和 SDS 修饰的纳米液态金属颗粒仍为球形,其表面增加了较多不规则颗粒物,但没有产生整体性的棒状变形。此外,研究者还表征了 3 种溶液在

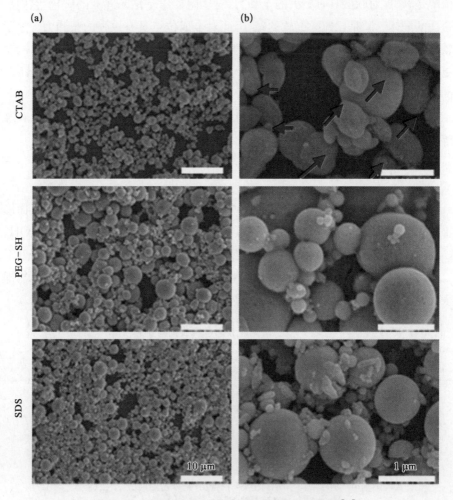

图 2‑9　3 种修饰物包裹的液态金属微纳米颗粒[42]

(a) 新鲜制备;(b) 在 4℃环境下 48 h 颗粒微观形貌图。

4℃ 去离子水溶液环境中 48 h 前后的微观形貌。由图 2 - 9 可知,CTAB 修饰的纳米颗粒部分由球形变为米状,即产生了向棒状 GaOOH 转变的趋势;其余两种修饰物包裹的颗粒物则仍为球形。

2. 阳离子表面活性剂修饰制备可变形纳米液态金属颗粒

以阳离子表面活性剂 CTAB 修饰表面带负电的液态金属微纳米颗粒作为示例。CTAB 不仅具有保持其稳定性的作用,还具有促进液态金属颗粒产生变形的功能。图 2 - 10(a)展示了可变形液态金属微纳米颗粒的制备流程。将大块液态金属 EGaIn 放置于盛有 CTAB 溶液的烧杯中,通过大功率探头式超声的空化作用,将液态金属剪切为液态金属微纳米颗粒。在超声过程中,制备得到的颗粒为球形。通过将其置于去离子水中并加热不同的时间,即可得到不同形貌的微纳米颗粒。

图 2 - 10(b)展示了扫描电镜下液态金属微纳米颗粒由球形向棒状转变的微观形貌。可以看出,在 CTAB 的修饰下,温度是促进液态金属从球形向棒状转变的重要影响因素。20℃时,球形液态金属转变为棒状需要 24 h。随温度升高,所需要的棒状转变时间越短。50℃时,20 min 液态金属即变为棒状,24 h 后则为棱角分明的长方体状。在球形液态金属向棒状转变时,可以发现在 30℃放置 20 min 至 8 h 时,出现了一种类米状形貌的液态金属颗粒,即米状液态金属。根据扫描电子显微镜下球形、米状及棒状液态金属微纳米颗粒的形貌,可归纳出形貌与加热处理时间与温度的关系图[图 2 - 10(c)],为超声辅助加热法制备可变形多形貌的液态金属微纳米颗粒提供指导。

该方法能够制备具有可变形能力的液态金属微纳米颗粒,但也反映出当液态金属微纳米颗粒悬浮液置于 20～30℃室温环境下时,其形貌会向棒状转变。通过冷冻干燥的方式将液态金属微纳米颗粒冻干为粉末,该方法通过冷冻使液态金属纳米颗粒溶液中的冰直接升华的方式,消除了由于水存在使液态金属产生持续变形的问题,可得到具有特定形状的颗粒。

图 2 - 11(a)展示了所制备的液态金属微纳米颗粒的 SEM 和 TEM 形貌图。由图可知,该方法能够大批量制备球形、米状和棒状的可变形的液态金属微纳米颗粒,所制备的颗粒具有良好的形貌、较为均一的尺寸。为探究球形、米状和棒状液态金属微纳米颗粒的组成机理,通过 XPS 对三者的物质组成进行分析。如图 2 - 11(b)所示,球形液态金属微纳米颗粒的主要组成为 Ga 和 Ga_2O_3,米状颗粒组成为 Ga 和 Ga_2O_3 及 GaOOH,棒状的组成与米状类似,但

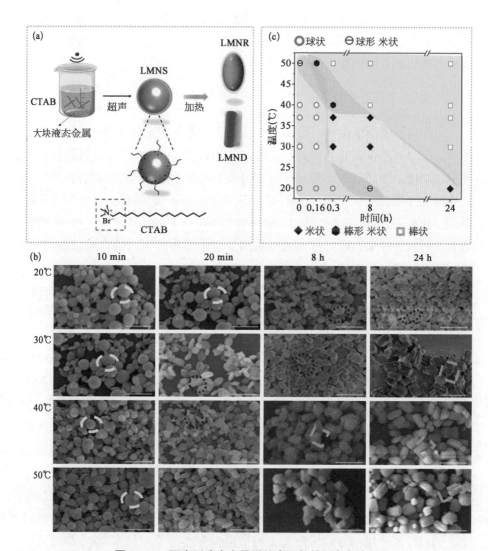

图 2-10　可变形液态金属微纳米颗粒的制备与表征

(a) 可变形液态金属微纳米颗粒的制备流程示意；(b) 可变形液态金属微纳米颗粒在不同温度和时间下的微观形貌图(SEM)；(c) 球形、米状和棒状液态金属微纳米颗粒对应的时间与温度图。

GaOOH 的峰高变高，峰面积变大，相对含量增多，间接表明了米状液态金属微纳米颗粒为球形的 Ga 向 GaOOH 转变的中间产物。所制备的棒状液态金属微纳米颗粒也非 GaOOH，可能由于其未产生彻底的氧化，所观察到的棒状内部仍有未发生转化的 Ga 所致。

　　在制备不同形貌的可变形的液态金属微纳米颗粒时，研究者发现烧杯中

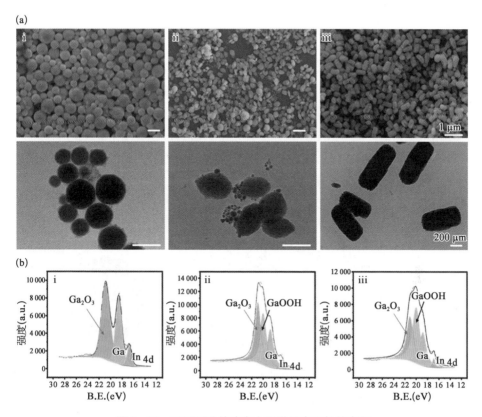

图 2-11　不同形貌的液态金属微纳米颗粒的表征

（a）扫描电镜和透射电镜下的形貌图；（b）X 射线光电子能谱分析图，其中（i）球形、（ii）米状和（iii）棒状。

有大量气泡附着于壁面上。由文献可知[38]，镓基液态金属与水反应可生成棒状的 GaOOH 和 H_2，其化学方程式为：

$$2Ga + 4H_2O \longrightarrow 2GaOOH + 3H_2 \uparrow \qquad (2.1)$$

2.3.2　碳基材料修饰

　　碳基材料如还原石墨烯（RGO）具有良好的导电性和离子透过性[43]，并且容易通过还原剂（一水合肼[44,45]、硼氢化钠[46,47]、碘化氢[48]、维生素 C[49] 和数种金属[50-52]）对氧化石墨烯（graphene oxide，GO）进行还原的方法制备。为了增加液态金属纳米颗粒表面的离子透过性，RGO 可以作为惰性表面活性剂的合适替代品。这里以 RGO 包裹液态金属为例，详细讲解石墨烯液态金属纳米颗粒的制备与性能。

1. RGO 包裹液态金属纳米颗粒的制备方法

将 Ga、In 按照 EGaIn 的比例(Ga,75.5%;In,24.5%)在 80℃下加热搅拌 2 h。将 GO 加入去离子水中通过预超声 30 min,配制浓度 1.0 mg/mL 的 GO 溶液。然后将 0.6 mL 的 EGaIn 和 20 mL 浓度为 1.0 mol/L 的 HCl 加入盛有 GO 溶液的烧杯中。利用超声破碎探头对混合溶液分别进行超声时长 10～30 min 的超声破碎,制备得到 RGO 包裹的液态金属纳米颗粒(LM@RGO)。LM@RGO 的制备流程展示如图 2-12。

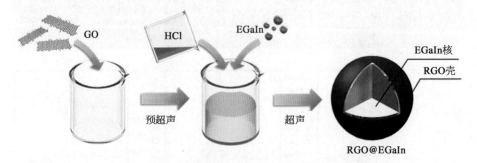

图 2-12 RGO 包裹的液态金属纳米颗粒的制备流程[53]

2. LM@RGO 的材料表征方法

将超声制备的液态金属纳米颗粒转移至去离子水中,滴在干净的硅片表面,并在 30℃下真空干燥。在扫描电子显微镜(HITACHI S-4800)下,对 LM@RGO 的形貌和尺寸进行观察和统计。另外,将含有 LM@RGO 的溶液滴在超薄碳网上,利用透射电镜(JEM-2100)对 LM@RGO 的形貌进行观察,透射电镜的操作电压为 200 kV。同时,利用透射电镜配备的能量色散 X 射线光谱(EDS)对 LM@RGO 的组成元素进行分析。使用拉曼光谱仪(Via-Reflex)对 GO 和 LM@RGO 的 RGO 外壳的拉曼光谱进行测量和记录,其激光光源的波长为 532 nm。使用电子光谱仪(ESCALab220i-XL)分析 GO 和 LM@RGO 的 RGO 外壳的官能团,对 GO 的还原程度进行分析。在 XPS 测试中,使用 300 W 的 Al Kα 辐射源。采用衍射仪(Bruker D8 Focus diffractometer)对离心后的样品进行晶体结构分析。采用动态光散射系统(Zetasizer Nano ZS)对不同 pH 的溶液中固体 Ga 纳米颗粒的 Zeta 电势进行测量,其中溶液的 pH 采用 pH 计(PHS-3C)测量得到。

3. LM@RGO 的结构和组成

为了制备纳米尺寸的 LM@RGO,少量的液态金属(EGaIn)被注入预超声的氧化石墨烯 HCl 溶液。在 pH 小于 3 的 HCl 溶液中,液态金属氧化膜被溶解[54]。通过超声方法可以实现液态金属纳米颗粒的制备,其制备流程如图 2‑13 所示。由于 EGaIn 的熔点为 15.5℃,通过超声方法制备的液态金属纳米颗粒仍保持液态,而高度动态且均匀一致的液态金属纳米颗粒表面将为化学反应提供更多的活化位点。从扫描电子显微成像(SEM)中可以看出,由于液态金属具有较大的表面张力[55],经超声得到的液态金属纳米颗粒为了保持最小化表面能呈现出球形形貌,如图 2‑13 所示。

利用透射电镜(TEM)和能量色散 X 射线光谱(EDS)可以证明,LM@RGO 呈现出明显的壳核结构,如图 2‑14 所示。在 LM@RGO 的组成元素中,Ga、In 分布在纳米颗粒的内部,而 C 和 O 分布在 EGaIn 核心的外表面,即 LM@RGO 由 EGaIn 内核和 RGO 外壳组成。在制备 LM@RGO 的过程中,GO 可以在超声过程中完成表面活性剂的功能,实现液态金属纳米颗粒在酸性溶液中的有效分散。

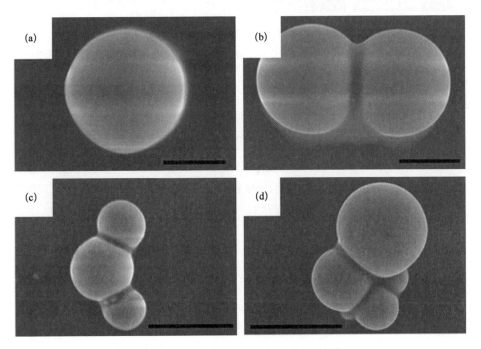

图 2‑13　LM@RGO 的扫描电镜图[53]

(a)和(b)的标尺为 1 μm;(c)和(d)的标尺为 4 μm。

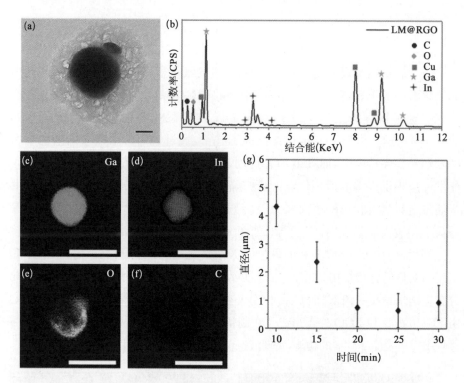

图 2 - 14 LM@RGO 的壳核结构和组成[53]

（a）LM@RGO 的透射电镜图,标尺为 200 nm。（b）LM@RGO 的元素组成,它由 Ga、In、C 和 O 组成。Cu 来自透射电镜所用的碳网。（c）～（f）LM@RGO 的元素面扫描图,从左至右分别为 Ga、In、O 和 C,标尺为 600 nm。（g）LM@RGO 的平均粒径随超声时长的变化。

利用超声制备液态金属纳米颗粒时,超声时长将直接影响液态金属纳米颗粒的粒径大小[56]。当超声时长从 10 min 增加到 20 min 时,超声得到的 LM@RGO 的平均粒径随着超声时长的增加而减小;当超声时长超过 20 min 时,LM@RGO 的平均粒径将基本保持稳定,如图 2 - 14(g)所示。因此,超声 20 min 可以作为制备 LM@RGO 的标准超声时长,并使用超声 20 min 制备的 LM@RGO 进行相关性能的研究。

4. LM@RGO 的性能与表征

GO 的还原提高了 LM@RGO 外壳的电导性,有利于液态金属纳米颗粒电化学置换反应的进行。利用拉曼光谱和 X 射线光电子能谱(XPS),可以验证液态金属对 GO 的还原作用。从拉曼光谱中可以发现,如图 2 - 15(a)所示, GO 的 D 带与 G 带的峰的比值为 0.86,然而 LM@RGO 外壳具有更高的 D 带

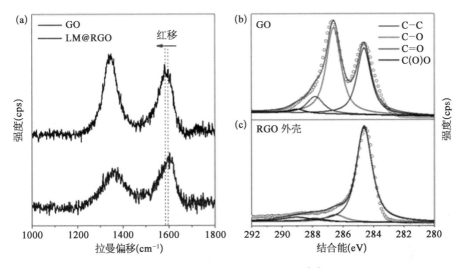

图 2-15　RGO 外壳的还原程度[53]

（a）GO 和 RGO 外壳的拉曼光谱分析结果；（b）～（c）GO 和 RGO 外壳在 C1s 轨道的 XPS 曲线。

与 G 带的峰的比值，为 1.15。这主要是由于含氧官能团去除后留下的缺陷[50]以及小尺寸石墨化结构的生成[57,58]造成的。另外，GO 的 G 带位于～1 595 cm^{-1}处；而在液态金属还原作用下，LM@RGO 外壳的 G 带发生红移，偏移至～1 585 cm^{-1}处。这个现象说明了 RGO 外壳的电子态发生了改变[59-61]，可能与超声过程中 Ga 离子的插入有关。由于电子从 Ga 转移至 RGO 外壳，低浓度 Ga 的掺杂促使了 RGO 呈现出 n 型掺杂特性[62]。Ga 离子在 RGO 层中的掺入也可以从 Ga 3d 轨道的 XPS 曲线中观察到，如图 2-16 所示。利用 XPS 的 C1s 和 O1s 的峰面积的比值同样可以反映镓基液态金属对 GO 的还原程度。从图 2-16 中可以看到，GO 的 C/O 比值为 2.17，而经过液态金属还原后的 LM@RGO 外壳的 C/O 比值可以增加到 5.42。这也证明了镓基液态金属可以实现 GO 的部分含氧官能团的去除。另外，从 C1s 的 XPS 能谱中可以发现，相对于 GO，RGO 外壳的 C＝C 键（位于 284.6 eV）所占的比重明显高于 GO 中的 C＝C 键的比重，RGO 中的含氧官能团［位于 286.6 eV 的 C—O 键；位于 287.8 eV 的 C＝O 键；位于 289.0 eV 的 C(O)O 键］的峰强度明显降低，如图 2.5(b)所示。这直观地说明了 GO 的部分含氧官能团被镓基液态金属成功去除。从 Ga 3d 和 In 3d 的 XPS 曲线中可以看出，在 LM@RGO 的浅层存在 Ga^{3+}、Ga^0 和 In^0。由于 RGO 外壳较厚，且 XPS 方法的采样深度（＜10 nm）较浅[63]，其中的 Ga^{3+}信号来源于插入 RGO 外壳的 Ga 离子，而不是源自液态金属核心处。另外,如图 2-15 中所示,LM@RGO 拉曼光谱的 G 峰偏移也印证了这一推测。这可以说明,镓基液态金属对 GO 具有一定的还原作用,且RGO 包裹将对液态金属的氧化产生抑制作用。

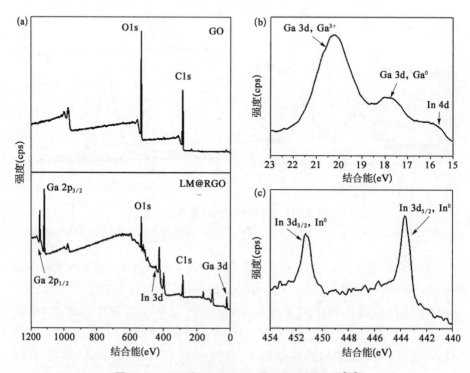

图 2-16 GO 和 LM@RGO 的 XPS 测量光谱[53]

(a) 对全部元素区域内的 GO 和 LM@RGO 的 XPS 光谱的对比;(b) LM@RGO 在 Ga 3d 轨道的高分辨率的 XPS 光谱;(c) LM@RGO 在 In 3d 轨道的高分辨率的 XPS 光谱。

镓基液态金属十分容易被氧化,即使在很低的氧气分压下也容易形成氧化膜[64],并且能够被进一步氧化成 GaOOH[39]。为了证实 RGO 外壳可以阻止液态金属进一步氧化,将 LM@RGO 转移至去离子水中,并采用能谱分析LM@RGO 的元素组成和分布。从 TEM 的能谱图中可以看出,LM@RGO 由Ga、In、C 和 O 组成,其中 Ga 和 In 主要均匀分布在液态金属核心位置,而 O和 C 分布与 Ga 分布不一致,故 LM@RGO 表面的 O 主要来源于 RGO 而非GaO,这暗示了 RGO 外壳具有抑制液态金属内核进一步氧化的作用。

为了进一步揭示 RGO 的抑制氧化膜生成的能力,需要对 RGO 外壳破坏前后液态金属纳米颗粒的氧化程度进行对比分析。将 LM@RGO 转移至去离子水中,在转速 4 000 r/min 下进行快速离心,在离心力的作用下可以将

LM@RGO 的还原石墨烯外壳破坏。为了验证离心前后 LM@RGO 的变化，利用 SEM 和 TEM 对离心前后的样品形貌进行观测，并利用 X 射线衍射（XRD）对离心前后的样品组成进行分析。从图 2-14(c)至图 2-14(f)中可以看出，离心前的 LM@RGO 样品的主要组成元素为 Ga 和 In。从图 2-17(a)和图 2-17(b)中可以看出 LM@RGO 经离心后形貌由球形转变成短棒状，且

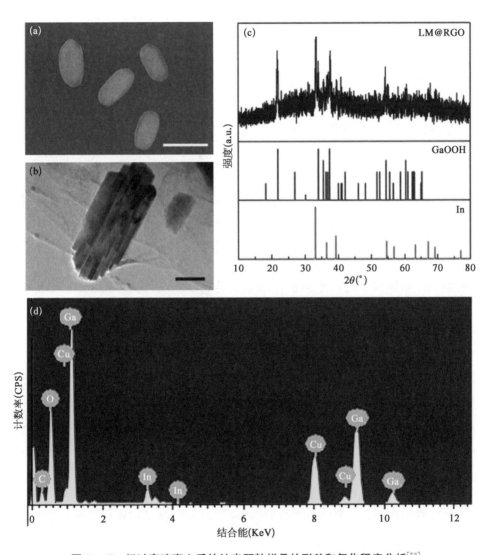

图 2-17　经过高速离心后的纳米颗粒样品的形貌和氧化程度分析[53]

(a) 4 000 r/min 高速离心后纳米颗粒的形貌电镜图，标尺为 500 nm。(b) 离心后的纳米颗粒样品的透射电镜图。标尺为 100 nm。(c) 离心后的纳米颗粒样品的 XRD 曲线以及 GaOOH 和 In 的 XRD 标准峰。(d) 经过高速离心后的纳米颗粒样品元素组成。

颗粒的平均尺寸接近或略小于液态金属纳米颗粒的尺寸,颗粒尺寸的略微减小主要是由于 In 的析出导致。相似的现象可以在 Ga 的电化学氧化过程中观察到[65]。在离心后,短棒状纳米颗粒的 O 含量明显增加,如图 2-17(c)所示,这也说明了当 RGO 外壳破坏后,液态金属纳米颗粒在溶液中被迅速氧化成 GaOOH。当 RGO 外壳被破坏时,由于电子可以快速从液态金属转移至 RGO 上,液态金属纳米颗粒极易被氧化,这已经在液态金属在石墨表面发生氧化变形的研究中被证实[66]。因此,当离心作用破坏 RGO 外壳后,液态金属纳米颗粒将发生化学转变,被氧化形成 GaOOH,从而呈现出短棒状结构。由于液态金属颗粒纳米化后表面增大,这将加剧液态金属纳米颗粒的氧化,如图 2-17(d)所示。在液态金属纳米颗粒中 Ga 被氧化成 GaOOH,而 In 的改变并未发生。当二元 EGaIn 中 Ga 逐渐被消耗时,In 从合金中被析出沉淀。从 TEM 图中可以发现在短棒状颗粒中存在球形颗粒,如图 2-18(a)和(b)所示。经 EDS 分析,可以证实这些球形颗粒由 In 组成,如图 2-18(c)和(d)所示。经过对离心后的样品进行 XRD 测试,可以证实离心后的样品的 XRD 峰分别来自 GaOOH（$2\theta = 21.7°$、$33.9°$、$35.4°$、$37.4°$、$40.8°$、$54.4°$ 和 $60.2°$)和单质 In,如图 2-17(c)所示。因此,完整的 RGO 外壳可以对液态金属的氧化产生抑制作用,从而保护液态金属内核不被进一步氧化,这主要源于 RGO 对气体的低渗透性[67,68]。另外,由于金属离子的尺寸小于石墨烯的层间距,金属离子可以穿过石墨烯层,从而不影响金属离子的质量传输[69]。因此,LM@RGO 可以作为电化学置换反应的合适的反应平台。

5. GO 与液态金属纳米颗粒的相互作用机理

在已有的研究中,液态金属的氧化膜在形成液态金属纳米颗粒的过程中具有很重要的作用。然而,由于在酸性溶液中（pH < 3)氧化膜被溶解,LM@RGO 的形成机理将不同于之前的研究。在 LM@RGO 的超声形成过程中,液态金属与 GO 之间的静电相互作用将起到主导作用,同时完成 GO 的还原。在酸性溶液中,镓基液态金属与溶液中的 H^+ 反应,生成 Ga^{3+};由于生成的 Ga^{3+} 吸附在液态金属纳米颗粒表面,使得液态金属纳米颗粒带有正电[50]。因为 GO 具有丰富的官能团,使得 GO 带有负电[70]。另外,随着溶液 pH 的减小,液态金属纳米颗粒表面带有的正电荷增加,如图 2-19 所示。由于液态金属纳米颗粒与 GO 具有不同的电性,依靠静电相互作用可以实现将 GO 包覆在液态金属纳米颗粒表面,原理如图 2-20 所示。在图 2-20 的红色虚线框

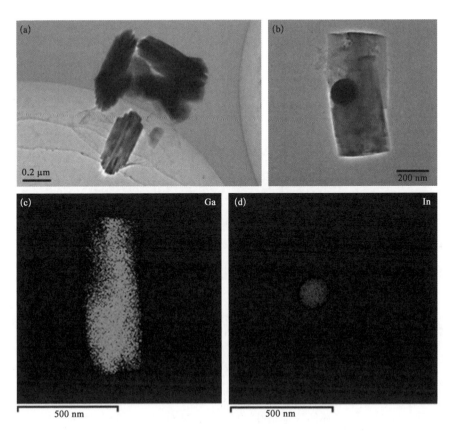

图 2‑18　离心后的纳米颗粒形貌和元素组成[53]

（a）离心后的纳米颗粒样品的透射电镜图；（b）样品的放大图；（c）～（d）离心后纳米颗粒样品中
Ga 和 In 的分布。

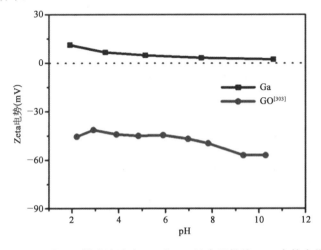

图 2‑19　不同 pH 的水溶液中 GO 和 Ga 纳米颗粒的 Zeta 电势变化[53]

中,展示了 GO 被镓基液态金属还原的原理,还原过程中需要 H$^+$ 的参与,氧化还原反应的反应式如下所示[52]:

$$GO + aH^+ + be^- \longrightarrow rGO + cH_2O \qquad (2.2)$$

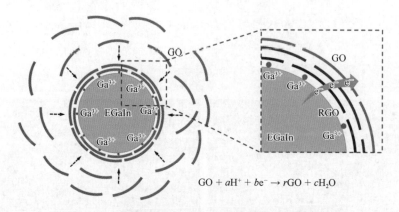

图 2 - 20 在酸性溶液中,液态金属纳米颗粒表面发生的 GO 部分还原和 RGO 自组装的机理示意[53]

在氧化还原反应中,由于 Ga 具有较强的还原性[71],液态金属提供了反应所需的电子。这也可以通过对酸性溶液中 Ga 和 GO 的循环伏安曲线的分析中得到。在 GO 的循环伏安曲线中,如图 2 - 21 所示,可以得到,在 1.0 mol/L 的 HCl 溶液中,GO 的还原电位为 -1.06 V,并且从 -0.6 V 开始,GO 逐渐被还原。对于 Ga,在 1.0 mol/L 的 HCl 溶液中,其循环伏安曲线出现三处氧化峰,分别依次对应 Ga 的 3 种不同价态,即 Ga$^+$、Ga^{2+} 和 Ga^{3+}。循环伏安曲线

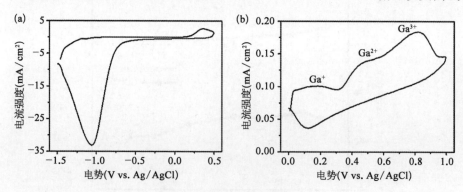

图 2 - 21 循环伏安曲线测试[53]

(a) 在浓度为 1.0 mol/L 的 HCl 溶液中 GO 的循环伏安曲线;(b) 在浓度为 1.0 mol/L 的 HCl 溶液中 Ga 的循环伏安曲线。

的主要的氧化峰出现在 0.82 V,代表 Ga^{3+} 是 Ga 的稳定离子状态。因此,在 Ga 的氧化过程中释放出的电子可以传递至 GO,进而发生式(2.2)中的氧化还原反应。也就是说,Ga 在酸性条件下可以部分还原 GO。另外,在电子传递过程中产生的局部电场将促进 GO 在液态金属纳米颗粒表面的自组装[57]。

2.3.3　无机氧化物修饰

常用的无机氧化物修饰主要有 SiO_2 与 ZrO_2 等,本节以 ZrO_2 修饰为例[72,73]。

1. ZrO_2 修饰纳米液态金属颗粒的制备方法

(1) LM‐ZrO_2 纳米胶囊的制备

首先,将 0.015 mL Span 85 加入 60 mL 乙醇中并均匀混合,向混合物中添加 0.105 mL 液态金属,通过超声波将液态金属从大液滴分散成小颗粒。然后,将 20 mL 乙腈和 1.2 mL 氨添加到先前的溶液中。向 15 mL 乙醇和 5 mL 乙腈的混合物中添加 0.5 mL 正丙醇锆。将上述两种溶液混合在一起,并在室温下用磁力搅拌器搅拌 6 h。将正丙醇锆水解成 ZrO_2 并与液态金属复合。通过离心收集 LM‐ZrO_2 纳米颗粒。

(2) IL‐LM‐ZrO_2 纳米晶的制备

所获得的材料有望在生物体内具有促进微波加热的特性。因此,在获得的 LM‐ZrO_2 纳米颗粒中负载 IL,因为封闭空间中的 IL 具有良好的微波灵敏度。将 90 mg LM‐ZrO_2 NCs 添加到 15 mL 乙醇中。然后将 1 mL IL 和 2 mL 1,4‐二恶烷的混合物添加到先前的溶液中。用磁力搅拌器搅拌混合物约 4 h。通过离心收集 IL‐LM‐ZrO_2 NCs。

(3) PEG‐IL‐LM‐ZrO_2 纳米晶的制备

尽管液态金属毒性较低,但应考虑合成材料的毒性。由于聚乙二醇(PEG)具有良好的生物相容性,因此将其涂覆在所获得的 IL‐LM‐ZrO_2 纳米颗粒上用于细胞实验和动物实验。将 IL‐LM‐ZrO_2 纳米颗粒分散在 10 mL Tris‐HCl 缓冲液(pH=8)中,添加 PEG‐SH 粉末(5kDa),并在室温下将混合物磁搅拌 4 h。通过离心收集 PEG‐IL‐LM‐ZrO_2 NCs。

2. PEG‐IL‐LM‐ZrO_2 NCs 的合成与表征

如图 2‐22 中 SEM 和 TEM 图像所示,生成的 LM‐ZrO_2 NCs 基本上是直径为 (260 ± 60)nm 的球形固体纳米颗粒[图 2‐22(a)和(b)]。LM‐ZrO_2 NCs 的

EDS 结果表明 NCs 中含有 O、Zr、Ga 和 In 元素[图 2 - 22(c)]。如图中所示，O、Zr、Ga 和 In 元素均匀混合在一起[图 2 - 22(d)]。结果表明，所制备的液态金属纳米材料具有粒径分布均匀、分散性好的特点。

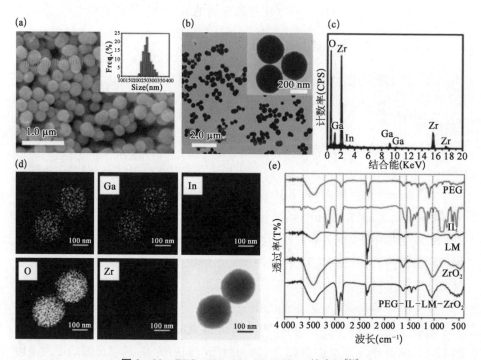

图 2 - 22　PEG - IL - LM - ZrO$_2$ NCs 的表征[73]

(a) LM - ZrO$_2$ NCs 的 SEM 图像和粒度统计；(b) LM - ZrO$_2$ 纳米晶的 TEM 图像；(c) LM - ZrO$_2$ NCs 的 EDS 痕迹；(d) LM - ZrO$_2$ NCs 的 TEM 元素映射；(e) PEG、IL、LM、ZrO$_2$ 和 PEG - IL - LM - ZrO$_2$ NCs 的 FT - IR 光谱。

如 PEG - IL - LM - ZrO$_2$ NCs 的 FT - IR 图像所示[图 2 - 22(e)]，3 550 和 3 200 cm^{-1} 之间的强而宽的吸收带是 O—H 伸缩振动。IL 中—CH$_3$ 的不对称拉伸振动发生在 2 960 和 1 380 cm^{-1} 处。—CH$_2$ 的不对称拉伸、对称拉伸和剪切振动分别发生在 2 925、2 850 和 1 462 cm^{-1} 处。1 050 cm^{-1} 为 C—O 特征吸收的拉伸振动。这些数据表明成功合成了 PEG - IL - LM - ZrO$_2$ NCs。

2.4　纳米液态金属常用表征方法

纳米液态金属颗粒由于其密度、熔点、导电性、导热性等特征与其他类型的纳米颗粒不一而同，为获得其化学组成、结构特征及界面特性等，需要从原子尺度或者纳米尺寸对其进行系统的分析和表征。一般情况下,需要借助多种表征技术才能获取其较为完整的表面形貌、内部结构及元素分布。此外,纳米液态金属颗粒表征样品的制备方法与有机物高分子、碳材料、刚性金属纳米材料等也有不同之处。以下将介绍几种典型的纳米液态金属材料的表征方法及相应的样品制备方法。

2.4.1 扫描电子显微镜表征

扫描电子显微镜(scanning electron microscope,SEM)采用聚焦电子束在样品表面逐点扫描成像,是表征纳米液态金属颗粒表面形貌及结构常用的一种观察和分析手段。Hou 等在 120 kV 加速电压下对制备的液态金属纳米颗粒进行形貌观察[74],扫描电镜成像时,将样品滴放在硅片上,之后在空气中干燥一夜。在样品表面溅射一层金薄膜,然后将样品置于扫描电镜的真空室中进行测量。使用 SEM 成像分析可获得样品的表面形貌及颗粒分布,此外,通过 SEM 联用的 EDS 模块对样品的 X 射线能谱进行分析,可获得样品的成分分布。

2.4.2 透射电子显微镜表征

透射电子显微镜(transmission electron microscope,TEM)是利用电磁投射聚焦成像的显微成像技术,具有高分辨和高放大倍数的特点。TEM 可表征纳米液态金属颗粒的形貌、内部结构、相结构等信息。为了进行透射电镜成像,Hou 等将含水液态金属纳米颗粒液滴沉积在碳膜包覆的铜网格上,然后风干一夜,TEM 测试在室温下进行[74]。Wang 等将含有 LM@RGO 的溶液滴在超薄碳网上,利用透射电镜(JEM‐2100)对 LM@RGO 的形貌进行观察,透射电镜的操作电压为 200 kV。利用透射电镜配备的能量色散 X 射线光谱(EDS)还可以对纳米液态金属颗粒的组成元素进行分析。

2.4.3 X 射线衍射表征

X 射线衍射(X‐ray diffraction,XRD)是进行样品物相定性和定量分析的一种有效手段。Hou 等使用 XRD 和 CuKα(1.540 6 Å)源,工作在 40 mA 和 45 kV 下对液态金属材料的结构和相进行分析。对于室温下的 XRD 测试,样品直接放入样品容器中。衍射角(2θ)范围选择 6~45°,聚焦衍射仪以 0.02 s/步的扫描速率获取 XRD 数据。获取样品的 X 射线衍射谱图后,将其与 PDF 标准衍射卡片(powder diffraction file)进行比对。

2.4.4　X射线光电子能谱表征

X射线光电子能谱(XPS)是分析物质表面化学性质的一项技术。XPS可以测量液态金属纳米材料中元素组成、元素化学态和电子态。Wang[53]等使用300 W的Al Kα辐射源测试LM@RGO纳米颗粒。

2.4.5　动态光散射仪

动态光散射仪(DLS)是测试溶液相样品粒径和表面电势常用的一种方法。液态金属纳米颗粒的水动力直径分布通常由动态光散射仪进行定量检测。

2.5　小结

纳米液态金属材料的制备方法目前仍在研究与完善中,镓基或铋基单质或合金与不同表面修饰物之间耦合后所产生的独特的光、电、热、磁、声等物理和化学性质有待于今后进一步的系统研究。目前在单纳米尺度液态金属颗粒的稳定制备上尚存在较大挑战。通过微观尺度对液态金属材料的结构予以精准控制,可望改变材料本身的宏观特性。

参 考 文 献

[1] Zhang M K, Yao S Y, Rao W, et al. Transformable soft liquid metal micro/nanomaterials. Materials Science & Engineering R-Reports, 2019, 138: 1 - 35.

[2] Mohammed M G, Xenakis A, Dickey M D. Production of liquid metal spheres by molding. Metals, 2014, 4(4): 465 - 476.

[3] Wang D L, Gao C, Wang W, et al. Shape-transformable, fusible rodlike swimming liquid metal nanomachine. ACS Nano, 2018, 12(10): 10212 - 10220.

[4] Wang D, Gao C, Zhou C, et al. Leukocyte membrane-coated liquid metal nanoswimmers for actively targeted delivery and synergistic chemophotothermal therapy. Research (Wash D C), 2020: 3676954.

[5] Yu Y, Wang Q, Yi L, et al. Channelless fabrication for large-scale preparation of room temperature liquid metal droplets. Advanced Engineering Materials, 2013, 16(2): 255 - 262.

[6] Yuan B, Tan S, Zhou Y, et al. Self-powered macroscopic brownian motion of spontaneously running liquid metal motors. Science Bulletin, 2015, 60(13): 1203.

[7] Sheng L, He Z, Yao Y, et al. Transient state machine enabled from the colliding and coalescence of a swarm of autonomously running liquid metal motors. Small, 2015, 11 (39): 5253 – 5261.

[8] Fang W Q, He Z Z, Liu J. Electro-hydrodynamic shooting phenomenon of liquid metal stream. Applied Physics Letters, 2014, 105(13): 134104.

[9] Yu Y, Wang Q, Wang X L, et al. Liquid metal soft electrode triggered discharge plasma in aqueous solution. Rsc Advances, 2016, 6(115): 114773 – 114778.

[10] Thelen J, Dickey M D, Ward T. A study of the production and reversible stability of EGaIn liquid metal microspheres using flow focusing. Lab on A Chip, 2012, 12(20): 3961 – 3967.

[11] Hutter T, Bauer W A C, Elliott S R, et al. Formation of spherical and non-spherical eutectic gallium-indium liquid-metal microdroplets in microfluidic channels at room temperature. Advanced Functional Materials, 2012, 22(12): 2624 – 2631.

[12] Gol B, Tovar-Lopez F J, Kurdzinski M E, et al. Continuous transfer of liquid metal droplets across a fluid-fluid interface within an integrated microfluidic chip. Lab on A Chip, 2015, 15(11): 2476 – 2485.

[13] Tang S Y, Joshipura I D, Lin Y, et al. Liquid-metal microdroplets formed dynamically with electrical control of size and rate. Advanced Materials, 2016, 28(4): 604.

[14] Tang S Y, Qiao R R, Sheng Y, et al. Microfluidic mass production of stabilized and stealthy liquid metal nanoparticles. Small, 2018, 14: 1800118.

[15] Tang S Y, Qiao R, Yan S, et al. Microfluidic mass production of stabilized and stealthy liquid metal nanoparticles. Small, 2018, 14: 1800118.

[16] Tevis I D, Newcomb L B, Thuo M. Synthesis of liquid core-shell particles and solid patchy multicomponent particles by shearing liquids into complex particles (slice). Langmuir the Acs Journal of Surfaces &. Colloids, 2014, 30(47): 14308 – 14313.

[17] Friedman H, Porat Z E, Halevy I, et al. Formation of metal microspheres by ultrasonic cavitation. Journal of Materials Research, 2011, 25(4): 633 – 636.

[18] Kumar V B, Koltypin Y, Gedanken A, et al. Ultrasonic cavitation of molten gallium in water: entrapment of organic molecules in gallium microspheres. Journal of Materials Chemistry A, 2013, 2(5): 1309 – 1317.

[19] Friedman H, Reich S, Popovitz-Biro R, et al. Micro- and nano-spheres of low melting point metals and alloys, formed by ultrasonic cavitation. Ultrasonics Sonochemistry, 2013, 20(1): 432 – 444.

[20] Kumar V B, Gedanken A, Porat Z. Facile synthesis of gallium oxide hydroxide by ultrasonic irradiation of molten gallium in water. Ultrasonics Sonochemistry, 2015, 26: 340 – 344.

[21] Kumar V B, Gedanken A, Kimmel G, et al. Ultrasonic cavitation of molten gallium: formation of micro- and nano-spheres. Ultrasonics Sonochemistry, 2014, 21(3): 1166-1173.

[22] Ren L, Zhuang J, Casillas G, et al. Nanodroplets for stretchable superconducting circuits. Advanced Functional Materials, 2016, 26(44): 8111-8118.

[23] Akihisa Y, Yu M, Tomokazu I. Reversible size control of liquid-metal nanoparticles under ultrasonication. Angewandte Chemie, 2015, 54(43): 12809-12813.

[24] Syed N, Zavabeti A, Mohiuddin M, et al. Sonication-assisted synthesis of gallium oxide suspensions featuring trap state absorption: test of photochemistry. Advanced Functional Materials, 2017, 27(43): 1702295.

[25] Wang Q, Yu Y, Liu J. Preparations, characteristics and applications of the functional liquid metal materials. Advanced Engineering Materials, 2018, 20(5): 1700781.

[26] Syed N, Zavabeti A, Mohiuddin M, et al. Sonication-assisted synthesis of gallium oxide suspensions featuring trap state absorption: Test of photochemistry. Advanced Functional Materials, 2017, 27(43): 1702295.

[27] Lu Y, Lin Y, Chen Z, et al. Enhanced endosomal escape by light-fueled liquid-metal transformer. Nano Letters, 2017, 17(4): 2138.

[28] Yan J, Zhang X, Liu Y, et al. Shape-controlled synthesis of liquid metal nanodroplets for photothermal therapy. Nano Research, 2019, 12(6): 1313-1320.

[29] Finkenauer L R, Lu Q, Hakem I F, et al. Analysis of the efficiency of surfactant-mediated stabilization reactions of EGaIn nanodroplets. Langmuir, 2017, 33(38): 9703-9710.

[30] Kurtjak M, Vukomanović M, Kramer L, et al. Biocompatible nano-gallium/hydroxyapatite nanocomposite with antimicrobial activity. Journal of Materials Science Materials in Medicine, 2016, 27(11): 170.

[31] Hohman J N, Kim M, Wadsworth G A, et al. Directing substrate morphology via self-assembly: ligand-mediated scission of gallium-indium microspheres to the nanoscale. Nano Lett, 2011, 11(12): 5104-5110.

[32] Varghese K, Adhyapak S. Materials used for vascular embolization. Springer International Publishing, 2017.

[33] Çınar S, Tevis I D, Chen J, et al. Mechanical fracturing of core-shell undercooled metal particles for heat-free soldering. Scientific Reports, 2016, 6: 21864.

[34] Castilla-Amoros L, Chien T C C, Pankhurst J R, et al. Modulating the reactivity of liquid ga nanoparticle inks by modifying their surface chemistry. Journal of the American Chemical Society, 2022, 144(4): 1993-2001.

[35] Bark H, Lee P S. Surface modification of liquid metal as an effective approach for deformable electronics and energy devices. Chem Sci, 2021, 12(8): 2760-2777.

[36] Farrell Z J, Tabor C. Control of gallium oxide growth on liquid metal eutectic gallium/indium nanoparticles via thiolation. Langmuir, 2018, 34(1): 234-240.

[37] Liao M，Liao H，Ye J，et al. Polyvinyl alcohol-stabilized liquid metal hydrogel for wearable transient epidermal sensors. ACS Appl Mater Interfaces，2019，11(50)：47358－47364.

[38] Li X，Li M，Zong L，et al. Liquid metal droplets wrapped with polysaccharide microgel as biocompatible aqueous ink for flexible conductive devices. Advanced Functional Materials，2018，28(39)：1804197.

[39] Lin Y，Liu Y，Genzer J，et al. Shape-transformable liquid metal nanoparticles in aqueous solution. Chemical Science，2017，8(5)：3832－3837.

[40] Centurion F，Saborio M G，Allioux F M，et al. Liquid metal dispersion by self-assembly of natural phenolics. Chem Commun (Camb)，2019，55(75)：11291－11294.

[41] Gan T，Shang W，Handschuh-Wang S，et al. Light-induced shape morphing of liquid metal nanodroplets enabled by polydopamine coating. Small，2019，15(9)：e1804838.

[42] 刘丽.可变形液态金属超声诊疗一体化作用机理与应用研究(硕士学位论文).北京：中国科学院理化技术研究所，2022.

[43] Gao Y，Chen X，Zhang J，et al. Popping of graphite oxide：application in preparing metal nanoparticle catalysts. Advanced Materials，2015，27(32)：4688－4694.

[44] Becerril H A，Mao J，Liu Z，et al. Evaluation of solution-processed reduced graphene oxide films as transparent conductors. ACS Nano，2008，2(3)：463－470.

[45] Stankovich S，Dikin D A，Piner R D，et al. Synthesis of graphene-based nanosheets via chemical reduction of exfoliated graphite oxide. Carbon，2007，45(7)：1558－1565.

[46] Gao W，Alemany L B，Ci L，et al. New insights into the structure and reduction of graphite oxide. Nature Chemistry，2009，1(5)：403－408.

[47] Shin H J，Kim K K，Benayad A，et al. Efficient reduction of graphite oxide by sodium borohydride and its effect on electrical conductance. Advanced Functional Materials，2009，19(12)：1987－1992.

[48] Pei S，Zhao J，Du J，et al. Direct reduction of graphene oxide films into highly conductive and flexible graphene films by hydrohalic acids. Carbon，2010，48(15)：4466－4474.

[49] Fernández-Merino M J，Guardia L，Paredes J I，et al. Vitamin C is an ideal substitute for hydrazine in the reduction of graphene oxide suspensions. The Journal of Physical Chemistry C，2010，114(14)：6426－6432.

[50] Fan Z，Wang K，Wei T，et al. An environmentally friendly and efficient route for the reduction of graphene oxide by aluminum powder. Carbon，2010，48(5)：1686－1689.

[51] Liu P，Huang Y，Wang L. A facile synthesis of reduced graphene oxide with Zn powder under acidic condition. Materials Letters，2013，91：125－128.

[52] Fan Z J，Kai W，Yan J，et al. Facile synthesis of graphene nanosheets via Fe reduction of exfoliated graphite oxide. ACS Nano，2011，5(1)：191－198.

[53] Wang Y S, Wang S N, Chang H, et al. Galvanic replacement of liquid metal/reduced graphene oxide frameworks. Advanced Materials Interfaces, 2020, 7(19): 2000626.

[54] Pandey B, Cox C B, Thapa P S, et al. Potentiometric response characteristics of oxide-coated gallium electrodes in aqueous solutions. Electrochimica Acta, 2014, 142: 378 - 385.

[55] Zhao X, Xu S, Liu J. Surface tension of liquid metal: role, mechanism and application. Frontiers in Energy, 2017, 11(4): 535 - 567.

[56] Yamaguchi A, Mashima Y, Iyoda T. Reversible size control of liquid-metal nanoparticles under ultrasonication. Angewandte Chemie International Edition, 2015, 54(43): 12809 - 12813.

[57] Guo Y, Wu B, Liu H, et al. Electrical assembly and reduction of graphene oxide in a single solution step for use in flexible sensors. Advanced Materials, 2011, 23(40): 4626 - 4630.

[58] Yao P, Chen P, Jiang L, et al. Electric current induced reduction of graphene oxide and its application as gap electrodes in organic photoswitching devices. Advanced Materials, 2010, 22(44): 5008 - 5012.

[59] Sun G, Zheng L, Zhan Z, et al. Actuation triggered exfoliation of graphene oxide at low temperature for electrochemical capacitor applications. Carbon, 2014, 68: 748 - 754.

[60] Kim K K, Bae J J, Park H K, et al. Fermi level engineering of single-walled carbon nanotubes by aucl3 doping. Journal of the American Chemical Society, 2008, 130 (38): 12757 - 12761.

[61] Jin M, Jeong H K, Kim T H, et al. Synthesis and systematic characterization of functionalized graphene sheets generated by thermal exfoliation at low temperature. Journal of Physics D: Applied Physics, 2010, 43(27): 275402.

[62] Mach J, Procházka P, Bartošík M, et al. Electronic transport properties of graphene doped by gallium. Nanotechnology, 2017, 28(41): 415203.

[63] Vickerman J C, Gilmore I S. Surface analys-the principal techniques. United Kingdom: Wiley, 2009.

[64] Regan M J, Tostmann H, Pershan P S, et al. X-ray study of the oxidation of liquid-gallium surfaces. Physical Review B, 1997, 55(16): 10786 - 10790.

[65] Lertanantawong B, Lertsathitphong P, O'Mullane A P. Chemical reactivity of Ga-based liquid metals with redox active species and its influence on electrochemical processes. Electrochemistry Communications, 2018, 93: 15 - 19.

[66] Hu L, Wang L, Ding Y, et al. Manipulation of liquid metals on a graphite surface. Advanced Materials, 2016, 28(41): 9210 - 9217.

[67] Stevens B, Dessiatova E, Hagen D A, et al. Low-temperature thermal reduction of graphene oxide nanobrick walls: Unique combination of high gas barrier and low resistivity in fully organic polyelectrolyte multilayer thin films. ACS Applied Materials &

Interfaces，2014，6(13)：9942 - 9945.

[68] Zhang H，Ren S，Pu J，et al. Barrier mechanism of multilayers graphene coated copper against atomic oxygen irradiation. Applied Surface Science，2018，444：28 - 35.

[69] Wan J，Gu F，Bao W，et al. Sodium-ion intercalated transparent conductors with printed reduced graphene oxide networks. Nano Letters，2015，15(6)：3763 - 3769.

[70] Fan Y，Jiang W，Kawasaki A. Highly conductive few-layer graphene/Al_2O_3 nanocomposites with tunable charge carrier type. Advanced Functional Materials，2012，22(18)：3882 - 3889.

[71] Hoshyargar F，Crawford J，O'Mullane A P. Galvanic replacement of the liquid metal galinstan. Journal of the American Chemical Society，2017，139(4)：1464 - 1471.

[72] Wu B，Xia N，Long D，et al. Dual-functional supernanoparticles with microwave dynamic therapy and microwave thermal therapy. Nano Letters，2019，19(8)：5277 - 5286.

[73] Xia N，Li N，Rao W，et al. Multifunctional and flexible ZrO_2-coated egain nanoparticles for photothermal therapy. Nanoscale，2019，11(21)：10183 - 10189.

[74] Hou Y，Lu C N，Dou M J，et al. Soft liquid metal nanoparticles achieve reduced crystal nucleation and ultrarapid rewarming for human bone marrow stromal cell and blood vessel cryopreservation. Acta Biomaterialia，2020，102：403 - 415.

第3章
纳米液态金属流体

3.1 引言

纳米流体通常是将纳米颗粒载入水、油或其他液体等基础流体中,形成各种流动的功能化悬浮液[1-3]。目前,纳米流体在基础研究和实际应用中发挥着越来越重要的作用,相应的材料研究也取得一系列进展,包括:纳米颗粒的种类[4]、浓度[5]、形状[6,7]和大小[8,9]、基液[10-12]、工作温度[8]、涂层[9]和作用机理[3,13-16]等。尽管纳米颗粒的加入增强了原始流体的物理或化学性能,但由于所采用的传统基础流体的固有属性(低电导率、低导热率等),改进的程度仍有所受限。2007年,Ma和Liu首次提出了纳米金属流体的概念和方法[17],基于金属流体所发展的纳米液态金属流体,通过将纳米颗粒悬浮在低熔点液态金属中,可以使所制备的纳米流体拥有不同于常规的能力,有助于提升现有液态金属或纳米流体的多能性。实际上,这一基本路线可以衍生出许多强化型液态金属功能材料[18],由此打开了诸多的材料研发和应用思路。

室温液态金属纳米流体的多能性体现在基液的突出基础物理特性上,如低熔点、高热导率和导电性以及理想的金属物理或化学性质。通过充分利用纳米技术,液态金属可以被塑造成性能优异的纳米流体材料。根据特定需要和制备工艺,这种新型液体复合材料可以表现出较之现有纳米流体更优异的流体、热、电、磁、化学、机械和医学性能,确保了纳米液态金属材料在应对不同工作条件时的多适应性。

本章旨在探讨纳米液态金属流体的制备方法、物理化学特性及在能源热控、电子印刷等领域的应用情况。

3.2　纳米液态金属流体填充颗粒类型

液态金属具有比传统流体更高的密度和更大的表面张力,使得纳米颗粒的添加比例和负载选择范围大得多。对于负载的纳米粒子,它们一般由 Au、Ag、Cu、Al、Fe 和 Ni 等金属,Cu、Al、Si、Ti 等的氧化物,以及碳纳米管、石墨烯、氮化物和碳化物[19-21]等不同材料的纳米粒子组成(图 3-1),填充颗粒的类型、形状、尺寸和浓度对液态金属及其合金流体的改性及形成具有多种性能的复合材料起着重要作用。

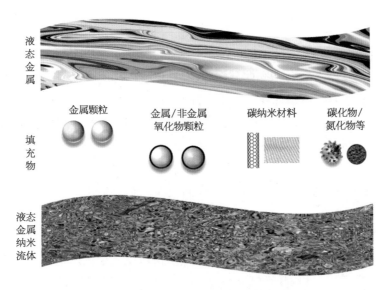

图 3-1　纳米液态金属流体及其填充物

当纳米颗粒尺寸接近光波和德布罗意波的波长、投影深度和物理特性的其他维度时,周期性边界条件被破坏,并对电、磁、声学、光学和热力学性质产生新的尺寸效应,甚至改变原有材料的软硬度[22]。因此,将具有所需特性的纳米材料载入液态金属中,可在电、磁、声、光、化学和热性能方面对基液材料进行调控和优化。

表 3-1 比较了常规基液和典型低熔点金属之间典型物理性质。

迄今为止,被报道过的纳米液态金属流体尚属有限。一些粒子已经成功地装载到液态 Ga[18,26-28] 和 Hg[29-31] 中。然而,"裸"金属通常不容易以粉末形式直接分散在液态金属中。因此,研究者还提出用 SiO_2 等特殊材料包覆金属粉

表 3-1　常规基液和典型低熔点金属的物理性质[23-25]

	热导率 [W/(m·K)]	热容 [J/(kg·K)]	密度 (kg/m³)	表面张力 (mN/m)	熔点 (℃)	沸点 (℃)
H₂O	0.6	4 183	1 000	72.8	0	100
乙二醇	0.258	2 349	1 132	48.4	−12.6	197.2
Ga	29.4a)	370a)	5 907a)	707a)	29.8	2 204.8
In	36.4b)	230	7 030b)	550f)	156.8	2 023.8
Hg	8.34c)	139c)	13 546c)	455c)	−38.87	356.65
Se	17.4d)	236d)	1 796d)	248d)	28.65	2 023.84
Na	86.9d)	1 380d)	926.9d)	194d)	97.83	881.4
K	54.0f)	780f)	664f)	103d)	63.2	756.5
GaIn₂₀	26.58e)	403.5e)	6 335e)		16	

注：a) 50℃；b) 160℃；c) 25℃；d) 100℃；e) 20℃；f) 在熔点。

来制备纳米液态金属[32]。此方面，通常采用超声、机械振动等传统方法对液态金属予以物理分散。此外，据报道，将 EGaIn 暴露在空气中会在表面形成固态 Ga_2O_3 薄膜，并影响其与其他材料的附着力[33,34]。因此，为了更好地制备纳米液态金属材料，需要寻找更多的可调方法。

3.3　液态金属纳米流体的制备方法

界面颗粒行为如黏附[35-37]和自组装[38,39]十分有趣，已被广泛研究[40-42]。迄今为止，几种典型类型的颗粒通过不同的物理或化学作用机制可被成功加载到液态 Ga[18,26-28] 和 Hg[29,31] 中。值得指出的是，由于镓基液态金属具有较大的表面张力，"裸"的金属颗粒通常不易以粉末形式直接分散在液态金属中。为增强液态金属对固体颗粒的润湿，通常有氧化润湿和金属键润湿两种作用机理，由此对应发展了物理制备和化学制备方法。

3.3.1　物理制备方法

液态金属纳米流体物理制备方法指的是利用机械搅拌[43,44]或超声波[45]等物理方法来实现颗粒在液态金属流体中加载和分散的方法。在制备过程中，镓基合金暴露在空气中会在表面形成固态氧化物薄膜，并影响液态金属与金属或非金属填充材料之间的附着力[34]，利用氧化掺杂的液态金属[43,44]可有效改善其润湿性。金属固体氧化物的性质与纯液态金属存在很大差异，最终复合物的外观、热导率、导电性、流动性等性能将因氧化物掺杂而大大改变[43-45]。

物理制备的过程主要依靠氧化润湿作用,作用机理如图 3-2 所示。以 EGaIn 举例说明,当金属纳米颗粒加入 EGaIn 中,由于氧化层或者液态金属表面张力的支撑作用,颗粒不会立即进入液体中[图 3-2(a)]。当外来的机械扰动不断撕裂氧化层并且使颗粒与液面持续不断接触,氧化层开始黏附并包裹这些颗粒[图 3-2(b)],这种包裹作用不一定是均匀作用在单个颗粒上的,可能导致许多颗粒被包裹在一起,因此搅拌初期可能会出现粉末聚集成团块的现象。液态金属润湿这些被氧化膜覆盖的颗粒表面,并随即通过毛细作用进入颗粒间隙中[图 3-2(c)],形成液态金属浆料。在这个过程中部分气体也被包裹进入浆料中,导致浆料的密度降低,使得复合物能够浮在液态金属液体上方。由于搅拌时机械能的输入,有过量的液态金属进入浆料中。静置过程中,多余的液态金属向下渗出,直至含液量达到平衡状态[图 3-2(d)]。

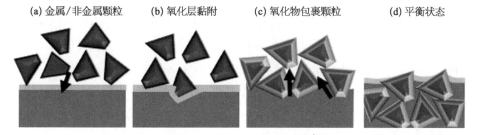

图 3-2　通过氧化润湿作用制备固体颗粒与液态金属复合物的过程示意

3.3.2　胞吞效应制备方法

液态金属纳米流体化学制备方法指的是利用溶液微环境、电极化或牺牲金属等,将纳米尺寸的金属颗粒分散在液态金属中。金属颗粒与液态金属基液的界面之间存在静电效应[46-48]、电化学效应[49-51]以及金属键作用[52,53]。

中科院理化所与清华大学联合小组发现并命名了液态金属胞吞效应[51],系统创建了一套制备功能液态金属材料的通用基本方法。研究发现,类似于单细胞原生生物利用吞噬作用摄取营养物质,以及更高级生命形式的巨噬细胞利用这种机制清除细胞碎片,镓基液态金属也可以通过"吞噬"其他纳米颗粒来强化其固有特性或获得其他新特征,这反过来又改善了这类材料的功能,使其具有更广泛的应用范围。

与物理制备方式的干混法相比,液态金属纳米流体化学制备代表了一种湿法处理策略,可实现液态金属液体中的颗粒内部化。Tang 等的工作发现[51],在不同溶液环境中,可以引入 3 种外部激发因素,即酸碱度、电极或牺牲金属,由此可建立 3 条纳米液态金属的制备途径。除了酸碱环境外,借助于外部刺激,在中性溶液也可实现液态金属对外部颗粒的胞吞效应。值得指出的是,3 种主要的制备方法对微纳尺度颗粒均适用,如下分别予以介绍。

1. 酸碱溶液法

在对液态金属颗粒相互作用的研究中,Tang 等发现[51],当 HCl 溶液中的微尺度 Ni 颗粒在液态金属表面滑动时,不会被液态金属吞没,而同样的环境下 Cu 颗粒则会被液态金属液体吞没。酸性环境中 Cu 颗粒的液态金属吞噬作用如图 3-3(a)所示。首先制备涂覆有 Cu 颗粒的液态金属液滴,并将其置于水溶液中。当加入 HCl 溶液时,液态金属上的 Cu 颗粒将失去光泽的外观[图 3-3(a)M-i 和 N-i],改变为纯铜红[图 3-3(a)M-ii 和 N-ii,在纳米 Cu 颗粒情况下更为明显]。同时,非球形液态金属液滴转变为球形。之后,液态金属液滴变得活跃,并随着气泡的产生迅速"吃掉"其表面上的 Cu 颗粒[51]。吞噬过程结束(通常在 20 s 内),颗粒被内吞,液态金属的光泽得以再次显示出来[图 3-3(a)M-v 和 N-v]。当使用 NaCl 溶液或 NaOH 溶液代替 HCl 溶液时,两种情况下均未观察到吞噬行为。在 NaOH 溶液中,只观察到液态金属液滴从非球形到球形的形状转变。但在 NaCl 溶液中,既不会发生颜色变化,也不会发生形状转变。这些结果表明,由于溶液环境 pH 不同,界面过程存在本质差异。

可以确定,由于空气中的氧气成分,液态或固态金属表面将逐渐形成钝化氧化层[54]。液态金属氧化物(Ga_2O_3 和 In_2O_3)是两性的,这意味着它们可以被酸和碱溶液溶解。然而,由于铜氧化物(Cu_2O 和 CuO)[55]只有酸性溶液才能有效去除(中性溶液通常对这两种氧化物都不起反应),因而碱性溶液中观察不到 Cu 颗粒被吞噬的现象。去除液态金属氧化物,恢复液态金属的表面张力,是观察到形状转变[56]的原因,而颜色转变则是去除铜氧化物的结果。这一观点与在 3 种 pH 不同的溶液中观察到的液态金属液滴的形状和颜色转变的差异吻合。结果还表明,屏蔽液态金属和固体颗粒外部的氧化层是阻止吞噬的两个主要屏障。因此,为了实现颗粒内部化,有必要分离两种阻力氧化物层。

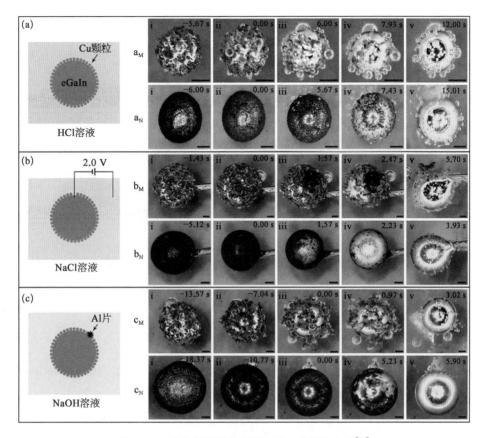

图 3-3　液态金属吞噬作用通过 3 种方法实现[51]

（a）HCl 溶液，无需其他额外协助；（b）外部电极化辅助的 NaCl 溶液；（c）Al 片辅助的 NaOH 溶液。
　　下标 M 和 N 分别表示涂有微 Cu 颗粒和纳米 Cu 颗粒的液态金属液滴。每行中的 i～v 是从视频中提取的吞噬过程的延时图像，零时间表示吞噬开始。标尺：200 μm。

　　在 HCl 溶液中进一步对更多颗粒材料进行的测试表明，液态金属的吞噬作用具有材料选择性[51]。对于 Ag 纳米颗粒，在很短的时间尺度（十分之几秒）内即可观察到吞噬行为[图 3-4（a）i～iii]，但对于纳米 Ni 颗粒及微米 Ni 颗粒[51]，在长达 1 h 后也不会发生吞噬行为[图 3-4（b）i～ii]。Tang 等还分别测量了液态金属在 Ag 基底和 Ni 基底上的接触角并发现，与 Cu 基底上液态金属液滴的接触角（51°）相比[57]，Ag 基底上的接触角[27°，图 3-4（a）iv]小的多，而 Ni 基底上的接触角[85°，图 3-4（b）iv]则大的多。结果表明，液态金属的吞噬作用不仅需要非润湿到润湿的过渡，还取决于达到最终润湿状态的程度。

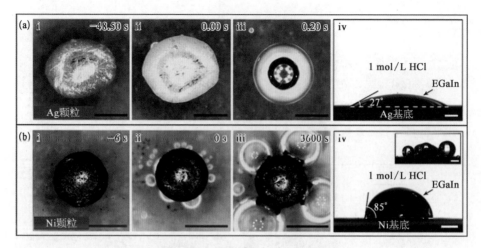

图 3-4 验证 HCl 溶液中液态金属的吞噬作用[51]

Ag 颗粒(a)和 Ni 颗粒(b),以及测量液态金属在 HCl 溶液(iv)中在 Ag 基底(a)和 Ni 基底(b)上的接触角。注意：当使用 Ni 基底时,气泡的生成将变得更加强烈,液态金属液滴将被气泡包围[(b)ii~iii]。(b)iv 为去除气泡后的照片。标尺：500 μm。

2. 电极化法

研究人员注意到,电化学上存在阴极还原[58]和电介质膜过电压击穿[59,60]效应,因而使用外部电极化可去除或击穿氧化层,Tang 等进一步指出在中性和碱性溶液中也同样可实现液态金属的吞噬作用[51]。为了验证其提出的电学胞吞效应,将直流电源的负极连接到液态金属液滴上,并将正极浸入溶液中[图 3-3(b)],这里,使用铜线电极以避免第三种电极材料产生额外因素。实验发现,2.0 V 或更高的极化电压(在更高的电压下溶液电解会变得更强烈)足以触发 NaCl 溶液[图 3-3(b)M 和 N]中的液态金属发生吞噬作用。此外,电极化对粒子内部化过程的影响更大,将吞噬过程的时间尺度缩短到几秒钟。在 NaCl 溶液中可看到明显的黑色产物,但在 HCl 溶液[图 3-3(a)]中吞噬后未发现残留物。通过测试发现,在 NaCl 溶液中观察到的黑色产物是液态金属氧化物,此产物可以溶解在酸或碱性溶液中。对比反应系统中氧化铜、液态金属氧化物和水合质子的还原电位,可以发现液态金属氧化物无法通过阴极还原过程在中性溶液中进行回收[61]。

3. 牺牲金属法

鉴于 2.0 V 阴极极化是在碱性溶液[61,62]中 Al 和 Mg 等金属可获得的电极电位,Tang 等进一步提出了第三种使用牺牲金属在碱性环境中实现液态金属吞噬的方法[51]。将 Al 片嵌入液态金属液滴显示出与阴极极化法一样的效果,即可以有效触发液态金属中的颗粒内部化[图 3-3(c)]。使用外部电极化的方法是一种方便且易于调整的方法,在导电溶液中,可以普遍应用于制备纳米液态金属流体。更多液态金属弹珠结构也可尝试采用上述方法实现纳米功能材料的制备[63]。

3.3.3　纳米液态金属流体制备过程颗粒内化与扩散机制

在解释粒子内化和扩散机制方面,Tang 等研究了两种典型情况[51]:① 从一个液相迁移到另一个液相的球形固体颗粒[案例 Ⅰ,图 3-5(a)];② 在相同的液体环境中在固体基质上扩散的液滴[案例 Ⅱ,图 3-5(c)]。每个系统的总表面自由能 U_{surf} 可解释为单个表面自由能项[62]的总和。假设重力(和浮力)的贡献是微不足道的,并且两种液体都是牛顿流体,在这种流体下,弹性能是不存在的[35,36]。根据这两种情况的几何约束,每个系统的总表面自由能可分别解释为颗粒和液滴球形帽 h 高度的函数(详细推导见参考文献[61]):

$$U_{surf,\,I}(h) = \pi\gamma_{12}h^2 - 2\pi R_0(\gamma_{12} + \lambda\gamma_1 - \lambda\gamma_2)h + 4\pi R_0^2\lambda\gamma_1 + A_{12}\gamma_{12} \quad (3.1)$$

$$U_{surf,\,II}(h) = \frac{\pi(2\gamma_{12} - \lambda\gamma_1 + \lambda\gamma_2)}{3}h^2 + \frac{8\pi R_0^3(\gamma_{12} + \lambda\gamma_1 - \lambda\gamma_2)}{3}\frac{1}{h} + A_2\lambda\gamma_2 \quad (3.2)$$

式中,λ 是 Wenzel[64]系数,表示固体表面粗糙度导致接触面积增加的特征,粗糙度增加对应 $\lambda>1$,但两种情况下 λ 不一定相同。γ 是界面张力,下标 12、1 和 2 分别表示液体 1-液体 2 界面、液体 1-固体界面和液体 2-固体界面。对于案例 Ⅰ,R_0 表示粒子半径,对于案例 Ⅱ,R_0 表示液滴扩散前液体 1 的半径($h=2R_0$)。A_{12} 表示粒子内化前案例 Ⅰ 中液体 1 和液体 2 的几何接触面积($h=2R_0$),而案例 Ⅱ 中 A_2 表示液体 2 和固体的几何接触面积($h=2R_0$)。基于公式(3.1)及(3.2),可进一步推导出无量纲表面自由能 F_I、F_{II},为简单起见,此处没有列出相应过程,感兴趣读者可参阅原文[51]。图 3-5(b)、(d)给出了 F_I、F_{II} 随不同平衡接触角 $\theta_{w,\,eq}$ 及 $h/2R_0$ 的变化规律,反映出在实验中观察到的两种情况下的不同润湿结构。这里,$\theta_{w,\,eq}$ 和 $\theta_{Y,\,eq}$ 分别表示平衡接触角(Wenzel 模型)和本征平衡接触角(Young 模型)。总的说来,由于界面张力主要由接触相的材料决定,因此认为颗粒内化效应具有材料选择性是合理的。

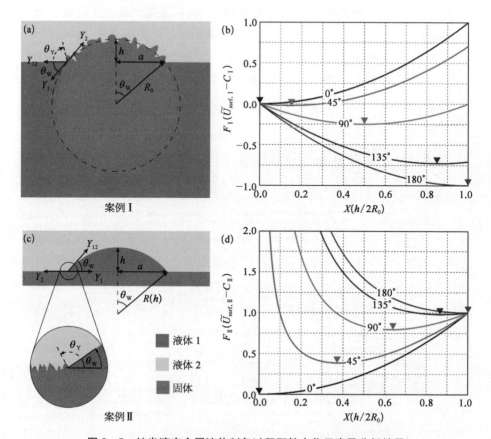

图 3 - 5　纳米液态金属流体制备过程颗粒内化示意及分析结果

(a) 案例 Ⅰ 所示粒子结构影响下的粒子内化示意和(b) 表面自由能随不同平衡接触角 $\cos\theta_{W, eq}$ 及 $h/2R_0$ 变化的规律；(c) 案例 Ⅱ 所示表面粗糙度影响下液滴在板上扩散的示意，以及(d) 表面自由能随不同平衡接触角 $\cos\theta_{W, eq}$ 及 $h/2R_0$ 的变化规律。

3.3.4　纳米液态金属流体的浸润特性

原则上，颗粒内部化过程可被视为液态金属对固态金属颗粒的完全润湿行为[65]。一旦 Cu 颗粒内部化，液态金属液滴就会粘在铜丝电极上[图 3 - 3(b) M - v 和 N - v]，这一证据促成研究润湿和颗粒内部化之间的关系。考虑到直接识别颗粒与液态金属接触角的困难，可考虑液态金属液滴在与颗粒材料相同的基底上的润湿问题。

研究发现[51]，液态金属在酸性溶液中很容易润湿 Cu 基底[图 3 - 6(a)]。当使用玻璃毛细管[图 3 - 6(a)i]使悬垂液态金属液滴与 Cu 基底接触时，其在基底上扩散,并在毛细管出口处逐渐形成颈部[图 3 - 6(a)ii]。润湿产生的拉伸力非常强,以至于它会折断颈部,液态金属最终形成半月板轮廓[图 3 - 6(a)iii]。然而,在中性 NaCl 溶液[图 3 - 6(b)i]和碱性 NaOH 溶液[图 3 - 6(c)i]中进行试验时,液态金属在 Cu 基底上形成大接触角(通常大于 160°)的固定液滴。通过引入与触发液态金属吞噬作用相同的激发,液态金属液滴在 NaCl 溶液[图 3 - 6(b)ii]和 NaOH 溶液[图 3 - 6(c)ii]中的非润湿-润湿转变可立即实现。这 3 种情况的共同特点是,润湿后观察到超过 100°的接触角变化。

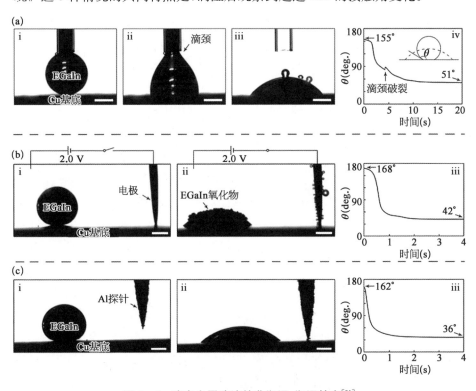

图 3 - 6　液态金属液滴的非润湿-润湿转变[51]

(a) 液态金属在 Cu 基底上的润湿行为和随时间变化的接触角演变:1 mol/L HCl 溶液,无需额外协助;(b) 0.1 mol/L NaCl 溶液,外加电极化;(c) 1 mol/L NaOH 溶液,外加 Al 探针。图(a)iv 的插图示意性地显示了非润湿到湿润过渡(实线到虚线)期间测量的接触角 θ。标尺:500 μm。

图 3 - 6 所示液态金属液滴的非润湿-润湿转变及其时间尺度与图 3 - 3 所示液态金属弹珠的颗粒内部化过程高度一致。值得注意的是,试验还发现固体残留物在 NaCl 溶液[图 3 - 6(b)ii]中聚集在弯月面顶部,但在 HCl 溶液[图 3 - 6(a)iii]和 NaOH 溶液中消失,这与粒子内化实验中的现象吻合。所有这些一致性表明,颗粒内部化是液态金属向颗粒非润湿-润湿过渡的结果。

　　润湿条件对液态金属的吞噬至关重要，润湿行为的差异性解释了在不同固体金属材料的实验中观察到的结果。在相同浓度的 HCl 溶液中，测量的液态金属在 Ag 基底和 Cu 基底上的接触角分别为 27°[图 3－4(a)iv]和 51°[图 3－6(a)iv]，两者均远小于 90°。因此，Ag 粒子和 Cu 粒子的粒子内化过程都可以是自主的，并且由于表面自由能降低，Ag 粒子的粒子内化过程在时间尺度上可以更快。然而，测量的液态金属在 Ni 基底上的接触角为 85°[图 3　4(b)iv]，接近 90°，接近润湿-不润湿的临界点，实验也发现 Ni 颗粒不能自主进行液态金属内部化。因此，在文献[66]中采用了剧烈振动或搅拌协助悬浮的 Ni 颗粒掺混至液态金属流体内部。在实际情况中，颗粒界面过程相当复杂[26]，并将受到许多其他因素的影响，如颗粒几何形状、垂直力（如重力和浮力）以及侧向力（如毛细管力[41,49]和库仑斥力[27]）（当考虑多个颗粒时）。上述计算模型表明，与之前研究者的实验结果一致，润湿在粒子内部化中起主导作用。

　　已经证明，如果能够实现充分的润湿，从非润湿到润湿过渡产生的表面自由能可以使固体金属颗粒内部化。然而，维持内部化状态会显现一定的效应，根据能量最小原理，内部化不是最有利的能量配置（当接触角达到 $\theta_{w,eq}$ 时将获得）。颗粒内部化和板上铺展行为的过程与非润湿-润湿转变密切相关，该转变是表面转变的结果。如图 3－7(a)～(f)所示，接触角测量中使用的 Cu 基底的表面转变通过光学表征[图 3－7(a)～(c)，颜色变化]或扫描电子显微镜（SEM）[图 3－7(d)～(f)，颜色和形态变化]是明显的。研究发现 HCl、电极化法、牺牲金属法具有相同的效果，消除了遮住表面的金属氧化物，并将更多的金属相暴露在外面[图 3－7(d)～(f)]。如前所述，液态金属氧化物层可溶解（在酸性或碱性环境中）或破裂（在中性环境中），之后可露出光滑的金属表面。因此，当金属相两侧的氧化层被分解，非金属接触转变为金属间接触时，颗粒内部化以及液态金属的润湿都可以实现。

　　液态金属和固态金属表面之间的润湿不同于非金属润湿，非金属润湿通常表现出可逆特征[28]。液态金属在固体金属基底上的非润湿-润湿转变都是不可逆的。试验中还尝试在液滴浸湿基底后擦掉液态金属[51]，但没有成功[图 3－7(g)]。在近边界区域，如图 3－7(h)所示，液态金属润湿区域和未润湿区域之间的形态差异清晰可见。此外，元素分析揭示了 Ga 成分和 Cu 成分的明显分布差异。Ga 的分布仅限于湿润区域[图 3－7(i)]，而 Cu 覆盖了这两个区域，但其丰度在湿润区域较低[图 3－7(j)]。润湿区域内固态金属和液态金属成分的共存表明形成了反应润湿和金属间化学物。由于金属间化学物的形成

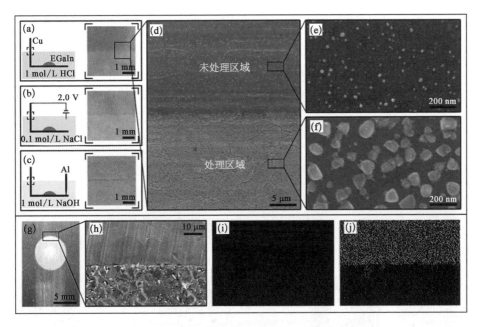

图 3-7 非润湿-润湿转变过程[51]

通过 HCl 溶液(a)、具有电极化的 NaCl 溶液(b)和具有牺牲探针的 NaOH 溶液(c)部分处理的 Cu 基底,以及具有边界区域的 Cu 基底照片;(d)~(f) Cu 基底表面转变的 SEM 表征;(g)~(j) 液态金属和 Cu 基底之间反应性润湿的表征:(g) 擦拭液态金属后液态金属液滴润湿区域的照片,(h) 绘制 Ga(i)和 Cu(j)分布图的润湿边界区域反应性润湿的 SEM 表征。

是不可逆的,因此颗粒内部化和润湿过程也应具有相同的特征。液态金属在高温下渗透到固态金属中常见于各种金属偶件中,这导致反应性润湿[32,52,53]和脆化。当液态金属与合适的固态金属直接接触时,它会渗入固态金属并形成金属间化学物。金属间化学物(金属键)[34]的形成比分子间相互作用[62]的强度大得多,因此,润湿过程的反应性质应能有效保持颗粒内部化。

纳米液态金属流体的流变特性随填充颗粒的种类、填充量不同而表现出过渡态混合物的性质,下文具体介绍两种典型的基于金属浸润与非金属浸润的颗粒-液态金属流体材料。

3.4 金属颗粒-液态金属流体

本节以典型的 Cu 颗粒-液态金属流体举例说明其各种物理及化学特征[69]。

3.4.1 Cu 颗粒填充液态金属流体的制备方法

制备 GaInCu 的第一阶段涉及在 NaOH 溶液中进行的电极化辅助粒子内化过程[图 3-8(a)]。通过在碱性溶液中施加外部电压,可以去除液态金属和 Cu 颗粒上的氧化层,这是颗粒内部化的两个先决条件。预称重的 GaIn 和 Cu 颗粒以及 NaOH 溶液(GaIn 与 NaOH 溶液体积比~1:1)被转移到扁平容器中。连接直流电源的阴极和阳极(石墨棒)分别固定在液态金属和溶液中。施加 5 V 极化电压,轻轻搅拌液态金属,以加速颗粒内部化。根据不同的填充率,颗粒完全内部化需要 30~60 min。填充比被定义为 $\phi = m_{Cu}/m_{GaIn}$,其中 m_{Cu} 和 m_{GaIn} 分别表示铜颗粒和液态金属的质量。

当样品置于 SEM 下时,中间产物中的水将产生密集的空腔[图 3-8(b)]。

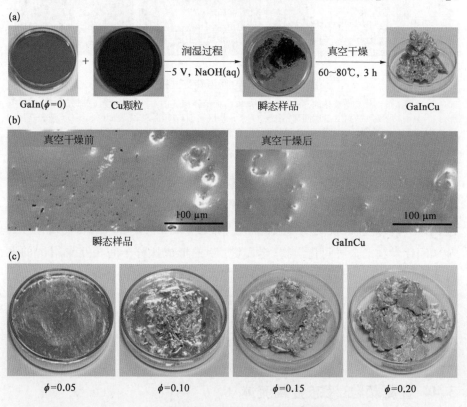

图 3-8　Cu 颗粒填充液态金属流体的制备过程[67]

(a) GaInCu 制备的两阶段工艺,从第一阶段获得的湿中间产物与真空干燥的中间产物差别很大;(b) 中间产品表面产生密集型空腔(左),这种情况可以通过真空干燥过程避免(右);(c) 制备 2 个月后拍摄的不同填充比的 GaInCu 样品。

由于水与液态金属反应缓慢但持续（液态金属的腐蚀），因此获得的中间产物不耐用。由于液态金属和颗粒之间的接触面积与颗粒直径的平方成正比，对于相同数量的颗粒，颗粒直径的减小将导致接触面积显著增加，从而增加含水量。本节内容展示的是微尺度 Cu 颗粒，但制备方法对于纳米 Cu 颗粒内部化是完全通用的。基于同样的原因，在第一阶段之后进一步进行第二阶段真空干燥，以排出水分。中间产物在 $60\sim80$℃真空干燥 3 h 后，可获得稳定的转化率。在这两个步骤之后，制备了一系列具有不同填充率的 GaInCu，它们看起来很像常见的悬浮液、奶油和糊状物，但都具有金属性质[图 3 - 8(c)]。

如图 3 - 9(a)的 XRD 测试表明，在所有 GaInCu 样品中均明确存在金属间化合物 $CuGa_2$。在不同时间点收集的结果进一步表明，在制备后，金属间化合物会连续形成[图 3 - 9(b)]。即使在早期阶段（第 1 天和第 2 天），也发现了 $CuGa_2$ 的存在，但无法检测到 Cu 的特征峰。由于 Ga 和 Cu 之间金属间化合物的形成速度不足以在实验条件下消耗所有 Cu 相[30]，因此推测制备后不久没有 Cu 峰是由于内部 Cu 相被液态金属覆盖的结果。注意到，第 1 天的试验是在真空干燥样品约 1 h 后进行的。为了确定之前无法检测到的液态金属成分，即液态（非结晶）Ga 和 In，进一步测试冷冻样品（$\phi = 0.15$）[图 3 - 9(c)]。通过该冷冻 XRD 测试，揭示了 GaInCu 的完整成分，确认了其在常温常压条件下的半液体/半固体性质。

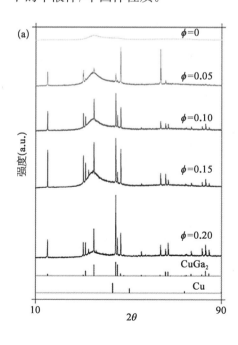
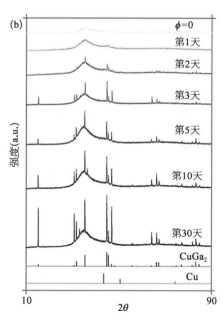

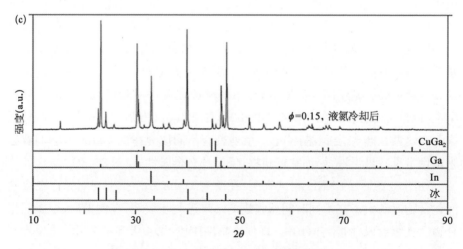

图 3 - 9 GaInCu 样品的 XRD 表征[67]

(a) 具有不同填充比(在制备后第 30 天进行测试);(b) 在不同时间点 ($\phi = 0.15$);(c) 利用液氮冷冻后的 GaInCu 样品识别 Ga 和 In。提供不同成分的标准强度卡以供比较。注意:由于环境湿度的结晶,冰的特征峰也可在冷冻样品中测量。

3.4.2 GaInCu 流变特性

GaInCu 的过渡(半液体/半固体)状态是材料的标志性特征,为了对此进行定量描述,通过冲击试验比较了 GaInCu 样品的流动性和刚度(分别识别液体和固体的两种相反性质)。如图 3 - 10(a)所示,低填充率液滴(例如,$\phi = 0.05$)显示出类似液体的冲击行为,而高填充率液滴(例如,$\phi = 0.20$)显示出明显的黏滞冲击行为。当 ϕ 从 0.05 增加到 0.20 时,冲击持续时间和液滴边缘 $d(t)/d_0$ 的膨胀率都逐渐减小[图 3 - 10(b)],这清楚地表明随着液态金属填充率越来越高,流动性降低(硬度增加)[图 3 - 10(c)]。冲击试验还表明,材料的过渡状态可根据需要通过适当控制 ϕ 进行调整。

金属间化合物 $CuGa_2$ 的存在与室温范围内的 Cu - Ga 二元相图一致[68,69]。但 SEM 和 EDS 测试的微观视图表明,当前情况下的实际金属间反应(Cu 颗粒浸入大块液态金属中)是一个复杂的问题。在早期阶段,与原始 Cu 颗粒相似的不规则颗粒[图 3 - 11(a)]分散在液态金属中。同时,由于 $CuGa_2$ 的点特异性结晶,发现颗粒上形成了小的晶核[图 3 - 11(a),内置放大图]。随着过程的进行,不规则颗粒变得无法追踪,细胞核生长成更大的四方块[图 3 - 11(b)]。结果表明,Cu 的溶解和 $CuGa_2$ 的形成不是原位的。相反,

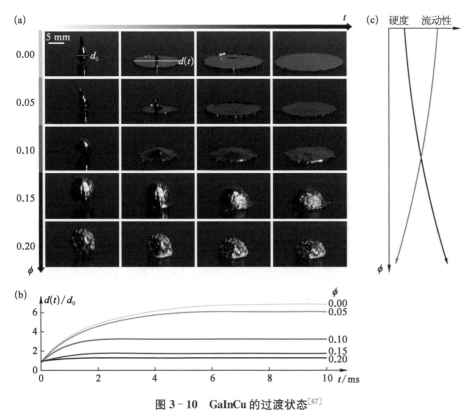

图 3 - 10　GaInCu 的过渡状态[67]

（a）滴下 GaInCu 样品的延时图像。冲击试验表明，随着 ϕ 的增加，其冲击行为从液态向固态转变。
（b）时间相关冲击参数 $d(t)/d_0$ 的比较。（c）示意图显示，随着 ϕ 的增加，GaInCu 的流动性降低，硬度增加。

与液态金属直接接触的 Cu 相首先溶解在液态金属中，从而在原始 Cu 颗粒表面附近形成富铜层。在 $CuGa_2$ 小的晶核位置，溶解的 Cu 与 Ga 结晶形成 $CuGa_2$ 颗粒，从而降低溶解 Cu 的浓度，并在表面区域附近形成浓度梯度。在这种浓度梯度的驱动下，Cu 被可移动的液态金属相沿近表面区域连续转移到核心位置。因此，观察到的四方 $CuGa_2$ 颗粒是通过系统的这种连续金属间反应生成的。EDS 绘制的元素分布图显示了 Cu 和 Ga 的存在，以及四方颗粒区域中 In 的缺失，这进一步证实了颗粒的化学成分[图 3 - 11(c)]。考虑到金属间化学物的形成通常遵循指数关系[69,70]，且液态金属过多，预计所有 Cu 颗粒都会转变为 $CuGa_2$ 化合物。基于这一观点和上述特征，可以得出以下结论：GaInCu 混合物中包含 $CuGa_2$ 的单晶相，其余为液相 GaIn（及其氧化物）。因此，可以估计每个 ϕ 的 $CuGa_2$ (ω) 的质量比，$\omega = \phi(1 + 2M_{Ga}/M_{Cu})/(1 + \phi)$，这里 M_{Ga} 和 M_{Cu} 分别是 Ga 和 Cu 的摩尔质量。

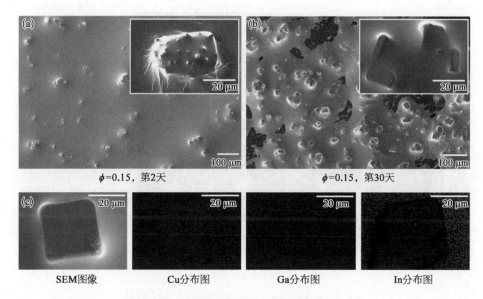

图 3-11　GaInCu 混合物构成扫描电镜表征[67]

(a) 在液态金属中分散的不规则颗粒和在第 2 天观察到的颗粒上形成的小四方体(放大图像);(b) 第 30 天观察到四方体;(c) EDS 绘制的元素分布,亮度与元素丰度成比例。

3.4.3　GaInCu 热学特性

当材料用作电子材料或热界面材料时,电导率(κ_E)和热导率(κ_T)是两个关键参数。在澄清了 GaInCu 的化学成分后,Tang 等的研究表明[67],液态金属和 $CuGa_2$ 颗粒的掺入可以显著增强 κ_E 和 κ_T。如图 3-12(a)和图 3-12(b)所示,κ_E 和 κ_T 随着 ω 的增加而逐渐增加。对于加载最多的样品($\phi = 0.20$ 和 $\omega = 0.54$),测得的 κ_E 和 κ_T 分别超过 6×10^6 S/m 和 50 W/(m・K),与液态金属基相比,显著增加了近 80% 和 100%。导电性的这种增加应归因于比液态金属导电性更高的 $CuGa_2$ 颗粒,并且电导率和热导率的抛物线曲线与文献中其他填充颗粒的液态金属流体趋势一致。在图 3-12(b)中发现 $\omega = 1$(纯 $CuGa_2$)时,拟合方程预测的 κ_T 值[$\kappa_T = 105.90$ W/(m・k)]和文献[71]计算的值 $\kappa_T = 103.64$ W/(m・k)之间具有良好的一致性。此外,由于金属的电导率 κ_E 与其导热系数 κ_T 成正比(Wiedemann-Franz 定律),因此 κ_T 与 κ_E 具有类似的抛物线增长趋势[72]。液态金属由于其金属性质,已经优于许多柔性材料及可印刷材料[73-79],GaInCu 使得液态金属电子材料的导电系数进一步提升到更高的水平。因此,它们有望为传导电流/热电流时寻求更低功耗和更高效率的系统带来直接的益处。

液态金属和固态金属之间的一个重要区别是 κ_T 的温度依赖性,一般情况下两者的温度系数 λ($\kappa_T - T$ 曲线的斜率)相反。液态金属的温度系数通常为正值,而固态金属的温度系数则相反[80]。图 3 – 12(c)显示,在 GaInCu 框架中,液态 GaIn 和固态金属间化合物 $CuGa_2$ 的结合导致 κ_T 的液–固转变,并随 ϕ 的阶跃增加而增加。对于 $\phi=0.05$ 和 $\phi=0.10$ 的瞬变系数,测量液态金属 λ(正值),其与纯液态金属($\phi=0$)的瞬变系数一致。随着 ϕ 的增加,λ 相应减小,当 ϕ 达到 0.15 或更高时,λ 变为负值,GaInCu 变为固体金属状。因此,GaInCu 液态金属流体的过渡状态也可以通过使用 λ 作为指示剂进行分类。

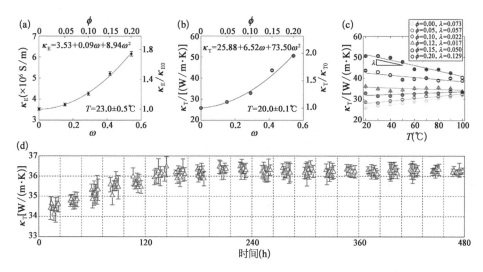

图 3 – 12 GaInCu 的 κ_E 和 κ_T 随填充比及时间的变化规律[67]

GaInCu 的 κ_E(a)和 κ_T(b)测量分别作为 $CuGa_2$(ω)和 Cu(ϕ)质量比的函数。κ_E 的每个数据点代表 10 次重复试验的平均值,误差条(试验不确定度)考虑了标准偏差和样品几何形状、标准电阻器电阻和仪器引起的误差。κ_T 的每个数据点及其误差条分别代表 6 次重复试验的平均值和相应的标准偏差。(c)κ_T 随温度变化的函数(从 20℃ 到 100℃)。(d)κ_T 的长期测量(20 天)($\phi=0.12$,20℃)。

在仔细评估 λ 与填充比的关联性后,可以发现,通过选择 0.10 和 0.15 之间合适的 ϕ,可以制备 λ 接近零的 GaInCu 样品。从 $\phi=0.10$ 开始,进一步制备并表征了 $\phi=0.12$ 的 GaInCu 样品[67],该样本通过显示 $\lambda=0.017$ 证实了推断,该值更接近于高导电但传热率低的柔性材料。此外,进行长期热导率测量,可测试材料的耐久性[图 3 – 12(d)]。在最初的 120 h 内,κ_T 逐渐增加,这种增加可归因于金属间化学物的形成,因为考虑到 $CuGa_2$ 随时间的增长,一部分 Ga 在此过程中结晶[图 3 – 9(b)]。在之后 2 周的随访测量中,κ_T 变得稳定,这意味着样品是稳定的(无沉淀和降解)。电导率和热导率测量验证了制备方法的可靠性和复现性。

3.4.4 GaInCu 电学特性

图 3-13(a)绘制了不同 GaInCu 样品的典型曲线[67]。在一个完整的扫描周期内,当加热到起始熔化温度 T_1 时,被测样品开始熔化。由于液态金属的过冷特性,样品在冷却回 T_1 时不会冻结。相反,当温度进一步达到 T_2 时,就会发生凝固。在相变期间检测到特征峰(熔化负值和凝固正值),样品熔化(凝固)期间吸收(释放)的热量由峰面积 A 表示。

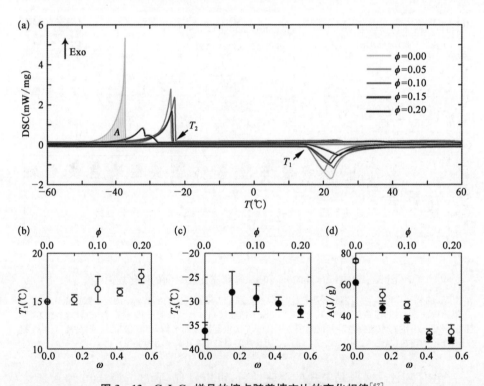

图 3-13 GaInCu 样品的熔点随着填充比的变化规律[67]

(a) 具有不同填充比的 GaInCu 样品的典型 DSC 曲线;(b)、(c) 颗粒堆积比对 GaInCu 熔化 T_1(b)和凝固 T_2(c)期间的起始温度的影响;(d) 比较不同样品的相变热 A(空心圆-熔化、实心圆-凝固)。

从图 3-13(b)中可以发现,GaInCu 样品的熔点随着填充比的增加而逐步增加[67]。由于合金的 Ga/In 比率的变化也会改变其熔点,因此 T_2 的增加归因于 GaIn 中 Ga 的减少(Ga 在形成固体 CuGa₂ 颗粒期间被消耗)。如图 3-13(c)所示,液态金属的过冷行为通过粒子掺入而受到抑制。通常,液态金属的过冷行为受其成分(通过影响晶格结构)、热导率和纯度的影响。因此,考虑到 GaInCu 样品的成分和热导率发生了显著变化,并且分散的微小颗粒可能为结晶提供大量结晶核,因此 GaInCu 与纯液态金属相比可在更高温度下凝固是合理的。这也可能是因为液态金属的凝固是由多个因素决定的,测量的 T_2 显示出比 T_1 波动更显著。此外,由于 GaInCu 中液态金属的数量随着填充比的增加而减少,熔化和凝固过程中的热交换也显示出类似的趋势[图 3 - 13(d)]。

3.4.5　GaInCu 机械特性

采用推拉法来表征 GaInCu 的机械性能[图 3 - 14(a)][67]。在连续测试过程中,首先将样品移向其表面上的探针支架(阶段 i)。接触时,力和位置自动设置为参考值($F=0$, $y=0$)。然后以恒定速度将探针插入样品中(阶段 ii)。当达到预定的最大插入深度时,样品向后移动,探头缩回(阶段 iii)。当探头从 $y=0$(阶段 iv)拉出时,探头与样品表面保持接触。最后的分离发生在表面进一步向下移动到 ΔH(阶段 v)位于探头下方。记录整个过程中作用在探头上的力(F)。由于一定数量的剩余样品会黏附在探针上,因此会产生较小的阻力 ΔF 在分离后测量。推入和拉出探头所需的功可分别用 F - y 曲线中的填充区域 W_1 和 W_2 表示。

在图 3 - 14(b)中,给出了使用不同 GaInCu 样品测量的结果[67],将其与纯液态金属的结果进行比较($\phi=0.00$),可以看出,在插入阶段(阶段 ii)期间,推压探针(负)的力 F 对于具有更高 ϕ 的 GaInCu 样品增加得更快,这意味着力(或应力)以及诱导相同插入深度(应变)所需的功 W_1 随着 ϕ 的增加而增加。特别是,对于高填充比($\phi=0.15$ 和 0.20),随着探针开始穿透样品,F 急剧增加,显示出固体般的刚度。在缩回阶段(阶段 iii),发现与插入阶段类似的拉力(正)和拉功 W_2 发展趋势。当 ϕ 达到 0.15 或更高时,不同样品之间的区别也出现了,其中在缩回开始时的力峰值变得明显,当 $\phi=0.20$ 时,峰值约是 $\phi=0.15$ 样品峰值的 10 倍。出现峰值是因为粒子之间的相互作用在高填充样品中占主导地位。在插入探针的过程中(阶段 ii),样品内部的颗粒将被挤压在一起,从而增加夹持力和颗粒之间的静摩擦力。探针附近受挤压的颗粒反过来增加了作用在探针上的摩擦力。原则上,当从插入阶段(阶段 ii)切换到缩回阶段(阶段 iii)时,该摩擦力将保持其大小,但改变为相反方向。因此,与轻包装样品不同($\phi \leqslant 0.10$),其中 F 主要受表面张力(表面变形)的影响,并显示出

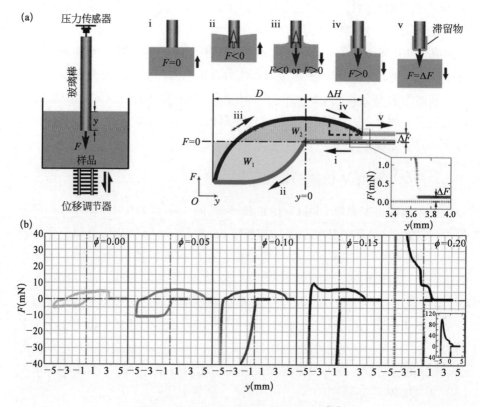

图 3 - 14　GaInCu 样品的黏附力测试[67]

(a) 推拉试验设置示意，以及不同阶段(i-接近；ii-插入；iii，iv-缩回；v-分离。颜色不同)F 随 y 变化的特性发展。纯液态金属的突然分离用虚线表示。插入具有分离区域的典型 F-y 曲线，以显示剩余诱导力 ΔF。(b) 在使用相同设置的推拉试验过程中测量的具有不同 φ 的样品的 F-y 曲线。

从阶段 ii 到阶段 iii 的平滑过渡，在高填充比($φ=0.15$ 和 0.20)下 F 突然转变为峰值。

在阶段 iv，与纯液态金属突然分离(F 突然下降)不同，GaInCu 样品连续分离探针(F 连续下降)。根据试验过程中的观察，这种逐渐分离来自样品和探针之间形成的 GaInCu 连接的逐渐断裂。黏附在探针上的样品残留物(通常为 10~20 mg，根据 ΔF)比用纯液态金属(通常<0.1 mg)测得的含量要高得多。推拉试验提供了有关 GaInCu 机械性能的定量信息。此外，试验还发现增加 φ 会使 GaInCu 的黏合性和成型性更好。

GaInCu 流体对外力的机械响应解释如图 3 - 15 所示。现已确定，镓基液态金属黏附在基底上的主要原因是其表面形成了氧化层[81]。液态金属中分散的固体颗粒一方面会使液态金属表面粗糙,并产生氧化层褶皱[图 3 - 15(a)]。鉴于大多数基底也具有表面纹理,因此 GaInCu 样品的粗糙而一致的表面将显著增加碰撞时的接触面积(特别是在外力载荷下),从而增强附着力。另一方面,通过刚性接触和液桥[图 3 - 15(b)]的粒子之间的相互作用将减少表面张力的影响以及液态金属的流动性。因此,施加的力可以通过夹持力和颗粒之间的静摩擦力来引导和消散。由于这些原因,黏性 GaInCu 制作的图案可以同时集强度、一致性和灵活性于一体。

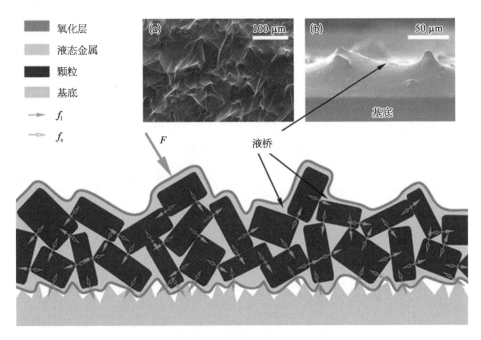

图 3 - 15　GaInCu 流体的粒子矩阵如何增加接触面积和消散作用力 F(f_1和 f_c分别表示主动力和它们的反作用力)[67]

(a) 固体颗粒引起的 GaInCu 离子的粗糙表面(俯视图);(b) 固体颗粒之间形成的液桥(横截面图)。

3.5　非金属颗粒-液态金属流体

3.5.1　非金属颗粒-液态金属流体的制备方法

非金属颗粒与液态金属流体的混合[82]可以采用两种物理方式实现液态金属与固体粉末的充分掺混。

1. 手动搅拌法

使用这种方法时,液态金属的添加体积需远大于所加入的粉末堆积体积。例如,在规格为 50 mL 的烧杯中加入 20 mL EGaIn,然后加入 4~12 g Ni 粉;或在规格为 150 mL 烧杯中加入 80 mL EGaIn 以及 10~20 g SiO₂ 粉。使用玻璃棒搅拌约 15 min,直至液面外无明显颗粒暴露。静置 10 h 后,烧杯中的物质分为上下两层,用药匙挖取上方即得到 SiO₂-液态金属(GaIn-SiO₂,简称 GIS)流体混合物。

2. 球磨法

在球磨罐中放入 40 个 6.4 mm 直径的球磨球以及 3 个直径为 10 mm 的球磨球,加入 EGaIn 及 SiO₂ 粉总质量为 100 g,EGaIn 及 SiO₂ 粉的质量比根据制备目标而定。将球磨罐放入球磨机中,以 500 rpm 的速度处理 1 h 后取出,移走球磨球即得到非金属颗粒-液态金属流体混合物。

在一定限度内,调整粉末添加量只会改变 GIS 的产量,而对 GIS 中 EGaIn 的含量没有明显影响,手动搅拌法制备的 GIS 中液态金属的质量含量为 $(81.5\pm0.6)\%$。球磨机和球磨球带来的扰动和摩擦更猛烈,可以一次性将所加入的全部液态金属和 SiO₂ 粉混合,球磨法的产量更大,且减小了人为因素,制备过程的可重复性更好。

3.5.2 GaInSi 电学特性

GIS 的伏安特性曲线[图 3-16(a)]显示其属于线性导体[82]。随着浆料中液态金属含量的降低,GIS 的电阻率呈近似线性增加,直到液态金属含量降低到 81.5%,浆料的电阻率和 EGaIn 处在同一个数量级,但是在液态金属含量较低的时候(80%),电阻率会突增。液态金属浆料导电机制具有复杂性,与掺杂颗粒物的化学性质和表面形貌,以及掺混的方式等多种因素有关。例如,液态金属和掺混颗粒之间的界面电阻可能显著影响液态金属浆料的导电性。从目前已知的结果来看,并不是掺混高导电的颗粒就一定能提高液态金属的导电性,掺杂足量不导电的颗粒(例如 SiO₂)至足以改变液态金属的黏附性时,液态金属的导电性也未必会降低很多。关于液态金属浆料的导电机制,还需要更深入的研究。

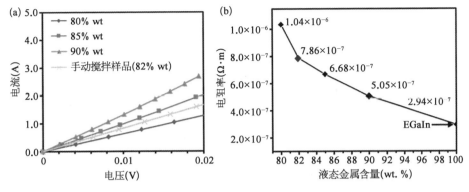

图 3 - 16　不同液态金属含量的 GIS 的导电性[82]

(a) GIS 含有不同比例的液态金属时的伏安特性曲线；(b) GIS 的电阻率随液态金属含量的变化。

3.5.3　GaInSi 流变特性

如图 3 - 17(a)所示[82]，随着 SiO_2 颗粒的掺混量提高，EGaIn 的含量减少，所制备的 GIS 产生了直观的由液体向固体转变的趋势。EGaIn 含量达到 90% 的 GIS 液滴表面虽然有一些塑性形变造成的起伏，但是整体上呈现出液滴的特征。而当 EGaIn 含量低至 80% 时，GIS 呈现块状。

流变曲线趋势如图 3 - 17(b)所示[82]，没有掺杂任何颗粒的 EGaIn 表现出了非牛顿流体的特征，当剪切速率趋近 0 时，仍然存在 70 Pa 的剪切应力，这是由 EGaIn 表面的固体氧化层的生成所导致的屈服应力[83,84]。随着剪切速率增加，剪切应力几乎维持不变，则黏度随剪切速率降低，即剪切变稀。此外，从 GIS 中回收的液态金属具有和 EGaIn 相同的流变曲线，进一步证实了 GIS 的可逆性。含有 90% EGaIn 的 GIS 的屈服应力约为 700 Pa，相比纯 EGaIn 提升了 10 倍，随着剪切速率的增加，剪切应力迅速降低，直到剪切速率达到约 20/s 后，剪切应力趋于稳定，维持在 100～125 Pa。当 GIS 中 EGaIn 的含量进一步降低到 85%，其屈服应力增加到了 17 700 Pa，剪切应力随着剪切速率的增加而迅速降低，直到剪切速率达到约 30/s 后趋于稳定，在 270～540 Pa。当 EGaIn 的含量降低到 80% 后，GIS 的流变曲线无法通过转子流变仪测得，此时 GIS 的状态接近固体，在受到转子的压力后会碎裂成不相连的块状物，无法测得有效的流变曲线。

以上结果表明，GIS 是一种具有屈服应力的剪切变稀流体，随着液态

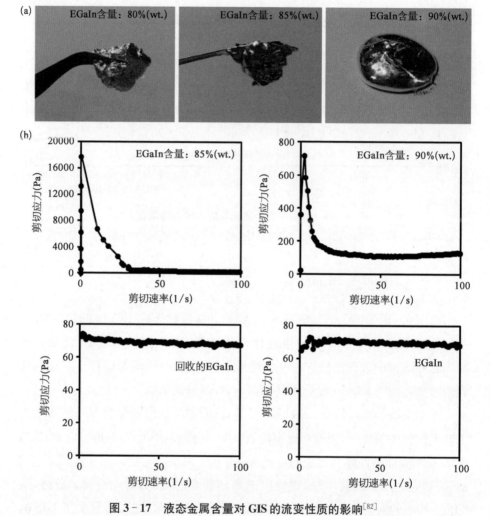

图 3 - 17　液态金属含量对 GIS 的流变性质的影响[82]

(a) 反映 GIS 的流变性随液态金属含量变化的直观图像；(b) 不同液态金属含量的 GIS 及 EGaIn 的流变曲线。

金属含量的降低，GIS 的屈服应力迅速提高，但在剪切速率达到一定程度后，液态金属浆料的黏度相比纯 EGaIn 并没有非常大的提高（相对屈服应力而言）。

对于掺杂固体颗粒后液态金属屈服应力显著提高，以及随着含液量减少，屈服应力显著增大的现象，可以从力学的角度去理解。从液态金属浆料的截面形貌可以推断，若是不考虑液态金属氧化膜这一特殊物相，液态金属浆料是一种由气、液、固三相组成的混合流体。

3.5.4 GaInSi 可回收性

使用 GIS 这种具有可逆性质的液态金属浆料制备的柔性电路具有更好的经济性，Chang 等阐述了通过简单方式回收电路中液态金属的措施[82]。图 3-18(a) 是一个从覆盖了 GIS 的纸基底上回收液态金属的示例[82]。将纸剪碎后，浸泡在盛有 HCl 溶液的烧杯中，使用桨式电动搅拌器搅拌。在这个过程中可以看到有球形 EGaIn 液滴从纸上脱离并随着时间相互聚合成更大的液滴。由于 EGaIn 的表面张力，一段时间后绝大多数液态金属都会聚集成一个单独的液滴。如图 3-18(b) 所展示的回收率统计结果所示，使用这种方式可以从多种涂覆了 GIS 的基材表面回收 EGaIn。

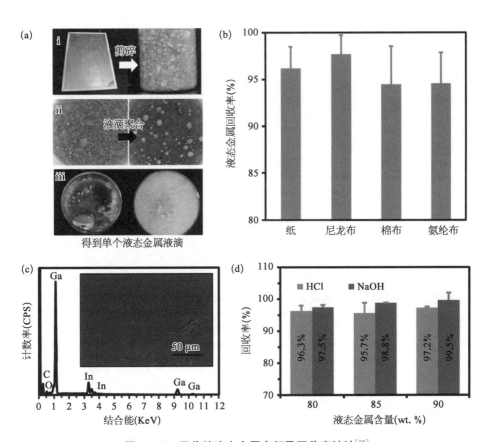

图 3-18　回收的液态金属表征及回收率统计[82]

(a) 从基底上回收液态金属的过程；(b) 不同基底上回收液态金属的回收率统计；(c) 回收得到的液态金属的 SEM 图像及 EDS 能谱；(d) 液态金属的回收率统计。

SEM 和 EDS 分析结果表明,通过 HCl 或 NaOH 的浸泡和震荡,从 GIS 中回收的液态金属不再含有固体颗粒,图 3-18(c)展示了一个典型的结果。液态金属表面光滑,只有氧化膜的褶皱造成的表面形貌。上述结果表明,当掺杂物为金属颗粒时,液态金属难以和颗粒分离开,掺杂过程不可逆。与此相反,当掺杂颗粒为 SiO_2 时,颗粒的掺杂过程是可逆的,可以简单地通过酸/碱溶液浸泡的方式将 EGaIn 和 SiO_2 颗粒分离。回收率的统计结果如图 3-18(d)所示,对于液态金属质量含量为 80%、85% 及 90% 的 GIS,上述方法均可以回收 95% 以上的液态金属。使用 NaOH 溶液作为浸泡液将获得更高的回收率。这表明,可以通过回收的方法测量 GIS 中 EGaIn 的含量,这可以为液态金属浆料研究带来方便。

理论上,GIS 的可逆性应该可以推广到其他通过氧化法将非金属颗粒与液态金属掺混制得的液态金属混合物。当固体掺杂物为非金属颗粒时,大量新鲜液态金属氧化物的产生可制备出液态金属混合物,而氧化膜的溶解将导致液态金属浆料中的颗粒和液态金属分离。而当固体掺杂物为金属颗粒时,溶解金属颗粒和液态金属表面的氧化膜将诱导金属键润湿[63,67,85,86],同时液态金属氧化物的产生也能诱导液态金属润湿颗粒,从而获得液态金属混合物,但是这个过程往往不可逆。

3.6 纳米液态金属流体的应用

3.6.1 能源管理

能源管理在电力、材料和冶金、石油、化学工业以及航空航天等许多工程领域都很重要。液态金属及其合金具有优异的传热性能,由于其优越的导热性、电磁场可驱动性和极低的功耗,因此在冷却高热流密度设备[18,86-91]方面工作得非常好。除了在流体中的应用外,Gao 和 Liu 还开发了一种高黏性的镓基热界面材料[92],并证明其导热系数可以达到~13.07 W/(m·K),这明显高于最好的传统热润滑脂。显然,在这种液态金属润滑脂中加入纳米颗粒将进一步提高其传热性能。

除导热系数外,其他流体动力学特性如黏度、润湿性以及比热也是应用中需要考虑的重要因素。热导率的增加可能会被有效热容的降低、黏度的增加或润湿性的变化所抵消[93]。除了热导率外,还可采用几种方法来改善纳米流体的性能。例如,聚 α-烯烃(PAO)纳米流体中的 In 被设计为使用相变纳米颗粒而不是普通的固体纳米颗粒,并且含有 8 vol% In 纳米颗粒的纳米流体的有效体积热容增加了 20%[94]。

3.6.2　磁能转换

纳米液态金属流体也是一种理想的工作流体,能够在各种能量形式之间进行转换。近年来,以液态金属为基础的磁性流体特别受到人们的关注。一个典型的例子是使用磁性纳米液态金属。以前,大多数用于制备磁性纳米流体的基础流体是有机溶剂或水。作为替代方案,液态金属提供了优于传统流体的导热性或导电性。液态金属如镓流体通常具有极高的沸点和极低的蒸汽压。这使得磁性纳米流体即使在高温下也能保持稳定的性能。磁性纳米液态金属在磁能转换装置中有着广阔的应用前景。磁流体在磁场中的闭合回路可以改变角动量,影响航天器的旋转,这是由于磁能转化为机械能。此外,磁性纳米液态金属可以注入音圈磁气隙中,由于其冷却和阻尼效应,可提高扬声器的性能[95]。众所周知,磁流体扬声器具有功率高、效率高、失真小、低频性能好等优点。磁性纳米液态金属有望提高电磁能的转换效率[43]。

当前,关于镓基磁流体的报道还相对较少。在这些工作中,铁合金、微米或亚微米 Ni 或 Fe 颗粒已成功地与 Ga 混合[43,96,97]。利用化学合成的 FeNbVB 纳米颗粒,在纳米颗粒表面包覆一层 SiO_2,制备了稳定的纳米液体镓基磁流体。在 $293\sim353$ K 的温度范围内,磁流变液的磁化强度随温度变化[96],而悬浮液在外加磁场梯度下的运动也受温度影响[98]。此外,研究发现,通过轻微的氧化处理,Ga 与各种材料的润湿性和相容性可以得到显著改善[92]。基于这一原理,Xiong 等[43]开发了一种含有部分 Ga_2O_3 及其合金和 Ni 纳米颗粒的磁性纳米流体。

3.6.3　能量存储

低熔点液态金属作为相变材料具有传热能力大、相变可逆性好、相膨胀小[99]等优点。研究指出,这些低熔点固体金属在熔化过程中会吸收大量热量,这需要快速散热,从而具有较高的导热性。因此,低熔点金属或其与纳米粒子的合金被引入作为相变材料元件,用于 USB 闪存[100]和智能手机[101]等电子设备的热管理。Ga 的单位体积比热为 $473\,509.2$ kJ/m^3,远高于 $Na_2SO_4 \cdot 10H_2O$、正二十烷和石蜡等常规相变材料[100]。这种低熔点金属由于其优良的性能,有望成为下一代工业换热器的相变材料,热导率高,导电性好,蒸气压低,相变时体积膨胀小。此外,选择性负载相变纳米颗粒可以提高热容,并通过相变提供一种更优越的储热液体材料。另外,在液态金属中加入高导电性的纳米材料,可以提高相变材料的快速导热性能,包括促进液态金属从液相凝固返回固相的速度。

3.6.4 电子印刷

浸润性更好的纳米液态金属流体对各类基底具备较好附着力,同时填充的高导电纳米颗粒保障了纳米液态金属流体的高导电性。从图 3-19(a)可以看出,虽然纯液态金属几乎不会黏附在电刷上,但在一次浸渍后,大量 GaInCu 残留物将黏附在刷头上。利用 GaInCu 与刷子的良好附着力,证明 GaInCu 图

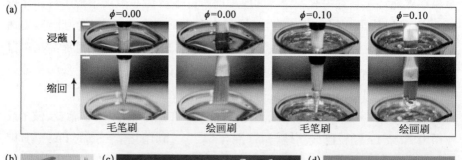

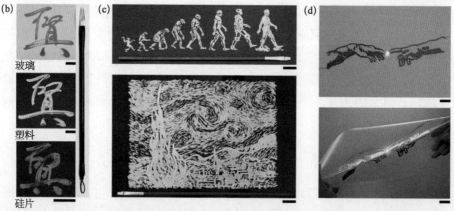

图 3-19　基于 GaInCu 的电子印刷[67]

(a) 在单次浸渍试验期间,比较样品(纯液态金属,$\phi = 0.00$ 和 GaInCu,$\phi = 0.10$)与两种类型电刷之间的附着力,可以看出,从样品中收回电刷后,大量 GaInCu 残留物黏附在两个电刷上,但使用纯液态金属时很少观察到残留物。(b) GaInCu 用传统中国毛笔在不同的基材上书写中国书法($\nu = 0.10$)。(c) 用画笔在塑料基材上绘制的两幅图形作品,分别使用 $\phi = 0.10$(上部)和 $\phi = 0.15$(下部)的 GaInCu。(d) 发光 LED 通过在柔性透明基板上绘制的导电图案连接。比例尺:20 mm。

案可以直接在不同的基板上书写或绘制[67]。使用毛笔,可以在不同的基底上流畅地书写中国汉字,所用的 GaInCu 墨水为 $\nu=0.10$[图 3 - 19(b)]。在图 3 - 19(c) 中,进一步证明了 GaInCu($\phi=0.10$ 和 0.15)可以使用画笔轻易地绘制成复杂的图案。手写图案横截面的特征厚度为 $100\ \mu m$。由于 EGaInCu 本质上是导电的,因此可以进一步将其集成到柔性电路中[图 3 - 19(d)]。经过验证的加工方法可以标准化,用于制造柔性电路和更多导电图案和薄膜。

3.7　小结

纳米液态金属作为一种新兴的功能材料具有巨大的应用潜力,为工程师开发各种非传统技术提供了诸多机会。与此同时,也引申出许多科学与技术挑战有待解决,这需要纳米材料、物理、化学和工程之间的跨学科合作。总的说来,纳米液态金属流体的合成方法、悬浮稳定性、表征、特殊性质以及与相关材料的相互作用可望进一步研究和系统化。为了显著地扩展纳米液态金属的应用,需要付出进一步的努力来更好地理解其所涉及的物理或化学机制。特别是,由于纳米液态金属流体的基本性质和应用在过去被严重忽视,因此在未来,纳米液态金属流体技术存在广阔的探索空间。

-------------------------------- **参 考 文 献** --------------------------------

[1] Choi S U S, Eastman J A. Enhancing thermal conductivity of fluids with nanoparticles. 1995 International mechanical engineering congress and exhibition. 1995:San Francisco, CA, United States.

[2] 宣益民,李强.纳米流体能量传递理论与应用.北京:科学出版社,2010.

[3] 刘静.微米/纳米尺度传热学.北京:科学出版社,2001.

[4] Razi P, Akhavan-Behabadi M A, Saeedinia M. Pressure drop and thermal characteristics of CuO base oil nanofluid laminar flow in flattened tubes under constant heat flux. International Communications in Heat and Mass Transfer, 2011, 38(7): 964 - 971.

[5] Kwak K Y, Kim C Y. Viscosity and thermal conductivity of copper oxide nanofluid dispersed in ethylene glycol. Korea-Australia Rheology Journal, 2005, 17(2): 35 - 40.

[6] Eastman J A, Choi S, Li S, et al. Anomalously increased effective thermal conductivities of ethylene glycol-based nanofluids containing copper nanoparticles. Applied Physics Letters, 2001, 78(6): 718 - 720.

[7] Gao L, Zhou X, Ding Y. Effective thermal and electrical conductivity of carbon nanotube composites. Chemical Physics Letters, 2007, 434(4 - 6): 297 - 300.

[8] Das S K, Putra N, Thiesen P, et al. Temperature dependence of thermal conductivity enhancement for nanofluids. J Heat Transfer, 2003, 125(4): 567 - 574.

[9] Patel H E, Das S K, Sundararajan T, et al. Thermal conductivities of naked and monolayer protected metal nanoparticle based nanofluids: manifestation of anomalous enhancement and chemical effects. Applied Physics Letters, 2003, 83(14): 2931 - 2933.

[10] Wang X, Xu X, Choi S U S. Thermal conductivity of nanoparticle-fluid mixture. Journal of Thermophysics and Heat Transfer, 1999, 13(4): 474 - 480.

[11] Xie H, Lee H, Youn W, et al. Nanofluids containing multiwalled carbon nanotubes and their enhanced thermal conductivities. Journal of Applied Physics, 2003, 94(8): 4967 - 4971.

[12] Hwang Y J, Lee J, Lee C, et al. Stability and thermal conductivity characteristics of nanofluids. Thermochimica Acta, 2007, 455(1 - 2): 70 - 74.

[13] Keblinski P, Phillpot S, Choi S, et al. Mechanisms of heat flow in suspensions of nano-sized particles (nanofluids). International Journal of Heat Mass Transfer, 2002, 45(4): 855 - 863.

[14] Yu W, Xie H, Chen L, et al. Investigation on the thermal transport properties of ethylene glycol-based nanofluids containing copper nanoparticles. Powder Technology, 2010, 197(3): 218 - 221.

[15] 马坤全,刘静.纳米流体研究的新动向.物理,2007,36: 295 - 300.

[16] Choi C, Yoo H, Oh J. Preparation and heat transfer properties of nanoparticle-in-transformer oil dispersions as advanced energy-efficient coolants. Current Applied Physics, 2008, 8(6): 710 - 712.

[17] Ma K Q, Liu J. Nano liquid-metal fluid as ultimate coolant. Physics Letters A, 2007, 361(3): 252 - 256.

[18] Zhang Q, Liu J. Nano liquid metal as an emerging functional material in energy management, conversion and storage. Nano Energy, 2013, 2(5): 863 - 872.

[19] Liu J. Nano liquid metal materials: when nanotechnology meets with liquid metal. Nanotech Insights, 2016, 7(3&4): 2 - 6.

[20] Chen S, Wang H Z, Zhao R Q, et al. Liquid metal composites. Matter, 2020, 2(6): 1446 - 1480.

[21] Chang H, Guo R, Sun Z, et al. Direct writing and repairable paper flexible electronics using nickel-liquid metal ink. Advanced Materials Interfaces, 2018, 5(20): 1800571.

[22] Zhang M K, Yao S Y, Rao W, et al. Transformable soft liquid metal micro/nanomaterials. Materials Science & Engineering R-Reports, 2019, 138: 1 - 35.

[23] Li H Y, Liu J. Revolutionizing heat transport enhancement with liquid metals: proposal of a new industry of water-free heat exchangers. Frontiers in Energy, 2011, 5(1): 20 - 42.

[24] Iida T, Guthrie R I L. The physical properties of liquid metals. Oxford: Clarendon Press, 1993.

[25] Shimoji M. Liquid metals: an introduction to the physics and chemistry of metals in the liquid state. New York: Academic Press, 1977.

[26] Shapiro B, Moon H, Garrell R L, et al. Equilibrium behavior of sessile drops under surface tension, applied external fields, and material variations. Journal of Applied Physics, 2003, 93(9): 5794 - 5811.

[27] Majee A, Bier M, Dietrich S. Electrostatic interaction between colloidal particles trapped at an electrolyte interface. The Journal of Chemical Physics, 2014, 140(16): 164906.

[28] Mugele F, Baret J C. Electrowetting: from basics to applications. Journal of Physics: Condensed Matter, 2005, 17(28): R705.

[29] Karakkaya İ, William T T. Asm handbook. Vol. 3: Alloy Phase Diagrams. 2001.

[30] Lin S K, Cho C L, Chang H M. Interfacial reactions in Cu/Ga and Cu/Ga/Cu couples. Journal of Electronic Materials, 2014, 43(1): 204 - 211.

[31] Deng Y G, Liu J. Corrosion development between liquid gallium and four typical metal substrates used in chip cooling device. Applied Physics A, 2009, 95(3): 907 - 915.

[32] Kozlova O, Voytovych R, Protsenko P, et al. Non-reactive versus dissolutive wetting of Ag-Cu alloys on Cu substrates. Journal of Materials Science, 2010, 45(8): 2099 - 2105.

[33] Nicholas M G, Old C F. Liquid metal embrittlement. Journal of Materials Science, 1979, 14(1): 1 - 18.

[34] Bechstedt F. Principles of surface physics. Springer Science & Business Media, 2012.

[35] Cao Z, Stevens M J, Dobrynin A V. Adhesion and wetting of nanoparticles on soft surfaces. Macromolecules, 2014, 47(9): 3203 - 3209.

[36] Salez T, Benzaquen M, Raphaël É. From adhesion to wetting of a soft particle. Soft Matter, 2013, 9(45): 10699 - 10704.

[37] Lau A, Portigliatti M, Raphaël E, et al. Spreading of latex particles on a substrate. EPL, 2002, 60(5): 717.

[38] Kinge S, Crego Calama M, Reinhoudt D. Self-assembling nanoparticles at surfaces and interfaces. ChemPhysChem, 2008, 9(1): 20 - 42.

[39] Walther A, Muller A H. Janus particles: synthesis, self-assembly, physical properties, and applications. Chemical Reviews, 2013, 113(7): 5194 - 5261.

[40] Chowdhury S R, Hartley N, Pollock H, et al. Adhesion energies at a metal interface: the effects of surface treatments and ion implantation. Journal of Physics D: Applied Physics, 1980, 13(9): 1761.

[41] Kralchevsky P A, Nagayama K. Capillary interactions between particles bound to interfaces, liquid films and biomembranes. Advances in Colloid Interface Science, 2000, 85(2 - 3): 145 - 192.

[42] Gillies G, Büscher K, Preuss M, et al. Contact angles and wetting behaviour of single

micron-sized particles. Journal of Physics: Condensed Matter, 2005, 17(9): S445.

[43] Xiong M, Gao Y, Liu J. Fabrication of magnetic nano liquid metal fluid through loading of Ni nanoparticles into gallium or its alloy. Journal of Magnetism Magnetic Materials, 2014, 354: 279 - 283.

[44] Yang C, Bian X, Qin J, et al. Metal-based magnetic functional fluids with amorphous particles. RSC Advances, 2014, 4(103): 59541 - 59547.

[45] Cao L, Park H, Dodbiba G, et al. Keeping gallium metal to liquid state under the freezing point by using silica nanoparticles. Applied Physics Letters, 2011, 99(14): 143120.

[46] Malysheva O, Tang T, Schiavone P. Adhesion between a charged particle in an electrolyte solution and a charged substrate: electrostatic and van der waals interactions. Journal of Colloid Interface Science, 2008, 327(1): 251 - 260.

[47] Nikolaides M, Bausch A, Hsu M F, et al. Electric-field-induced capillary attraction between like-charged particles at liquid interfaces. Nature, 2002, 420(6913): 299 - 301.

[48] Gady B, Schleef D, Reifenberger R, et al. Identification of electrostatic and van der waals interaction forces between a micrometer-size sphere and a flat substrate. Physical Review B, 1996, 53(12): 8065.

[49] Xia X, Wang Y, Ruditskiy A, et al. Galvanic replacement: A simple and versatile route to hollow nanostructures with tunable and well-controlled properties. Advanced Materials, 2013, 25(44): 6313 - 6333.

[50] Hoshyargar F, Crawford J, O'Mullane A P. Galvanic replacement of the liquid metal galinstan. Journal of the American Chemical Society, 2017, 139(4): 1464 - 1471.

[51] Tang J, Zhao X, Li J, et al. Liquid metal phagocytosis: intermetallic wetting induced particle internalization. Adv Sci (Weinh), 2017, 4(5): 1700024.

[52] Yin L, Murray B T, Su S, et al. Reactive wetting in metal-metal systems. Journal of Physics: Condensed Matter, 2009, 21(46): 464130.

[53] Eustathopoulos N, Voytovych R. The role of reactivity in wetting by liquid metals: a review. Journal of Materials Science, 2016, 51(1): 425 - 437.

[54] Schmuki P. From bacon to barriers: a review on the passivity of metals and alloys. Journal of Solid State Electrochemistry, 2002, 6(3): 145 - 164.

[55] Nakayama S, Shibata M, Kuwabata S, et al. Voltammetric characterization for the growth of oxide films formed on copper in air. Corrosion Engineering, 2011, 51: 566 - 570.

[56] Sheng L, Zhang J, Liu J. Diverse transformations of liquid metals between different morphologies. Advanced Materials, 2014, 26(34): 6036 - 6042.

[57] Sivan V, Tang S Y, O'Mullane A P, et al. Liquid metals: liquid metal marbles. Advanced Functional Materials, 2013, 23(2): 137.

[58] Seo M, Ishikawa Y, Kodaira M, et al. Cathodic reduction of the duplex oxide films formed on copper in air with high relative humidity at 60℃. Corrosion Science, 2005,

47(8): 2079 - 2090.

[59] Schultze J W, Lohrengel M. Stability, reactivity and breakdown of passive films: problems of recent and future research. Electrochimica Acta, 2000, 45(15 - 16): 2499 - 2513.

[60] Marchiano S, Elsner C, Arvia A. The anodic formation and cathodic reduction of cuprous oxide films on copper in sodium hydroxide solutions. Journal of Applied Electrochemistry, 1980, 10(3): 365 - 377.

[61] Lide D R. Handbook of chemistry physics. 85th edition. Boca Raton: CRC Press, 2004.

[62] Israelachvili J N. Intermolecular and surface forces. New York: Academic Press, 2011.

[63] Chen S, Deng Z S, Liu J. High performance liquid metal thermal interface materials. Nanotechnology, 2021, 32(9): 092001.

[64] Wenzel R N. Resistance of solid surfaces to wetting by water. J Ind. Eng: Chem, 1936, 28: 988 - 994.

[65] Bonn D, Eggers J, Indekeu J, et al. Wetting and spreading. Reviews of Modern Physics, 2009, 81(2): 739.

[66] Carle F, Bai K, Casara J, et al. Development of magnetic liquid metal suspensions for magnetohydrodynamics. Physical Review Fluids, 2017, 2(1): 013301.

[67] Tang J, Zhao X, Li J, et al. Gallium-based liquid metal amalgams: transitional-state metallic mixtures (transm2ixes) with enhanced and tunable electrical, thermal, and mechanical properties. ACS Applied Materials & Interfaces, 2017, 9(41): 35977 - 35987.

[68] Baker H, Okamoto H. Asm handbook. Vol. 3. Alloy phase diagrams. ASM International, 1992.

[69] Tikhomirova O, Pikunov M, Ruzinov L, et al. Interaction of liquid gallium with copper. Soviet materials science: a transl. of Fiziko-khimicheskaya mekhanika materialov/Academy of Sciences of the Ukrainian SSR, 1972, 5(6): 586 - 590.

[70] Guo Y, Liu G, Jin H, et al. Intermetallic phase formation in diffusion-bonded Cu/Al laminates. Journal of Materials Science, 2011, 46(8): 2467 - 2473.

[71] Kulikova T V, Bykov V A, Shunyaev K Y, et al. Thermal properties of $CuGa_2$ phase in inert atmosphere. Defect and Diffusion Forum. 2012.

[72] Yu S, Kaviany M. Electrical, thermal, and species transport properties of liquid eutectic Ga-In and Ga-In-Sn from first principles. The Journal of Chemical Physics, 2014, 140(6): 064303.

[73] Glory J, Bonetti M, Helezen M, et al. Thermal and electrical conductivities of water-based nanofluids prepared with long multiwalled carbon nanotubes. Journal of Applied Physics, 2008, 103(9): 094309.

[74] Stankovich S, Dikin D A, Dommett G H, et al. Graphene-based composite materials. Nature, 2006, 442(7100): 282 - 286.

［75］ Matsuhisa N, Kaltenbrunner M, Yokota T, et al. Printable elastic conductors with a high conductivity for electronic textile applications. Nature communications, 2015, 6 (1): 1 - 11.

［76］ Calvert P. Inkjet printing for materials and devices. Chemistry of Materials, 2001, 13 (10): 3299 - 3305.

［77］ Leenen M A, Arning V, Thiem H, et al. Printable electronics: Flexibility for the future. Physica Status Solidi, 2009, 206(4): 588 - 597.

［78］ Jeong S, Song H C, Lee W W, et al. Stable aqueous based Cu nanoparticle ink for printing well-defined highly conductive features on a plastic substrate. Langmuir, 2011, 27(6): 3144 - 3149.

［79］ Bartlett M D, Kazem N, Powell-Palm M J, et al. High thermal conductivity in soft elastomers with elongated liquid metal inclusions. Proceedings of the National Academy of Sciences, 2017, 114(9): 2143 - 2148.

［80］ Brown W B. Thermal conductivities of some metals in the solid and liquid states. Physical Review, 1923, 22(2): 171.

［81］ Doudrick K, Liu S, Mutunga E M, et al. Different shades of oxide: from nanoscale wetting mechanisms to contact printing of gallium-based liquid metals. Langmuir, 2014, 30(23): 6867 - 6877.

［82］ Chang H, Zhang P, Guo R, et al. Recoverable liquid metal paste with reversible rheological characteristic for electronics printing. ACS Applied Materials & Interfaces, 2020, 12(12): 14125 - 14135.

［83］ Larsen R J, Dickey M D, Whitesides G M, et al. Viscoelastic properties of oxide-coated liquid metals. Journal of Rheology, 2009, 53(6): 1305 - 1326.

［84］ Xu Q, Oudalov N, Guo Q, et al. Effect of oxidation on the mechanical properties of liquid gallium and eutectic gallium-indium. Physics of Fluids, 2012, 24(6): 063101.

［85］ Cui Y, Liang F, Yang Z, et al. Metallic bond-enabled wetting behavior at the liquid Ga/CuGa$_2$ interfaces. ACS Appl Mater Interfaces, 2018, 10(11): 9203 - 9210.

［86］ Ma J L, Dong H X, He Z Z. Electrochemically enabled manipulation of gallium-based liquid metals within porous copper. Materials Horizons, 2018, 5(4): 675 - 682.

［87］ Deng Y, Liu J. Hybrid liquid metal-water cooling system for heat dissipation of high power density microdevices. Heat and Mass Transfer, 2010, 46(11): 1327 - 1334.

［88］ Deng Y, Liu J. Design of practical liquid metal cooling device for heat dissipation of high performance cpus. Journal of Electronic Packaging, 2010, 132(3): 031009.

［89］ Deng Z S, Liu J. Capacity evaluation of a mems based micro cooling device using liquid metal as coolant. 1st IEEE International Conference on Nano/Micro Engineered and Molecular Systems, 2006.

［90］ Li P, Liu J, Zhou Y. Design of a self-driven liquid metal cooling device for heat dissipation of hot chips in a closed cabinet. Journal of Thermal Science Engineering Applications, 2014, 6(1): 011009.

［91］ Li P，Liu J. Harvesting low grade heat to generate electricity with thermosyphon effect of room temperature liquid metal. Applied Physics Letters，2011，99（9）：094106.

［92］ Gao Y，Liu J. Gallium-based thermal interface material with high compliance and wettability. Applied Physics A，2012，107(3)：701 - 708.

［93］ Sarkar J. A critical review on convective heat transfer correlations of nanofluids. Renewable Sustainable Energy Reviews，2011，15(6)：3271 - 3277.

［94］ Han Z H. Nanofluids with enhanced thermal transport properties. University of Maryland，College Park Doctoral Degree，2008.

［95］ Athanas L S，Loudspeaker utilizing magnetic liquid suspension of the voice coil. 1994 US Patent 5335287.

［96］ Dodbiba G，Ono K，Park H S，et al. FeNbVB alloy particles suspended in liquid gallium：investigating the magnetic properties of the mr suspension. International Journal of Modern Physics B，2011，25(7)：947 - 955.

［97］ Lu Y，Che Z，Sun F，et al. Mussel-inspired multifunctional integrated liquid metal-based magnetic suspensions with rheological，magnetic，electrical，and thermal reinforcement，ACS Applied Materials & Interfaces，2021，13(4)：5256 - 5265.

［98］ Fujita T，Park H S，Ono K，et al. Movement of liquid gallium dispersing low concentration of temperature sensitive magnetic particles under magnetic field. Journal of Magnetism Magnetic Materials，2011，323(10)：1207 - 1210.

［99］ Ge H，Li H，Mei S，et al. Low melting point liquid metal as a new class of phase change material：an emerging frontier in energy area. Renewable Sustainable Energy Reviews，2013，21：331 - 346.

［100］ Ge H，Liu J. Phase change effect of low melting point metal for an automatic cooling of USB flash memory. Frontiers in Energy，2012，6(3)：207 - 209.

［101］ Ge H，Liu J. Keeping smartphones cool with gallium phase change material. ASME Journal of Heat Transfer，2013，135(5)：054503.

第 **4** 章
纳米液态金属热界面材料

4.1 引言

　　热界面材料(thermal interface materials，TIMs)又称为导热界面材料或者界面导热材料,是一种普遍用于 IC 封装和电子散热的材料[1]。热界面材料可以填补两个固体表面接触时产生的微孔隙以及表面凹凸不平产生的空洞,从而增加固体表面间的接触面积,由此提升电子器件的散热性能。目前广泛应用的热界面材料主要有导热膏、导热胶、导热垫、相变材料、石墨等,各类产品都有着广泛的应用领域,被广泛应用于热管理领域。导热材料的导热性能主要由填充的导热填料决定。有机硅领域中所使用的导热材料多为固体金属氧化物(如 Al_2O_3、SiO_2、ZnO 等),也包括部分氮化物(如 AlN、BN)以及碳化物(如 SiC)等,尤其是以微米 Al_2O_3 和 Si 微粉为主体,纳米 Al_2O_3 和氮化物为高导热领域的填充粉体,而 ZnO 大多作为导热硅脂填料用。

　　相较于刚性颗粒填料,液态金属柔性颗粒可以避免热界面材料内部应力集中,因此,液态金属微纳米颗粒可用作软填充颗粒来制造高性能热界面材料;同时,柔软且可变形的液态金属颗粒赋予导热油脂或有机硅弹性体高导热性。纳米颗粒介导的液态金属进一步实现了导热稳定性良好的液态金属热界面材料(LM-TIMs)。

　　本章系统解释了液态金属热界面材料的基本特征,总结了领域内代表性探索和进展,介绍了纳米技术增强高性能液态金属热界面材料的典型方法,阐述了新一代热管理材料的发展前景,最后讨论了纳米液态金属热界面材料涉及的挑战问题。

4.2　纳米热界面材料的优势与局限性

固体界面间的传热对于电子设备来说非常重要。然而,固体-固体界面通常具有相对较高的热阻,尤其是由于两个表面的粗糙度导致的界面不一致性,这阻碍了表面之间的完美接触。在这种情况下,液态金属被用作热界面材料,显示出独特的优势。图 4-1 显示了工作中的液态金属热界面材料示意及其典型导热特性。高导热性是其基本特征之一,除此之外,液态金属的柔性也至关重要,这意味着液态金属热界面材料可以填充相邻部件之间的大部分间隙。这种填充效应可以最小化接触热阻,这也是所有热界面材料所追求的目标。此外,基于液态金属制备的软复合材料具有较低的压缩模量,表现出极好的柔软性,这确保了它能够根据间隙压缩成所需的形状。

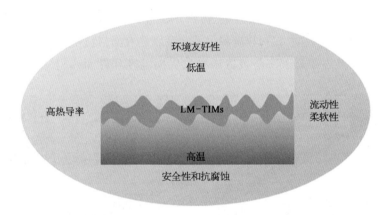

图 4-1　液态金属热界面材料(LM-TIMs)工作原理图及其预期性能[1]

此外,液态金属热界面材料易于回收,不会造成污染,显示出环保特性。避免热界面材料在接触面上的腐蚀对于工业应用也是必不可少的。但对于镓基液态金属,它会腐蚀部分接触的金属,如金属 Al。总之,液态金属热界面材料作为一种新兴的热界面材料,具有许多优异的性能,但也存在一些需要克服的问题。研究人员一直在努力增强其优势,削弱其劣势,而纳米技术在其中起着至关重要的作用。

4.3　纳米尺度氧化的高黏附性液态金属热界面材料

液态金属应用的一个重要前提是在空气中实现对发热部件表面的涂敷。

由于液态金属的高表面张力[2]，在正常条件下，液态金属很难润湿许多表面，从而难以实现紧密黏合。因此，为了实现液态金属与目标表面的紧密接触，提升液态金属对材料表面的润湿性至关重要。然而，液态金属热界面材料与其他材料的润湿性并未得到根本改善，这严重制约了实用价值。为了解决这一挑战，Gao 和 Liu[3]首先发现了纳米氧化层对液态金属热界面材料润湿性的影响规律，由此打开了规模化应用液态金属热界面材料的大门。随着研究的展开，液态金属在空气中发生氧化的问题逐步得到认识，继而促成了更多崭新应用[4,5]。随着纳米级氧化液态金属的引入，制备的热界面材料最终成为非常实用的功能材料。

　　图 4 - 2(a)显示，真空下的液态金属、氧化的液态金属和浸泡在 NaOH 溶液中的液态金属显示出不同的形态[3]。在这里，NaOH 可以去除液态金属表面的氧化膜。进一步的实验也证明了液态金属的黏度和润湿性发生了变化。如图 4 - 2(b)所示，纳米氧化液态金属热界面材料的润湿性明显改善，薄层可以均匀地涂在 Cu 表面，这可以解释为液态金属热界面材料中存在纳米氧化物。此外，研究人员还建立了实验装置来测量界面温度和界面热阻[图 4 - 2(c)]。

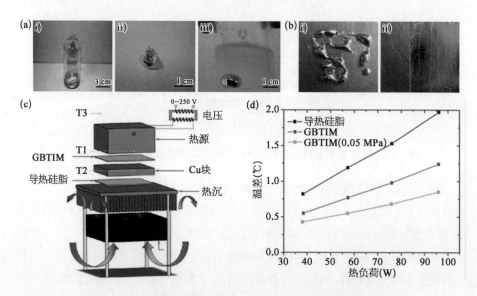

图 4 - 2　氧化镓基热界面材料(oxidation-enabled gallium based thermal interface materials, GBTIM)及其测试结果[3]

(a) i) Ga 密封在 5×10^{-5} Pa 的高真空石英器皿中；ii) GBTIM 的形态；iii) 用 30% NaOH 溶液清洗 GBTIM 一段时间；(b) (i) 纯 Ga 金属与 Cu 的润湿性，(ii) 氧化液态金属与 Cu；(c) 热阻测量实验装置，箭头表示风向；(d) 使用不同热界面材料的情况下，具有热负荷的两个 Cu 块之间的温差。

图 4-2(d) 显示了在使用不同热界面材料的情况下,两个带热负荷的 Cu 块之间的温差,这清楚地证实了液态金属热界面材料显示出比传统热润滑脂更好的传热效果。因此,纳米氧化确实是一种简单而快速地制备液态金属热界面材料的方法。

如前所述,利用氧化液态金属的黏附性制备液态金属热界面材料已取得关键性进展。然而,这种策略有一个缺点,即纳米氧化物的存在会削弱液态金属热界面材料的热导率。因此,提高液态金属热界面材料的热导率至关重要。同时,为了安全使用,必须对液态金属进行封装,以防止其泄漏或腐蚀设备表面。为了解决这些问题,引入基于纳米颗粒的掺杂策略,主要包括两个方面。一方面,液态金属液滴被用作基体,通过掺杂其他微纳米尺度的高导热性粒子来提高导热性。另一方面,微纳米尺度的液态金属液滴被用作掺杂剂,通过与其他材料(如聚合物材料)的协同作用来防止泄漏和腐蚀。

4.4　纳米颗粒强化的高导热液态金属热界面材料

为了提高液态金属热界面材料的热导率,添加具有高热导率的微米/纳米颗粒是一种典型且易于操作的策略。研究发现,金属颗粒更有可能掺杂到液态金属中,这主要是由于存在反应性润湿[6]。以下描述了掺杂 Cu 颗粒进入液态金属以增强导电性和改变流动性的典型研究[7]。

在第 3 章中,介绍了 Tang 等[8]发现的一种用液态金属基质掺杂微米级 Cu 粒子的胞吞方法,通过添加微纳米尺寸的高热固体颗粒,可以改善液态金属热界面材料的热物理性能。近年来,学术界开展了更多研究和探索,包括液态金属 Fe 复合材料[9-11]、液态金属 Mg 复合材料[12]、液态金属石墨烯[13,14](或碳纳米管[15,16])共沉积、液态金属 BNNS(氮化硼纳米片)复合材料[17]、液态金属金刚石复合材料[18]、液态金属钨烯复合材料[19]等。由于部分金属颗粒掺杂期间形成金属间化合物,液态金属的物理和化学性质将受到影响[8]。为了避免这种情况的发生,研究人员实现了氧化物介导的化学稳定液态金属 W 混合物的形成,以增强热界面性能[19]。

如图 4-3(a)所示,通过氧化物的浸润作用,在液态金属中添加了高导热材料(W),这些材料在液态金属中保持化学稳定性。随着 W 混合物体积比的增加,混合物的状态由液态变为固态,混合物的导热系数也达到极值。进一步的实验观察到,在 40% W 体积混合比下,最大导热系数值为(57 ± 2.08) W/(m·K),

相比较于基准值,EGaInSn 的导热系数增加了 2.5～4 倍。需要解释的是,超过 40% W 的热导率的快速下降可归因于粒子的润湿性和液态金属覆盖不足,因此主要是导电性差的粒子-粒子接触,优化粒子与液态金属材料的掺杂比是十分有意义的。

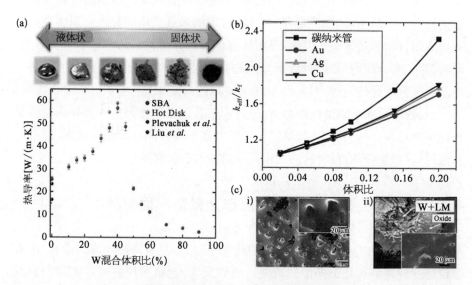

图 4-3　更多掺杂粒子进入液态金属的方法和示例[1]

(a) 在液态金属中掺杂 W 可以获得更高的导热系数。经美国化学学会许可,转载自[19]。(b) 在液态金属中掺杂更多的粒子将使生成的热界面材料的热导率加倍。经 Elsevier 许可,转载自[20]。(c) 掺杂金属颗粒的复合材料的典型形态,如 i)Cu 和 ii)W。

　　事实上,早在 2007 年,学术界就提出采用这种掺杂策略来提高液态金属的导热性[20],并定义了具有普遍意义的"纳米液态金属"的基本概念[21]。原理上,纳米液态金属泛指含有纳米级颗粒的液态金属悬浮液或其复合物。纳米液态金属的一个重要特征是其高导热性,如图 4-3(b)所示。随着液态金属基体中颗粒体积分数的增加,纳米液态金属的导热系数逐渐增加,最终成倍增加。使用的颗粒主要包括微纳米尺寸的 Cu、Ag、Au、碳纳米管。这一前瞻性的工作为以后的许多工作打下了坚实的基础,开启了该方向的研究。

　　如上所述,这种通过掺杂微纳米颗粒制备液态金属热界面材料的策略有效地提高了其导热性。同时,如图 4-3(c)所示,由于颗粒的进入,液态金属颗粒混合物的形态和成分发生了变化,因此,由于存在更多掺杂颗粒,压缩性将降低,这将导致液态金属热界面材料无法完全填充加热端和散热端之间的间隙。

此外,金属颗粒和液态金属[22]之间很容易形成原电池,尤其是在存在液体的情况下。这种化学反应严重影响所产生的液态金属热界面材料的使用寿命。此外,根据 Wiedemann - Franz 定律,导电率和热导率是相互耦合的[23],即热导率的增加伴随着导电率的增加,这不适用于对绝缘热界面材料要求很高的情况。此外,在实际应用中,仍然需要考虑液态金属热界面材料的封装和防漏问题。因此,探索另一种制备液态金属热界面材料的方法来弥补这些不足是非常重要的。

4.5 高导热电绝缘液态金属热界面材料

液态金属优异的流动性是相应热界面材料的一把双刃剑。一方面,流动性确保液态金属可以填充相邻界面之间的间隙,以降低热阻。另一方面,这意味着液态金属热界面材料容易泄漏。具体而言,它们的低黏度会导致"泵出"问题,即基于液态金属的热界面材料会由于热机械循环而挤出界面间隙。液态金属泄漏可能导致散热失效,或腐蚀整个装置或造成装置短路,从而导致重大事故和损失。因此,严格的封装是必要的。

之前的研究表明,复合策略可以有效地弥补液态金属的固有缺点[1]。一系列实验也表明,液态金属聚合物复合材料的制备是解决液态金属热界面材料封装问题的有效方法。此外,所制备的液态金属聚合物复合材料可以避免液态金属对接触表面的腐蚀。图 4 - 4 显示了这一重要方向的最早探索[24]。

2014 年,为研制高导热但电绝缘的功能材料,Mei 等[24]在研究中首次提出了"液态金属填料"的概念,这与传统的"固体颗粒填料"完全不同。微纳米级液态金属填料表现出优异的顺应性,可通过在空气中直接混合将其添加到聚合物基体中,从而形成导热液态金属硅脂[图 4 - 4(a)]。研究人员还建立了一个接触温差测试平台,以验证液态金属硅油复合材料出色的界面导热性。实验结果表明,添加微纳米级液态金属填料可显著提高硅油的导热性[图 4 - 4(b)]。此外,通过实验测量分析了液态金属硅油复合材料的腐蚀性能,对比分析如图 4 - 4(c)所示。从图中可以得出结论,纯液态金属会明显腐蚀接触的金属表面,而液态金属硅油复合材料,即图 4 - 4(c)所示的液态金属润滑脂,可以有效避免这种腐蚀,因为它隔离了液态金属和金属表面之间的直接接触。

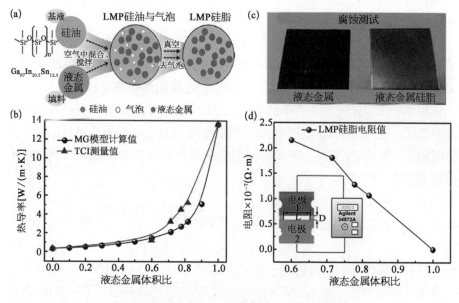

图 4-4 热界面材料用液态金属硅油复合材料[24]

(a) 液态金属硅油复合材料的制备工艺。(b) 液态金属硅油复合材料的导热系数(MG 的理论值和 TCI 的测量值)是液态金属体积分数的函数。(c) 改性后的腐蚀比较。这种液态金属润滑脂可以在很大程度上避免接触表面上液态金属的腐蚀。(d) 液态金属润滑脂和液态金属的电阻率(插图：安捷伦 34972A 兆欧测试系统)。

此外，这项工作的另一个重要意义是同时实现了高热导率和高电阻，这对于避免器件发生短路具有重要意义。如图 4-4(d)所示，电气系统 LMP 润滑脂的电阻可通过由两个 Cu 电极、一个环形绝缘垫片和安捷伦 34972A 数据采集装置组成的兆欧测试系统进行测量。试验结果表明，由于高电阻(1 016 Ωm 以上)硅油分离低电阻(约 10^{-7} Ωm)微纳米级液态金属液滴，因此液态金属润滑脂具有高电阻。

这一早期探索解决了液态金属热界面材料对界面的腐蚀问题，实现了导热与绝缘的共存，有利于液态金属热界面材料在电子设备中的应用。当然，也应注意，液态金属硅油混合物仍然是液体，这意味着其封装仍然是必要的。对于固体液态金属聚合物复合材料而言，液态金属与聚合物基体之间存在一定弱相容性，这有待于进一步探索。"液态金属填料"概念的提出具有普遍意义，采用更多的聚合物在液相下与液态金属复合可以制成各种无需封装的柔性材料，这成为近年来的一个研究热点。沿此方向，学术界围绕制备具有一定形状的柔性液态金属聚合物复合材料开展了一系列持续尝试。

Haque 等实现了可拉伸液态金属聚合物复合材料的制备[25]，典型的显微图像如图 4-5(a)所示。这种制备策略要求液态金属首先分散到微纳米液滴中，这对获得的材料的稳定性有着至关重要的影响。此外，Bartlett 等[26]进行了另一项研究，在该工作中，具有细长液态金属包裹体的软弹性体具有高导热性。液态金属弹性体复合材料在保持相对较高导热性的前提下表现出可拉伸性能[图 4-5(b)]。在图 4-5(c)中红外照片时间序列显示，与纯弹性体相比，添加液态金属的弹性体散热更快，验证了添加液态金属将增加弹性体导热性的结论。

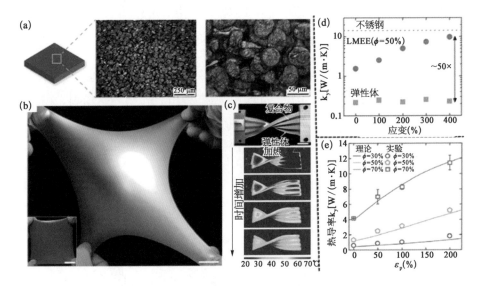

图 4-5　具有高导热性的液态金属聚合物复合材料[27]

(a) 液态金属微掺杂分散在聚合物基体中的复合材料示意。经 Wiley VCH Verlag 许可，转载自[25]。(b) 高变形液态金属嵌入弹性体(LMEE)。(比例尺 25 mm)经美国科学院许可，转载自[28]。(c) 使用热枪加热期间，LMEE 和未填充弹性体交替条带的温度比较。(图像对应于热源移除后的 $t=0$、5、10 和 15 s。)比例尺 25 mm。经美国科学院许可，转载自[88]。(d) 弹性体和 LMEE 复合材料拉伸方向的热导率与应变关系图。转载自[88]。(e) 液态金属-聚合物复合材料的热导率是不同体积载荷下程序应变的函数。经 Wiley VCH Verlag 许可，转载自[27]。

比热传导率值如图 4-5(d)所示，显示了拉伸时的最大值约为 10 W/(m·K)。该值约为未填充弹性体的 $50\times$ 大。图 4-5(e)显示了通过类似方法制备的复合材料的导热系数[25]。可以看出，液态金属热界面材料的热导率仍然相对较大，这通常与拉伸有关。变形后，液态金属夹杂物和弹性体沿拉伸方向拉长，这将使液态金属液滴相互接触，从而增加热导率。因此，通过这种制备策略获得的液态金属热界面材料的热导率比基质本身的热导率[$k < 1$ W/(m·K)]

有了很大的提高。

虽然微米液态金属填充型复合导热硅脂作为一种新的热界面材料具有超高的导热性能,但在应用过程中仍然存在诸多问题。研究人员在实际研制过程中发现该型热界面材料非常不稳定,在存放一段时间后有渗油现象发生;涂抹于散热物体表面,当涂抹层厚度变薄时,液态金属很容易析出。这些问题直接制约着液态金属热界面材料的进一步开发和应用,解决该型热界面材料的稳定性问题就尤为紧急和必要。纳米液态金属作为填充材料既保证了液态金属热界面材料高的热导率和绝缘特性,同时具备优良的稳定性,解决了渗油问题和金属析出带来的漏电风险,有极好的应用前景。

4.5.1　纳米液态金属颗粒填充复合物的制备方法

为了获得更连续的结构并进一步优化电绝缘性能,液态金属纳米颗粒也被尝试添加到聚合物中[29]。实验过程中采用 $GaIn_{24.5}$ 作为导热填料,201-甲基硅油作为基体材料,通过添加表面活性剂失水山梨醇三油酸酯(S-85)并经超声分散制备一种高稳定性的热界面材料。制备工艺流程如图 4-6 所示。

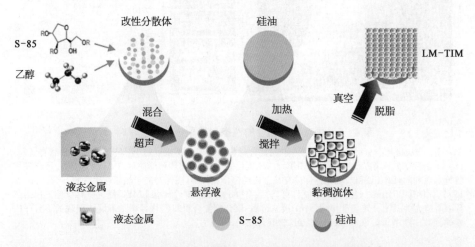

图 4-6　纳米液态金属颗粒填充复合物制备工艺流程[29]

首先取一定体积的表面活性剂 S-85(分析纯)加入无水乙醇(分析纯)中,加热至 60℃并电磁搅拌 5～10 min,制得处理液态金属表面的改性液。再取提前配制的一定体积的 $GaIn_{24.5}$ 加入改性液中连续超声 20 min,超声 3 次,得到稳定分散的悬浮液。然后和 $GaIn_{24.5}$ 按一定比例加入甲基硅油加热至 60℃并连续搅拌,形成混合均匀的膏状物。由于在加热搅拌的过程中无水乙醇不断挥发,通过前后的体积对比,当绝大部分无水乙醇挥发之后时,将膏状物冷却至室温,并放入真空干燥箱中真空排气 1 h 后取出。完成上述步骤后即可得到一种基于液态金属 $GaIn_{24.5}$ 的新型热界面材料,然后对该热界面材料做表征实验和性能测试。

4.5.2　液态金属填充表征与分析

Fan 等通过上述工艺制备了 4 种不同填充比的纳米液态金属基质[29],其中液态金属(V_{LM})和甲基硅油(V_{MSO})的体积比分别为 3 ∶ 1、4 ∶ 1、5 ∶ 1、6 ∶ 1(LM 的体积分数分别为 75.0%、80.0%、83.3% 和 85.7%)。这 4 种纳米液态金属颗粒的微观结构如图 4 - 7 所示,纳米液态金属颗粒的典型示例(V_{LM}∶V_{MSO}=6 ∶ 1)如图 4 - 7(a)和 4 - 7(b)所示。根据 SEM 图像,纳米液态金属热界面材料(THEMs)是一个致密的光滑球形颗粒阵列。均匀性不理想的原因是液态金属超声处理后的产品全部收集到了一起,如果能对纳米液态金属样品进行适当的重力沉降和分层离心,纳米液态金属样品的均匀性将进一步提

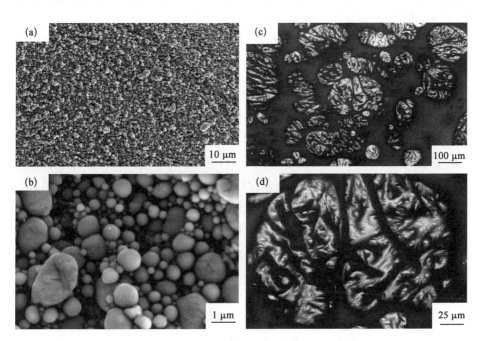

图 4 - 7　纳米与微米液态金属颗粒 SEM 图

(a)～(b)纳米液态金属的微观形态;(c)～(d)微观液态金属的微观形态[29]。

高。尽管与传统工艺制备的微液态金属热界面材料的微观结构[图 4 - 7(c)和(d)]相比,微液态金属热界面材料的液滴直径在 $10\sim200\ \mu m$,且液态金属液滴的形状不规则且非球形,均匀性较差。

导热系数是评估金属材料散热效果最重要的物理参数。不同体积分数(75.0%、80.0%、83.3%和 85.7%)的纳米液态金属绝缘导热界面材料的热传导率分别为(4.03±0.01)、(4.40±0.02)、(4.92±0.01)和(6.73±0.04)W/(m·K),如图 4 - 8(a)所示。随着热界面材料中液态金属体积分数的增加,热界面材料的热导率也增加,尽管它与液态金属填充率不呈线性趋势。随着液态金属纳米颗粒比例的增加,由于这些颗粒之间的接触更加频繁,将形成更多的热传导路径。值得注意的是,热导率不能通过增加液态金属体积分数以无限方式增加,因为当液态金属分数大于 87.5%时,改性的液态金属纳米颗粒将在硅油中达到饱和状态。这种饱和状态会导致复合热界面材料干燥,并显著降低电气绝缘。

二元复合材料的热导率可以使用理论 Maxwell - Garnetts 模型进行预测,该模型通常用作预测二元混合物热导率的有效介质理论。MG 模型如下所示:

$$\frac{k_{\text{eff}}}{k_{\text{p}}} = \frac{(1-\phi)(k_{\text{LM}}+2k_{\text{p}})+3\phi k_{\text{LM}}}{(1-\phi)(k_{\text{LM}}+2k_{\text{p}})+3\phi k_{\text{p}}} \tag{4.1}$$

式中,k_{eff} 是纳米液态金属高导热电绝缘材料(thermally-conductive and electrically-insulating materials,THEMs)的有效导热系数,k_{p} 是液体硅油的导热系数,k_{LM} 是液态金属的导热系数,ϕ 是液体金属的体积分数。硅油的导热系数很小[约 0.7 W/(m·K)],而 EGaIn 测试约为(26.62±0.01)W/(m·K)。将 MG 模型的计算结果与实验数据进行了比较。如图 4 - 8(a)所示,导热系数随液态金属的体积分数非线性增加。实验测量结果与计算值吻合较好。

比热容表示物体吸收或散热的能力。在相同的吸热量下,比热容较高的物体的温度会较低。所以,比热容的大小也可以反映其导热系数的强度。具有不同液态金属体积分数 75.0%、80.0%、83.3%和 85.7%的纳米液态金属 THEMs 的比热容测量为(2.20±0.05)、(2.24±0.03)、(2.20±0.08)和(2.42±0.08)MJ/(m·K),如图 4 - 8(b)所示。从这些实验结果可以清楚地看出,尽管纳米液态金属 THEMs 具有较高的比热容,但增加液态金属的体积分数不会显著改变比热容。

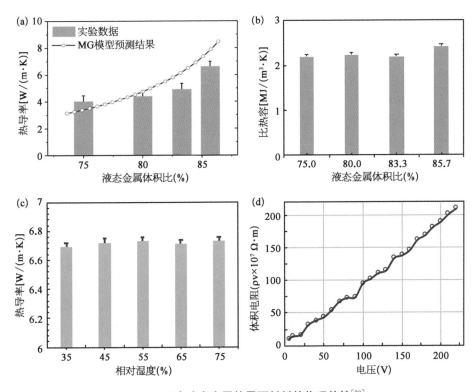

图 4-8 纳米液态金属热界面材料的物理特性[29]

（a）含有不同液态金属体积分数的纳米液态金属热导率与 MG 模型预测结果一致；（b）不同液态金属体积分数的纳米液态金属 THEMs 的比热容无显著差异；（c）在不同湿度水平下纳米液态金属热导率；（d）纳米液态金属的体积电阻。

许多类型的 THEMs 在暴露于户外时会迅速退化，其中空气的相对湿度对材料性能有很大影响。在其他条件相同的情况下，在不同湿度水平下测试纳米液态金属的导热系数（液态金属分数为 85.7%）。图 4-8（c）显示了纳米液态金属 THEMs 热导率为（6.69±0.02）、（6.72±0.02）、（6.73±0.04）、（6.71±0.01）和（6.73±0.03）W/(m·K)，相对湿度水平分别为 35%、45%、55%、65% 和 75%。结果表明，随着相对湿度的变化，纳米液态金属热导率基本保持不变。这表明，在不同的室内环境中，纳米液态金属 THEMs 的散热效果几乎不受影响，这进一步证明了纳米液态金属 THEMs 的高稳定性。

为了验证纳米液态金属 THEMs 的绝缘性能，研究者测量了它在 5～220 V 范围内不同电压下的体积电阻率，如图 4-8（d）所示。可以看出，体积电阻率-电压曲线近似为直线，表明纳米液态金属 THEMs 的体积电阻率与外加电场密切相关。随着测量电压的增加，热界面材料的电阻率也增加。当测量电压为 5 V 时，体积电阻率为 $9.8 \times 10^7 \ \Omega \cdot m$；当测量电压为 220 V 时，体积电阻率为 $2.09 \times 10^9 \ \Omega \cdot m$。如图 4-8(a)~(d)所示，液态金属型热界面材料具有良好的导热性和绝缘特性，但由于液体金属的高流动性，并且其密度比硅油大，很容易出现渗油和金属析出现象，如何解决材料的这种不稳定问题是研究者考察的重点。研究者通过超声分散和加分散剂调控相结合的分散技术很好地解决了液态金属型热界面材料均匀稳定性差的这一问题。

4.5.3　纳米液态金属颗粒填充复合物稳定性

为了进一步测试纳米液态金属的稳定性，首先，将纳米液态金属在室温下放置 1 个月。如图 4-9(a)所示，储存在玻璃瓶中的纳米液态金属 THEMs 的形态稳定，无明显变化。为了进行比较，Fan 等根据传统工艺[33]制备了相同比例的微米液态金属 THEMs，结果如图 4-9(b)所示[29]。可以看出，随着时间的推移，玻璃瓶内传统的微乳液的上表面逐渐渗出硅油，1 个月后，硅油顶层的积累是明显的。

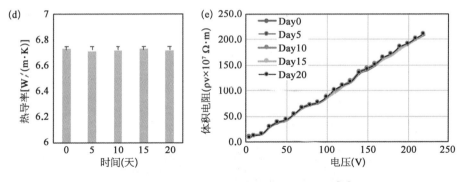

图 4-9　纳米液态金属热界面材料的稳定性[29]

(a)～(b) 在室温下静置不同时间后,纳米液态金属(a)和常规微型液态金属(b)的状态;(c) 从第 0 天到第 20 天,纳米液态金属 THEMs 的微观形态没有明显差异;(d) 纳米液态金属热传导率随曝光时间无显著差异;(e) 纳米液态金属材料的电阻率随曝光时间无明显差异。

　　为了证明纳米液态金属 THEMs 与不同基材的接触稳定性,使用玻璃、塑料和铜板 3 种不同的材料进行纳米液态金属 THEMs 涂层试验[29]。实验中的涂层厚度约为 0.1 mm,与普通 A4 纸的厚度相似,如图 4-10(a)所示。涂层表面呈灰色,细腻,无液态金属沉淀。1 个月后,在涂层表面或涂层材料边缘未观察到明显变化[图 4-10(b)]。相反,当传统液态金属热界面材料涂覆在具有类似涂层厚度的纸板上时,可以观察到液态金属沉淀,如图 4-10(c)所示。这表明纳米液态金属 THEMs 更稳定,更容易涂覆基材,与传统液态金属 THEMs 相比,具有优越的实际应用优势。

　　进一步,研究者考察了纳米液态金属 THEMs 对各种基材表现出高黏附性和稳定性的原因。利用旋转流变仪(Haake RS6000, Thermo Fisher Scientific Inc., MA, USA)测量了纳米液态金属 THEMs 的流变特性。根据剪切速率、动态黏度和剪切应力之间的关系[图 4-10(d)],纳米液态金属应属于非牛顿流体,因此发生剪切稀化。由于 γ-τ 与对数坐标呈线性关系,其流变性质与幂律流体的流变性质相同。此外,纳米液态金属 THEMs 的动态黏度限制在 100～100 000 Pa·s,剪切速率在(0.1～100)/s,因此,它易于涂覆在热源的各种表面上,这与上述实验一致[图 4-10(a)和(b)]。在研究纳米液态金属 THEMs 流变特性的过程中,为了确保它在线性黏弹性范围内,对它进行了应力扫描。纳米液态金属在 8～100 Pa 的应力范围内表现出线性黏弹性[图 4-10(e)]。结果表明,纳米液态金属 THEMs 的弹性模量远大于损耗模量,表明它主要在应力作用下发生弹性变形。

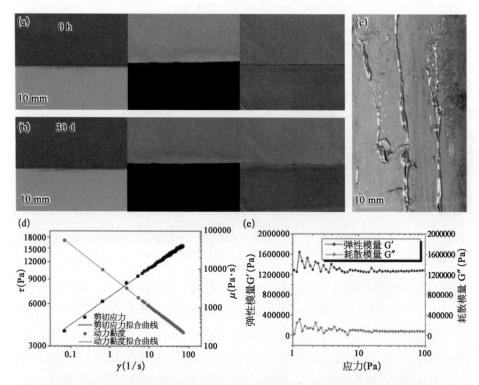

图 4-10 纳米液态金属 THEMs 对各种基材表现出高黏附性和稳定性[29]

(a)~(b)由玻璃、塑料和铜板(从左到右)组成的表面上薄层纳米液态金属 THEMs 的状态,直接涂覆后(a)和涂覆后 1 个月(b);(c)涂有一层薄薄的微液态金属的纸板,显示出液态金属微液滴已融合成宏观液滴;(d)纳米液态金属的流变特性与之相关;(e)纳米液态金属的黏弹性图。

众所周知,THEMs 广泛应用于芯片冷却系统,并与通常由铝硅合金制成的芯片封装材料紧密接触,这表明 Al 的耐腐蚀性对于确保芯片的安全至关重要。当 Al 与 O_2 反应时,表面会生成一层氧化膜,阻止 Al 与 O_2 的进一步反应。然而,镓基合金通过原子迁移使 Al 原子与空气中的 O_2 发生反应,从而产生大量 Al_2O_3 并导致 Al 板腐蚀[37]。为了展示纳米液态金属 THEMs 的防腐特性,EGaln 和纳米液态金属 THEMs 设计用于腐蚀一块 Al 板。

抛光两片 Al 板(40 mm×40 mm×20 mm)以去除表面氧化层,然后在 Al 板表面的不同区域均匀涂抹 EGaln 和 EGaln 纳米液态金属 THEMs。记录 9 天的图像,结果如图 4-11(a)~(i)所示[29]。可以看出,涂有 EGaln 的 Al 完全腐蚀,而涂有纳米液态金属 THEMs 的 Al 仍保持原始表面的光亮和清洁。FEG-SEM 图像和 EDX 光谱进一步证明了纳米液态金属的防腐效果。根

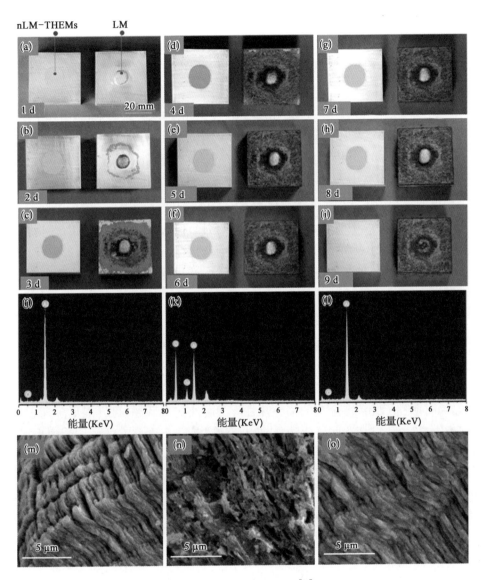

图 4 - 11 腐蚀试验结果[29]

(a)～(I) Al 板表面腐蚀随时间的变化；(j) 清洁 Al 板的能量色散光谱；(k)～(l)分别是微液态金属和纳米液态金属接触 9 天后 Al 板的能量色散光谱；(m) 清洁 Al 板表面的 FEG - SEM 图像；(n)～(o)分别是微米液态金属和纳米液态金属接触 9 天后 Al 板表面的 FEG - SEM 图像。

据 EDX 光谱分析,与清洁 Al[图 4-11(j)]相比,当 Al 块与 EGaIn[图 4-11(k)]接触时,O_2 和 Ga 的比率增加,Al 相对减少,而与纳米液态金属接触的 Al 的元素组成[图 4-11(l)]在腐蚀试验期间不会发生变化。Al 与 EGaIn 接触后,Al 表面变得多孔且不均匀[图 4-11(n)]。相比之下,与纳米液态金属接触的 Al 结构显示出规则且紧密的排列,没有腐蚀[图 4-11(o)]以及清洁的 Al [图 4-11(m)]。

在 XRD/EDS 分析之前,使用塑料刮刀去除纳米液态金属,然后用无尘纸轻轻擦拭 Al 板。为了测试纳米液态金属 THEMs 样品中是否存在腐蚀,研究者通过能谱进一步分析了从 Al 板上刮下的纳米液态金属 THEMs。从元素含量表和光谱分析中,发现除 Al 外,其他元素有 C、O、In、Ga 和 Si。因此,有力地证明了与纳米液态金属接触时未发生 Al 腐蚀。

纳米液态金属中的液态金属纳米颗粒在修饰后形成有效的保护层,以防止液态金属和 Al 表面之间的直接接触,从而通过阻止 Ga 原子的迁移避免进一步腐蚀。此外,纳米液态金属对玻璃、塑料或铜板没有明显的腐蚀反应[29],如图 4-10(c)~(d)所示。总之,纳米液态金属 THEMs 具有优异的隔热性能和稳定性,以及良好的耐腐蚀性。

因此,与向聚合物中掺杂硬粒子导致的模量增加不同,分散在聚合物基质中的微纳米尺寸液态金属液滴代表了一种新兴的材料结构,它显示了软机械响应、柔软性和热功能性的独特组合,满足了优良的封装性和高压缩性的要求,同时牺牲了纯液态金属的高导热性。为解决这一问题,可开展更多探索。研究人员发现,破坏这些氧化物外壳以释放其液态金属并有效桥接微纳米尺寸的液滴,对于实现液态金属热界面材料的更高导热性至关重要[30]。此外,为了提高液态金属聚合物复合材料的热导率,研究人员混合了具有高热导率的液态金属颗粒和聚合物。例如,Cu 掺杂的液态金属聚合物复合材料可以实现高达 17 W/(m·K)的热导率[31]。为了进一步提高导热系数,仍然迫切需要更多的研究。

4.6 纳米液态金属热界面材料的应用

4.6.1 高功率电气设备热管理

对于紧凑型电子设备,最好使用高效的热界面材料来改善传热。热界面材料有助于黏合发热部件和散热器,并减轻膨胀失配应力(图 4 - 12)。到目前为止,液态金属热界面材料已广泛应用于电子元件[32]、LED[33-35] 和激光二极管[36] 等。手持设备的紧凑结构要求热界面材料具有特别高的性能,因为它们通常直接接触用户的皮肤。对于 LED 和半导体器件,其输出功率远高于便携式器件。

1. 芯片冷却

微电子行业在去除极高热流($300 \ W/cm^2$)方面面临挑战,同时将温度保持在 85℃ 以下[37]。CPU 的主要瓶颈是热流密度的增加和不均匀的功耗。

Ge 与 Liu[38] 最早将相变镓应用于智能手机冷却,机壳的温度在 45℃ 以下在 2.832 W 的功率下保持 16 min。Lin 等[39] 随后研制了一种掺银镓基液态金属,用于评估智能手机 CPU 的散热性能。与商用热硅酮衬垫相比,新型热界面材料的导热系数为 46 W/(m·K)并有助于降低最高温度点(低于 70℃)(CPU 为 5.9℃,PCB 为 2.8℃,后盖为 2.4℃)。它有利于更长的工作时间和更稳定的运行。此外,通过将液态金属嵌入橡胶框架可解决手机中的液态金属热界面材料泄漏问题。另一项研究在液态金属热界面材料中引入 AlN 和石墨烯以降低热阻。结果表明,在高性能 CPU 中,液态金属热界面材料将温度降低了 4℃[32]。这些研究证明了液态金属热界面材料的理想散热性能以及在便携式智能手机或个人计算机行业的应用可能性。

2. LED 冷却

LED 芯片结温是 LED 光源在汽车上应用的主要挑战。LED 芯片的小尺寸(mm^2 量级)使功率密度达到 $100 \sim 1\ 000 \ W/cm^2$。除了常用的方法外,基于热界面材料的被动式方法在改善 LED 芯片与基板之间的传热方面也起到了至关重要的作用。

宋等[35] 混合了 $Bi_{33.1}In_{51.34}Sn_{15.56}$ 在 LED 芯片中使用 Cu 颗粒作为热界面材料。结果表明,该材料的导热系数提高到 10.42 W/(m·K),与传统热界面材料相比[2.18 W/(m·K)]而 LED 芯片的最高温度较低(7℃)。此外,铋基液态金属还可以避免 LED 中铝合金基板的腐蚀。

3. 半导体冷却

封装材料或多层结构界面中的辐射吸收和焦耳热[36] 导致半导体器件的温升。半导体激光器的工作温度将影响输出功率、电光效率和使用寿命。大型半导体激光器通过对流模块散热[38]，而微型激光器的传热更依赖于热界面材料。

Sheng 等报道了一种具有高导热性的铟银基合金层[82 W/(m·K)]，显著提高了微型砷化镓激光器的性能[40]。该层用作激光器和硅衬底之间的导热界面。实验表明，1.4 μm 厚 In/Ag 界面的 Si 上激光的表面温度较低且更稳定（接近室温），这与层厚无关。相反，对比材料 SU-8（光刻中的牺牲层）的情况不同，因为电阻会随着界面厚度的增加而增加（图 4-12）。

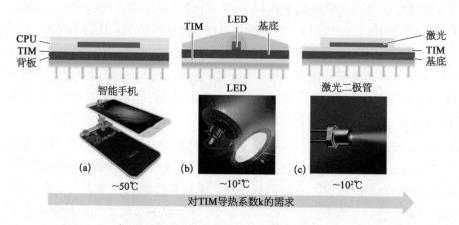

图 4-12 液态金属热界面材料(LM-TIM)在电气设备中的应用[41]

（a）智能手机；（b）LED；（c）激光二极管散热。

市场上已经有商用液态金属热垫或热黏结剂用于 CPU、激光投影仪、数据服务器等的散热。基于液态金属基质并结合纳米粒子填充改性，这些产品的导热系数最高可达到 20 W/(m·K)。值得指出的是，液态金属对 Al 的接触腐蚀及电绝缘性能仍然是工业中需要考虑的主要因素。

4.6.2 可穿戴电子散热

1. 柔性电子封装的热管理

新兴的柔性电子技术对变形时的可靠热性能提出了很高的要求。基于弹性体-液态金属复合材料的热界面材料可以作为兼容的散热器，用于电阻加热器、人造肌肉、人机界面和 3D 打印结构上的柔性电路。

2. 软体机器人封装

形状记忆合金(SMA)的可逆马氏体相变，使其有可能成为软机器人系统中的热致动器[42]。软机器人系统要求致动器材料具有更好的灵活性和良好的热或电性能。因此,本质上柔软的液态金属基复合材料是一种重要候选材料。

研究人员在制备多功能软热复合材料方面取得了很大进展。Haque 等[25]报道了一种可编程微观结构,包括球形液态金属颗粒和热塑性基体。获得的导热系数为(11.4 ± 1.0)W/(m·K)$(\phi-70\%$,应变为 200%)。通过编程复合材料封装 SMA 电线[图 4-13(a)],结构温度保持在体温以下,尽管嵌入式 SMA 电线的温度已达到 70℃。这将是用户理想和舒适的温度。

Bartlett 等[26]提出了一种具有细长液态金属夹杂物的软弹性体,该弹性体具有相对较高的导热系数[(4.7 ± 0.2)W/(m·K),~25 倍于基础聚合物]。他们使用这种材料密封软鱼机器人尾鳍运动的 SMA 致动器。研究结果表明,鱼可以在合理的温度下稳定摆动,证明其弹性体是机器人中快速传热的理想热界面材料[图 4-13(b)]。与隔热硅酮和相对坚硬的热敏胶带相比,液态金属热界面材料可提高驱动频率、偏转和持续时间。

3. 可穿戴电子设备冷却

软液态金属热界面材料还显示了在超大功率 LED 灯(输出功率大于 1 W)[26]散热的潜力[图 4-13(c)]。研究人员用一种拉伸复合材料包装了耐磨 LED 灯,其导热系数在变形方向(400% 应变)达到(9.8 ± 0.8)W/(m·K)。结果表明,软液态金属热界面材料在运行和爬坡过程中实现了稳定运行,避免了过多的热量积聚。

此外,考虑到液态金属的大过冷效应,Mohammad 等[43]引入了液态金属弹性体复合材料,使其能够在极低温度−80℃下保持液态。它被用作热界面材料,以增强可穿戴热电设备的热管理。

液态金属显著改善了可穿戴电子设备的热管理[44,45],如果可穿戴生物传感器的电极或传感元件能够集成液态金属的多功能,这将成为一个富有前景的研究领域[46]。

4.7　小结

简言之,液态金属热界面材料具有天然优势(如高导热性)和固有劣势(如腐蚀性)。在这些优点中,最突出的一个是高导热性,纳米技术可以有效地提高导热性。由此产生的热导率远高于最佳商业化热界面材料。为了清楚地显

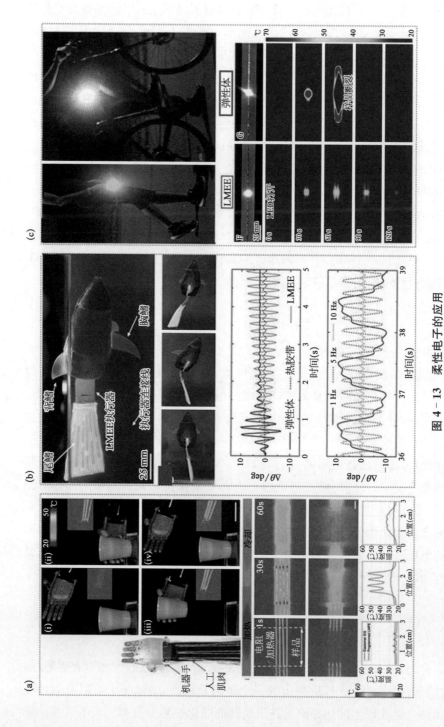

图 4 - 13 柔性电子的应用

(a) 3D 打印机械手，带有封装 SMA 导线的软热复合材料[25]；(b) 软机器鱼由硅树脂主体和尾鳍组成，尾鳍由热界面材料嵌入式弹性体密封形状记忆合金致动器连接[27]；(c) LED 安装在缠绕在周围的液态金属嵌入式弹性体带上[27]。

示这种差异,Chen 等比较了现有商用热界面材料和液态金属热界面材料的导热系数[1]。如图 4 - 14 所示,目前大多数商用热界面材料的导热系数低于 15 W/(m·K),这可以通过液态金属热界面材料轻松实现。其中,性能优异的"ZXYT DRG - Ⅱ"是一个例外,它实际上是一种导热系数大于 20 W/(m·K)的商用液态金属热界面材料。此外,一些广泛使用的商用热界面材料是具有高黏度的润滑脂或高固体负载膏体,并且经常发生因挥发或剪切而硬化,这对它们的长期使用极为不利。与这些商用热界面材料显著不同的是,液态金属热界面材料不仅更柔顺、黏性更小,而且不会随使用而硬化。具体研究表明,液态金属热界面材料可以在 130℃下老化 3 000 h,并在 -40～80℃进行 1 500 次循环,而不会出现显著的热性能退化[47]。因此,液态金属热界面材料的商业前景广阔,值得期待。

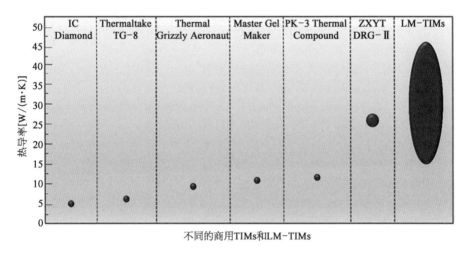

图 4 - 14　液态金属基热界面材料和商用热界面材料之间的导热性比较[1]

不过,此类材料的一些缺点仍然需要着力克服,如液态金属液滴融合导致的泄露问题通过纳米技术,将纳米尺寸的液态金属液滴掺杂到聚合物基体中是一种极好的策略。研究者在防止泄漏和腐蚀方面也进行了相应的探索,并取得一定进展。先前的研究发现,具有 In 限制密封的液态金属热界面材料的新设计可用于消除泄漏问题[48]。为了避免腐蚀,一种措施是通过铬酸阳极氧化在 Al 基底表面制备阳极 Al_2O_3。安全可靠的阳极 Al_2O_3 层可以防止液态金属热界面材料和 Al 基底之间的直接接触,从而避免腐蚀[49]。目前,仍然迫切需要更多的策略来解决这类问题,尤其是那些不破坏液态金属高导热性的策略更显价值。

最后,在实际使用液态金属热界面材料时,成本始终是需要考虑的因素。不过,由于液态金属热界面材料具有卓越的传热能力,因此需要相对较少的液态金属即可达到相同的效果,这甚至有助于简化高热流密度器件的设计制造进而间接降低了产品成本。此外,可以采用合适的溶液溶解液态金属热界面材料,使其再次变成纯液态金属,从而实现液态金属热界面材料的高效回收[50],这也在一定程度上降低了使用成本,且避免了污染。总之,基于液态金属的热管理材料所带来的机会是多样的,更多的创新预计会在未来进一步涌现。

参 考 文 献

[1] Chen S, Deng Z S, Liu J. High performance liquid metal thermal interface materials. Nanotechnology, 2021, 32: 092001.

[2] Zhao X, Xu S, Liu J. Surface tension of liquid metal: role, mechanism and application. Frontiers in Energy, 2017, 11(4): 535 - 567.

[3] Gao Y, Liu J. Gallium-based thermal interface material with high compliance and wettability. Applied Physics A, 2012, 107(3): 701 - 708.

[4] Gao Y X, Li H Y, Liu J. Direct writing of flexible electronics through room temperature liquid metal ink. PLoS ONE, 2012, 7(9): e45485.

[5] Zhang Q, Gao Y X, Liu J. Atomized spraying of liquid metal droplets on desired substrate surfaces as a generalized way for ubiquitous printed electronics. Applied Physics A, 2014, 116: 1091 - 1097.

[6] Cui Y, Liang F, Yang Z, et al. Metallic bond-enabled wetting behavior at the liquid Ga/CuGa$_2$ interfaces. ACS Appl Mater Interfaces, 2018, 10(11): 9203 - 9210.

[7] Tang J, Zhao X, Li J, et al. Gallium-based liquid metal amalgams: transitional-state metallic mixtures (transm2ixes) with enhanced and tunable electrical, thermal, and mechanical properties. ACS Applied Materials & Interfaces, 2017, 9(41): 35977 - 35987.

[8] Tang J, Zhao X, Li J, et al. Liquid metal phagocytosis: intermetallic wetting induced particle internalization. Adv Sci (Weinh), 2017, 4(5): 1700024.

[9] Tutika R, Zhou S H, Napolitano R E, et al. Mechanical and functional tradeoffs in multiphase liquid metal, solid particle soft composites. Advanced Functional Materials, 2018, 28(45): 1804336.

[10] Wang H, Yuan B, Liang S, et al. Plus-m: a porous liquid-metal enabled ubiquitous soft material. Materials Horizons, 2018, 5(2): 222 - 229.

[11] Ren L, Sun S S, Casillas-Garcia G, et al. A liquid-metal-based magnetoactive slurry for stimuli-responsive mechanically adaptive electrodes. Advanced Materials, 2018, 30 (35): 9.

[12] Wang X L, Yao W H, Guo R, et al. Soft and moldable Mg-doped liquid metal for conformable skin tumor photothermal therapy. Advanced Healthcare Materials, 2018, 7(14): 1800318.

[13] Sargolzaeiaval Y, Ramesh V P, Neumann T V, et al. High thermal conductivity silicone elastomer doped with graphene nanoplatelets and eutectic gain liquid metal alloy. ECS J. Solid State Sci. Technol., 2019, 8(6): 357.

[14] Qiu W, Ou M, Huang K, et al. Multilayer graphite-$Ga_{68.5}In_{21.5}Sn_{10}$ composites as highly thermal conductive and low-cost material. Energy Technology, 2020, 8(7): 2000240.

[15] Zhao L, Chu S, Chen X, et al. Efficient heat conducting liquid metal/cnt pads with thermal interface materials. Bulletin of Materials Science, 2019, 42(4): 192.

[16] Ji Y, Li G, Chang C, et al. Investigation on carbon nanotubes as thermal interface material bonded with liquid metal alloy. Journal of Heat Transfer-Transactions of the Asme, 2015, 137(9): 091017.

[17] Ge X, Zhang J, Zhang G, et al. Low melting-point alloy-boron nitride nanosheet composites for thermal management. ACS Applied Nano Materials, 2020, 3(4): 3494 - 3502.

[18] Wei S, Yu Z F, Zhou L J, et al. Investigation on enhancing the thermal conductance of gallium-based thermal interface materials using chromium-coated diamond particles. Journal of Materials Science: Materials in Electronics, 2019, 30(7): 7194 - 7202.

[19] Kong W, Wang Z Y, Wang M, et al. Oxide-mediated formation of chemically stable tungsten-liquid metal mixtures for enhanced thermal interfaces. Advanced Materials, 2019, (31): 1904309.

[20] Ma K Q, Liu J. Nano liquid-metal fluid as ultimate coolant. Physics Letters A, 2007, 361(3): 252 - 256.

[21] Zhang Q, Liu J. Nano liquid metal as an emerging functional material in energy management, conversion and storage. Nano Energy, 2013, 2(5): 863 - 872.

[22] Chen S, Yang X, Wang H, et al. Al-assisted high frequency self-powered oscillations of liquid metal droplets. Soft Matter, 2019, 15(44): 8971 - 8975.

[23] Yu S, Kaviany M. Electrical, thermal, and species transport properties of liquid eutectic Ga-In and Ga-In-Sn from first principles. The Journal of Chemical Physics, 2014, 140(6): 064303.

[24] Mei S, Gao Y, Deng Z, et al. Thermally conductive and highly electrically resistive grease through homogeneously dispersing liquid metal droplets inside methyl silicone oil. ASME Journal of Electronic Packaging, 2014, 136(1): 011009.

[25] Haque A B M T, Tutika R, Byrum R L, et al. Programmable liquid metal

microstructures for multifunctional soft thermal composites. Advanced Functional Materials, 2020, 30(25): 2000832.

[26] Bartlett M D, Kazem N, Powell-Palm M J, et al. High thermal conductivity in soft elastomers with elongated liquid metal inclusions. Proceedings of the National Academy of Sciences, 2017, 114(9): 2143 - 2148.

[27] Chang K L, Liao W T, Yu C L, et al. Effects of gallium on immune stimulation and apoptosis induction in human peripheral blood mononuclear cells. Toxicology and Applied Pharmacology, 2003, 193(2): 209 - 217.

[28] Bartlett M D, Kazem N, Powell-Palm M J, et al. High thermal conductivity in soft elastomers with elongated liquid metal inclusions. Proceedings of the National Academy of Sciences of the United States of America, 2017, 114(9): 2143 - 2148.

[29] Fan P, Sun Z, Wang Y, et al. Nano liquid metal for the preparation of a thermally conductive and electrically insulating material with high stability. RSC Advances, 2018, 8: 129 - 132.

[30] Uppal A, Ralphs M, Kong W, et al. Pressure-activated thermal transport via oxide shell rupture in liquid metal capsule beds. ACS Appl Mater Interfaces, 2020, 12(2): 2625 - 2633.

[31] Ralphs M I, Kemme N, Vartak P B, et al. In situ alloying of thermally conductive polymer composites by combining liquid and solid metal microadditives. ACS Appl Mater Interfaces, 2018, 10(2): 2083 - 2092.

[32] Liu H, Liu H Q, Lin Z Y, et al. A ln/Ga-based liquid metal/pdms ternary thermal grease for heat dissipation in electronic devices. Rare Metal Materials and Engineering, 2018, 47(9): 2668 - 2674.

[33] Fu J, Lu Z, Luo X W. Lamp structure based on indoor-temperature liquid metal sheet. 2011, Jian Fu: CN. 201120148404 U.

[34] Zhang Q,Liu J, Additive manufacturing of conformable electronics on complex objects through combined use of liquid metal ink and packaging material. ASME 2013 International Mechanical Engineering Congress and Exposition. 2013.

[35] Song Y, He J, He Z, et al. Study of the influence of thermal interface materials on the junction temperature of led lamps. China Illuminating Engineering Journal, 2020, 31(3): 90 - 94.

[36] Qiao Y, Feng S, Ma X, et al. Thermal characteristic of gaas-based laser diodes. Infrared and Laser engineering, 2011, 40(11): 2134 - 2137.

[37] Sohel Murshed S M,Nieto de Castro C A. A critical review of traditional and emerging techniques and fluids for electronics cooling. Renewable and Sustainable Energy Reviews, 2017, 78: 821 - 833.

[38] Ge H, Liu J. Keeping smartphones cool with gallium phase change material. ASME Journal of Heat Transfer, 2013, 135(5): 054503 (5 pages).

[39] Lin Z, Liu H, Li Q, et al. High thermal conductivity liquid metal pad for heat

dissipation in electronic devices. Applied Physics A: Materials Science & Processing, 2018, 124(5): 368.

[40] Sheng X, Robert C, Wang S, et al. Transfer printing of fully formed thin-film microscale gaas lasers on silicon with a thermally conductive interface material. Laser & Photonics Reviews, 2015, 9(4): 1198 - 1204.

[41] Wang X H, Lu C N, Rao W. Liquid metal-based thermal interface materials with a high thermal conductivity for electronic cooling and bioheat-transfer applications. Applied Thermal Engineering, 2021, 192: 116937.

[42] Liu M, Hao L, Zhang W, et al. A novel design of shape-memory alloy-based soft robotic gripper with variable stiffness. International Journal of Advanced Robotic Systems, 2020, 17(1): 1 - 12.

[43] Malakooti M H, Kazem N, Yan J, et al. Liquid metal supercooling for low-temperature thermoelectric wearables. Advanced Functional Materials, 2019, 29(45).

[44] Wang X L, Guo R, Liu J. Liquid metal based soft robotics: materials, designs, and applications. Advanced Materials Technologies, 2019, 4(2): 15.

[45] Liu T Y, Qin P, Liu J. Intelligent liquid integrated functional entity: a basic way to innovate future advanced biomimetic soft robotics. Advanced Intelligent Systems, 2019, 1(3): 1900017.

[46] Ren Y, Sun X Y, Liu J. Advances in liquid metal-enabled flexible and wearable sensors. Micromachines, 2020, 11(2): 25.

[47] Roy C K, Bhavnani S, Hamilton M C, et al. Thermal performance of low melting temperature alloys at the interface between dissimilar materials. Applied Thermal Engineering, 2016, 99: 72 - 79.

[48] Chu W X, Khatiwada M, Wang C C. Investigations regarding the influence of soft metal and low melting temperature alloy on thermal contact resistance. International Communications in Heat and Mass Transfer, 2020, 116: 104626.

[49] Ji Y, Yan H, Xiao X, et al. Excellent thermal performance of gallium-based liquid metal alloy as thermal interface material between aluminum substrates. Applied Thermal Engineering, 2020, 166: 114649.

[50] Gao Y, Wang X, Liu J, et al. Investigation on the optimized binary and ternary gallium alloy as thermal interface materials. ASME Journal of Electronic Packaging, 2017, 139(1): 011002.

第 5 章
纳米液态金属电子墨水

5.1 引言

室温液态金属作为一大类新兴的电子打印墨水,近年来日益成为重要的研究领域[1],这种墨水具有电导率高、制备简单、无需烧结后处理等独特优点。基于宏观镓基电子墨水开发的电子电路打印装备在柔性电子、生物医学等领域正发挥关键作用。但是宏观镓基液态金属打印电路需要进行封装以维持电路稳定性,且由于镓基合金表面张力高,打印线宽和线距精度受到一定限制。

微纳米液态金属显著改变并提升了宏观液态金属的物理化学性能,降低了液态金属液滴的表面张力,展现了宏观液态金属力所不及的性能。通过引入纳米液态金属颗粒进行精细电路的制造,有望解决高稳定、高分辨率液态金属印刷电子的瓶颈难题。

面向电子电路高集成化和高精度化的发展需求,本章从液态金属纳米墨水材料制备与改性、纳米液态金属颗粒的烧结方法、新型打印方法与技术应用等方面,围绕纳米液态金属的电子电路打印原理与方法对这一综合性问题进行深入系统的介绍。

5.2 纳米液态金属电子墨水的制备方法与表面修饰

5.2.1 制备方法

制备纳米尺寸液态金属导电颗粒的方法在第 2 章中已经详细介绍,主要分为两种:自上而下和自下而上的方法[2]。自上而下的方法指的是通过物理分裂相互作用的过程,包括模具成型、射流喷射、流动冲击、剪切粉碎法和超声破碎法等,是制造低熔点金属纳米颗粒更为普遍的方法。另外,自下而上的方法则主要指原子级的物理气相沉积(PVD),但对于纳米液态金属电子墨水的应用而言,物理气相沉积目前还不具备大规模制造的能力。这里仅对应用自上而下的方法制备纳米液态金属电子墨水进行分析。

模具成型法实质上是通过利用一定尺寸的模具,制备直径范围从数百微米到几毫米的微型液态金属球体。尽管模具成型法是一种简便的方法,并且可以使用设计的模具来控制液态金属微纳米颗粒的尺寸,但批量生产既费时又费力,而且制备微纳米颗粒样品的尺寸一般是不可改变的。

射流喷射法的喷射装置简单且易于设置,只需一个注射器和一个培养皿即可在室温下制备液态金属微纳米颗粒。将液态金属注入与表面活性剂混合的水溶液中后,会出现连续的细流,根据远离针头的距离增加,将其破碎为各种形状,包括细长形、梭形、不规则形和球形。表面活性剂和氧化物层的保护作用使液态金属的纳米颗粒保持单分散和稳定。如果温度下降到液态金属的熔点以下,则其纳米颗粒将固化并形成具有微结构的多孔金属块。另外,改变喷射头的内径和喷射速度可以作为调整液态金属微纳米颗粒直径的有效方法。但是,这种方法在纳米液态金属电子墨水制备中的一个主要限制是粒径广泛且分散性大。

流体冲击法主要是利用微流聚焦装置,迫使液态金属和与其不混溶的另一种流体(甘油和/或水),通过微通道时的冲击力而得到均质的液态金属纳米颗粒。当两个流体在微孔口中汇合时,连续相流体(甘油和/或水)产生足够的剪切力,就可以将分散相液态金属分离为液态金属微纳米颗粒。通过微流体技术产生的颗粒的尺寸取决于 3 个主要因素:界面张力、惯性力和剪切力。但是,一旦固定了微流体装置,就很难调节实验条件以改变微滴的大小,这意味着常规的流动聚焦装置只能产生在尺寸上与相关微通道匹配的特定颗粒。流体冲击法优于模具成型法和射流喷射法,可以提供一种连续的方法来生产具有可调节尺寸的液态金属微纳米颗粒,对于小批量的制备较为可行。

剪切粉碎法是合成液态金属微纳米颗粒的直接方法,是常规乳化技术的扩展。主要是利用剪切工具高速旋转产生的剪切力,将包含液态金属的溶液拉伸破坏,从而制备出液态金属微纳米颗粒。值得注意的是,剪切粉碎法是一种合成具有复杂表面组成和形态的核-壳颗粒的简单方法。施加流体剪切力提供了一种可调谐、低成本、绿色且简便的方法来生成液态金属微纳米颗粒。

但是由于剪切力的不对称性,剪切粉碎法并不是制造大量均匀尺寸分布的纳米颗粒的便捷技术,这限制了电子墨水应用对周期性结构的要求。

超声破碎法是在水或有机溶剂中加入液态金属后,将超声探头引入该系统时,探头产生的超声能量在水或有机溶剂中产生声空化,进一步引起大量宏观液态金属转变为液态金属微纳米颗粒,并最终将这些颗粒分散的方法。在超声处理下,液态金属粒径的变化伴随着输出功率、超声处理时间和温度的变化而变化。例如,较低的温度通常会导致较小的颗粒,并且在 $50℃(60\ nm)$ 下通过超声处理合成的颗粒的平均直径约为 $20℃(35\ nm)$ 下的 1.7 倍。此外,可以通过添加酸溶液以去除氧化膜或在 $20\sim50℃$ 改变温度来调节液态金属微纳米的可逆聚集和分解行为。另外,随着超声处理时间和输出功率的增加,平均直径和达到最小尺寸的时间分别减小,但不会在无限范围内减小纳米颗粒的尺寸,35 nm 大约是通过常温超声处理方法获得的液态金属微纳米的最小尺寸。由于结构和性能之间的密切关系,控制粒度和形状至关重要。由于超声破碎法的稳定性和纳米颗粒尺寸可调节性,超声破碎法是一种方便的生产微纳米液态金属墨水的方法。

5.2.2　表面修饰

纳米液态金属电子墨水的表面修饰需要考虑几个基本因素:① 保持制备过程及打印过程中颗粒的稳定性;② 颗粒易于烧结;③ 增强与基底之间的浸润性;④ 颗粒之间易于聚集;⑤ 易于成膜。

目前纳米液态金属电子墨水的表面修饰物主要有:纳米纤维素晶[3]、聚乙烯醇[3]、聚电解质[4]、海藻酸钠[5]等。

5.3　纳米液态金属电子墨水烧结方法

基于纳米液态金属颗粒的电子墨水电路成型方式一般采用间接成型方法,通过一定方式将非连续液态金属微纳米球实现融合连通,从而形成液态金属导电路径。目前纳米液态金属颗粒烧结的方法有激光/高温烧结法、低温膨胀烧结法、机械应力烧结法、剪切摩擦烧结法及化学烧结法等。

5.3.1　激光/高温烧结法

Liu 等[6]提出了高温烧结以及激光烧结液态金属纳米颗粒形成液态金属

导电路径的方法,如图 5‐1 所示。高温烧结与激光烧结均属于热烧结,都是通过烧蚀液态金属颗粒表面氧化层,使得单个液态金属颗粒破裂后与其他液态金属颗粒融合,从而形成导电路径,这种方法制作液态金属导电线路的宽度受限于激光光斑的尺寸,最高精度的液态金属导电线路宽度约为 $180~\mu m$。然而由于液态金属在激光烧结过程中,氧化膜破裂后液态金属表面张力变大,所以获得的电路在微观条件下即使是导通的,也并非一条单独的液态金属线,而是处于多条液态金属线连通的状态。

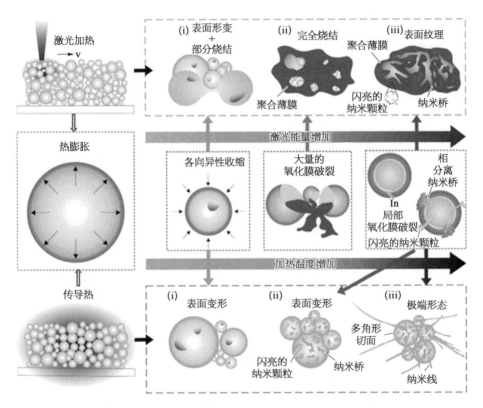

图 5‐1 液态金属电子电路的热烧结间接打印成型[6]

5.3.2 低温膨胀烧结法

Wang 等人在研究中发现[7],高度可拉伸(680%应变)的液态金属‐聚合物复合材料,是一种温控可逆的过渡绝缘体和导体(transitional insulator and conductor,TIC),在几秒钟内通过调谐温度可实现电阻率可逆变化(超过

$4×10^9$ 倍）。在低温冷冻（液氮温度，－196℃）时，绝缘的 TIC 会转变成导电状态，然后在加热后恢复至绝缘状态。液态金属液滴的相变和聚合物的刚度变化直接导致了绝缘体和导体之间的转变，如图 5‐2 所示。理论上半径大于 11 μm 的液态金属微球与具有弹性的聚合物形成复合材料时，该材料在室温降低到液氮温度条件下可由绝缘转变至导通状态，由于固化相变体积膨胀，从而由彼此绝缘的液态金属颗粒相互接触而转化为导通的固态低熔点导电路径。由于在室温与液氮温度之间由温差引发的体积膨胀不足以使得纳米液态金属颗粒产生融合，所以目前这种方法不适用于纳米液态金属颗粒的烧结。更大的温差条件下，更大体积膨胀率的纳米液态金属颗粒的低温烧结方法值得进一步探索。

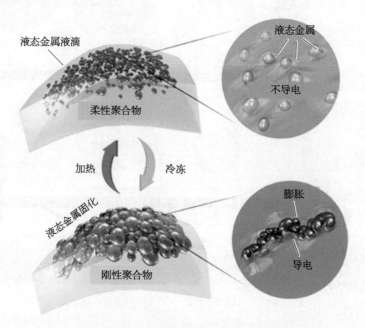

液态金属液滴

液态金属

不导电

柔性聚合物

加热　冷冻

液态金属固化

膨胀

导电

刚性聚合物

图 5‐2　液态金属电子电路的低温烧结间接打印成型方法[7]

5.3.3　机械应力烧结法

Boley 等提出利用机械烧结镓铟纳米粒子制作导电电路的方法[8]，如图 5‐3 所示。通过将超声后的液态金属纳米颗粒与乙醇溶液的混合溶液滴到 Si 晶片上，待乙醇蒸发后用金刚石划线进行线雕刻，使液态金属纳米颗粒表面的氧化层破裂，从而形成聚结的液态金属导线。该方法能够烧结出小至

1 μm 宽的导电电路,使液态金属颗粒的印刷电路具有高导电性能,而无需特殊工艺和大量的能量输入。

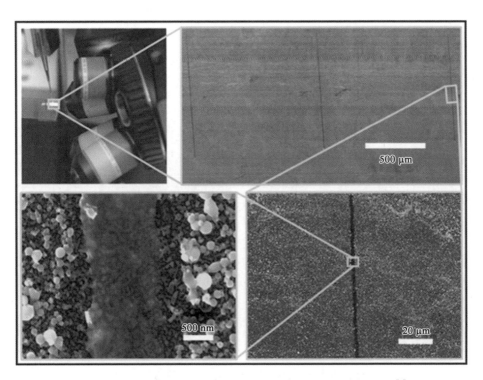

图 5 - 3　基于液态金属机械烧结的电子电路间接打印成型方法[8]

5.3.4　剪切摩擦烧结法

水基纳米液态金属墨水的书写路径在书写之后并不具有导电性,然而当对书写路径施加剪切摩擦力时,发现书写后的路径由灰黑色转变为亮银色,而且书写路径的导电特性由绝缘状态转变为导电状态,图 5 - 4(a)展示了水基纳米液态金属墨水书写路径从普通的绝缘状态到导电状态的转变[3]。为了分析施加剪切摩擦后书写路径的微观变化,Zhang 等对书写路径被擦除前后的 SEM 进行了观察[9],结果发现,施加剪切摩擦后,大面积的液态金属微纳米颗粒在剪切摩擦力的作用下破裂并融合形成了导电电路,如图 5 - 4(b)、(c)所示。图 5 - 4(d)解释了书写路径从普通的绝缘状态到导电状态的原因。

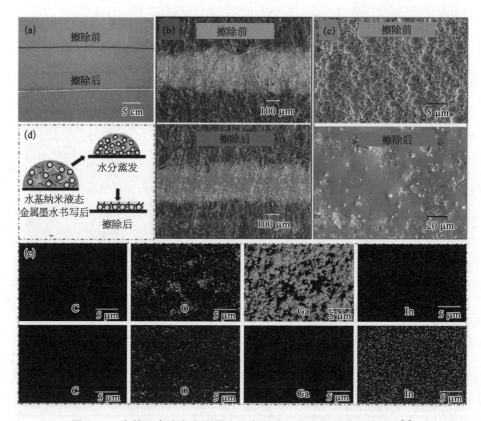

图 5-4　水基纳米液态金属墨水的书写路径从绝缘到导电的转变[9]

(a) 宏观尺度书写路径在擦除前后的对比;(b) 擦除前后的书写路径的 SEM 图的对比;(c) 擦除前后的书写路径的微观尺度对比;(d) 书写路径从绝缘到导电的转变的原理;(e) 擦除前后书写路径的 EDS 元素能谱分布变化。

5.3.5　化学烧结法

化学烧结法是指纳米液态金属电子墨水表面氧化层在酸环境下[乙酸(AA)、HCl 等]被破坏,从而实现颗粒融合的方法。研究者利用聚磺苯乙烯(PSS)修饰液态金属纳米颗粒后表面呈现负电荷,在 AA 环境中,颗粒不仅更易于聚集(图 5-5),同时部分液态金属氧化层被 AA 去除,使得无需机械烧结或者高温烧结即可获得高导电液态金属线路[4]。利用这种方法可以获得 50 μm 的打印电路。

液态金属电子电路的间接打印成型打印方式一般都基于液态金属微纳米颗粒,所以在实现液态金属微纳米导电路径的制备时,以上介绍的各种方法为

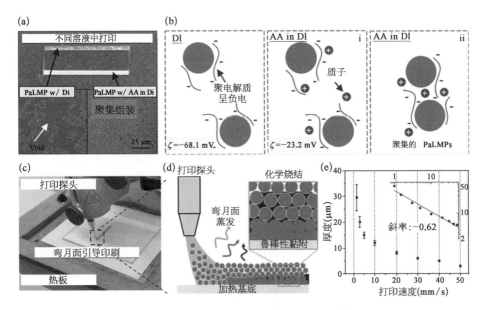

图 5-5　液态金属纳米颗粒化学烧结法[4]

（a）乙酸增强了液态金属纳米颗粒的聚集；（b）有无添加乙酸的溶液中液态金属颗粒聚集过程对比及作用机理；（c）聚合电解质修饰的液态金属微颗粒墨水印刷过程实物；（d）对应的印刷过程示意；（e）打印喷头移动速度与线路成膜厚度的关系。

　　DI：去离子水；AA：乙酸。

制备新型的液态金属复合材料，实现更高精度的液态金属导电路径提供了参考。这些获得微纳米液态金属电路的方法，为液态金属电子电路的发展提供了很多理论以及试验的方法，但是每种方法都有其发展的局限性，如何获得高精度、尺寸可控、高稳定性的液态金属线路仍然值得深入探究。

5.4　液态金属颗粒尺寸对电路性能的影响

　　低熔点金属电子电路的间接成型方式大多基于低熔点液态金属的微纳米颗粒，通过各种方式将低熔点液态金属的微纳米颗粒融合形成导电的路径，而低熔点金属颗粒尺寸的变化会对其各种性能产生很大的影响。

　　1. 低熔点金属颗粒尺寸对颜色外观的影响

　　当 Au 被加工至纳米级尺寸小于光波波长的时候，从外观上看并不是金黄色而是黑色。实际上大多数液态金属在被处理至微纳米颗粒尺寸时，由于微纳米颗粒之间的散射以及自身的吸收作用,导致对光的反射率降低,从而使人眼观察到的颜色为黑色。

2. 低熔点金属颗粒尺寸对过冷度的影响

Turnbull 和 Cech 研究了均相成核中直径为 $10\sim100\ \mu m$ 的液态金属微滴的过冷度,在金属颗粒的聚集体中,个体的凝固行为是非常具体和稳定持久的,但有相当多数量的最大过冷度 ΔT_{max} 是可重复的,是液态金属颗粒的特定特征[10],他们发现液态金属均相成核的过冷度与绝对熔化温度 T_0(单位 K)关系为:

$$\Delta T_{max} = (0.18 \pm 0.02)T_0 \tag{5.1}$$

3. 低熔点金属颗粒尺寸对传热系数的影响

Guan 等研究了熔融液滴尺寸对传热系数和结晶过冷度的影响[11],发现传热系数 h 值随液滴尺寸的减小而增大。当液滴尺寸小于 $20\ \mu m$ 时,传热系数 h 以及均相成核过冷度 ΔT 与液滴尺寸 D 的关系发生了显著的变化,如图 5-6 所示,这在研究液滴凝固过程的传热分析时是不可忽视的。

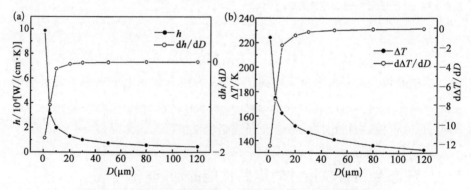

图 5-6 低熔点金属颗粒尺寸对传热系数和过冷度的影响[10]
(a) 传热系数与液滴大小的关系;(b) 均相成核过冷度与液滴大小的关系。

4. 低熔点金属颗粒尺寸对表面张力的影响

低熔点液态金属由于具有较大的表面张力,在很多应用场合都会受表面张力的影响,甚至通过调节低熔点液态金属的表面张力可以获得不一样的效果。Tolman 首先认识到了小尺寸颗粒表面张力的变化[12],在其开创性的热力学理论中揭示,半径为 R 的球形液滴的表面张力 γ 与液滴尺寸的关系为:

$$\gamma(R) = \gamma(\infty) \frac{R}{R+2\delta} \cong \gamma(\infty)\left(1 - 2\frac{\delta}{R}\right) \tag{5.2}$$

式中，γ_∞ 是平面界面的值，表示消失曲率的整体极限中的表面张力，δ 称为 Tolman 长度，代表典型的原子间长度，由 $\delta = R_e - R_s$ 决定，R_e 为等摩尔表面半径，R_s 为表面张力半径。

Samsonor 等人对纳米级金属液滴的表面张力进行了实验研究[13]。他们通过表面敏感的 X 射线衍射技术观察了纳米镓液滴的润湿现象。通过研究在金刚石基底上形成的镓液滴接触角的大小依赖性得出结论，半径为 3～4 nm 的纳米液滴的表面张力显著小于整体液滴的表面张力。Calvo 使用分子动力学模拟，基于嵌入原子模型电势和机理路线，计算了液态金属的压力张量和表面张力 γ[14]。图 5-7 中表示从分子动力学模拟获得的纯金属液滴的表面张力随半径变化的规律，可以看出 γ 随液滴半径 R 的倒数而大大降低，即液滴的表面张力 γ 随液滴半径 R 的减小而减小，这在热镓液滴中也有实验和理论上的报道[15]。γ 随 $1/R$ 的变化近似于线性变化，至少在 $N > 400$ 原子的最大液滴中是这样，这清楚地反映了纯金属和合金中的非零和正的 Tolman 长度情况。

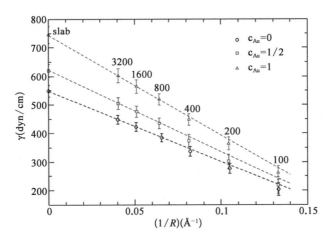

图 5-7 颗粒尺寸与表面张力大小的关系[13]

低熔点金属颗粒尺寸对其电子墨水性能有很大影响，因此可以通过改变低熔点金属颗粒的尺寸来获得更多性能的低熔点金属材料，从而应用于更广阔的领域。另外，微纳尺寸的低熔点金属颗粒可以和表面活性剂以及水进行混合，获得表面张力更小的液态金属溶液。

5.5 纳米液态金属墨水的印刷方法

5.5.1 纳米液态金属墨水直接印刷方法

装备化直写印刷及 3D 打印[16, 17]、喷雾印刷[18]和丝网印刷[19]已被用于制备液态金属柔性印刷电子产品。Liu 小组发明了世界上第一台液态金属桌面电子电路打印机,其递送液态金属墨水并将其沉积于目标基底的原理分别涉及点胶打印[16]和敲击式打印[17],实现了以预处理过的宏观液态金属墨水为原料的电子电路打印。这种印刷技术对基底薄膜有一定要求,需确保液态金属与基板之间的附着力,以抵抗较大的表面张力。为了适应更广泛的基底材质并简化预氧化过程,研究小组提出了喷雾印刷和丝网印刷,这取决于丝网结构和尺寸,这种方法提高了电路的分辨率,可以制造出更细的导线[图 5 - 8(a)、(b)][17,19]。

上述印刷方法的机理可以描述为:通过对喷枪中的液态金属墨水施加气流,将墨水雾化成液态金属微粒,然后通过预先设计的掩模/丝网对其进行图案化。雾化液态金属颗粒暴露于空气中而被迅速氧化,保证了油墨沉积层和基底之间的黏附。然而,印刷电子器件的分辨率受到掩模或丝网尺寸的限制。

此外,分辨率(通常用最小导电线宽来衡量)也受打印过程中颗粒大小的影响。为了进一步提高图案分辨率,研究人员尝试将喷墨方法与更小的液态金属颗粒结合。Boley 等人通过超声硫醇自组装制备了液态金属纳米颗粒,然后利用喷墨印刷和机械烧结的方法来制备电路[8]。图 5 - 9(a)展现出通过该方法制作的具有高扩展性和高集成度的电路。此外,液态金属颗粒还展示出将刚性部件连接到柔性电路板上的潜力[图 5 - 9(b)]。如图 5 - 9(c)、(d)所示,通过扩展导电通道,证明在微通道中注入天线,然后逐步进行机械烧结,可以制备频率可调谐的天线(从 3 GHz 到 1.8 GHz)[20]。此外,Mohammed 和 Kramer 开发了一种自动化的多模态印刷工艺,该技术具有可重复和可扩展的特性,可用于复杂的柔性可拉伸电子设备的电路制造[21]。使用此工艺制备的电路对于基于宏观液态金属制备的电路具有相同数量级的电阻率。这种自动打印方法不仅可以实现功能电路板的打印,而且还可以基于液态金属的电阻与压力之间的关系,制造出具有强鲁棒性、可扩展性和灵活性的可穿戴传感器。利用这种原理,研究人员打印了如图 5 - 9(e)所示的应变和压力传感器,通过测量输出电阻作为手指施加的压力的变化关系来显示可穿戴设备的传感能力。

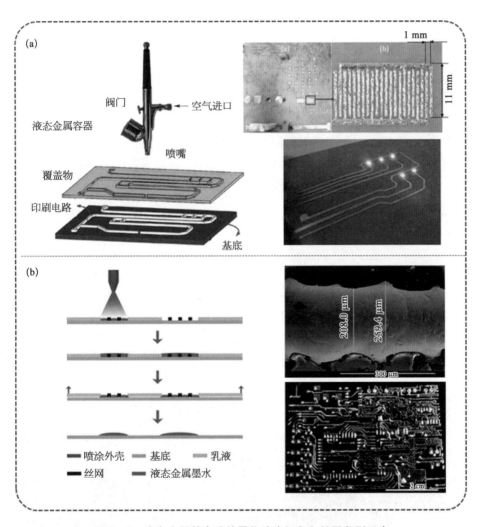

图 5-8　液态金属基电路的雾化喷涂打印和丝网印刷示意

(a) 液态金属颗粒是通过气流的注入产生的,在掩模的辅助下,只有通过掩模槽的颗粒才能到达基底,从而形成图案化电路。在猪皮表面(右上)制作液态金属的数字阵列微电极,在普通 PVC(右下)上印制液态金属电路[18,19]。(b) 获得的液态金属微滴被喷在网孔的区域上,直到间隙被液态金属墨水填充,因此形成电子图案。SEM 图像显示了在 PVC 基底上丝网印刷的液态金属轨迹的宽度,代表了该方法的分辨率(右上)和在硅片基底上用该方法印刷的电路图(右下)[17]。

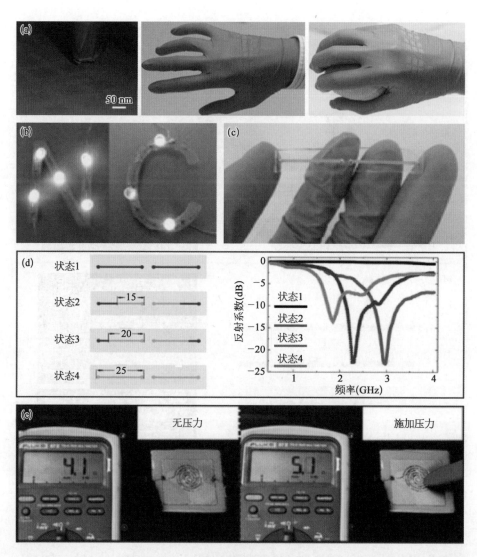

图 5 - 9 由液态金属颗粒制造的电子电路

(a) 通过喷墨印花功能化腈手套制备可拉伸电子器件,证明了机械烧结 EGaIn 纳米颗粒的可行性;
(b) 通过施加外部压力,形成一个带 LED 的图形软电路板,以显示导电性;(c)~(d) 通过机械烧结形成的可调谐偶极子天线的制造和表征[20];(e) 使用液态金属颗粒制备的电阻随施加压力变化的压力传感器[21]。

采用喷墨打印和机械烧结相结合的方法制备的导电图案不能承受较大的变形。通常需要一个细小的探针来烧结液态金属颗粒以获得导线，而探针尖端的大小也会影响后续电路的分辨率。此外，通常还需要液态金属颗粒的沉积层，从而导致该技术中颗粒利用率低。一种无需探针或者喷嘴，高分辨率（15 μm）的剥离印刷技术可用于导电线路的制备。如图 5 - 10 所示，用这种方法制成的导体被用于制造可拉伸电路和可穿戴手套键盘。

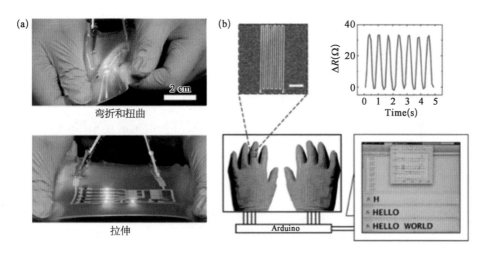

图 5 - 10　通过剥离技术制造的柔性电子器件

（a）LED 电路在弯曲、扭曲和拉伸的大变形下表现出很强的稳定性；（b）可穿戴手套键盘由用于运动监测的应变传感器组成，用于输入短语"HELLO WORLD"[22]。

5.5.2　纳米液态金属墨水微流道印刷方法

除了具有平面二维柔性电子设备的微流体设备外，具有图案化三维（3D）微结构的微流体设备由于其微制造系统的效率和可靠性的提高，在各种新兴领域中的重要性日益体现。然而，传统的 3D 打印技术主要用于制造非功能性结构，而不是有功能的微流体组件。在由 Ga_2O_3 组成的氧化薄层的帮助下，液态金属在图案化时保持着相对稳定的非平衡状态，但这种方法仍然存在一些缺点，例如劳动强度大、几何形状受限以及不易扩展到微加工自动化大批量制造[23]。为了消除大尺寸和低纵横比的限制，Tang 等人提出了一种使用介电泳创建 3D 微结构的方法[24]。首先，将液态金属颗粒固定在平面 Au 微电极垫上。然后，使用碱性溶液来聚结微粒。最后，在高流速下洗掉多余颗粒后获得液态金属微结构[图 5 - 11(a)]。与平面微电极相比，这种微结构显示出更好的捕获悬浮纳米粒子的能力[图 5 - 11(b)]。此外,通过将 3D 微结构放置在热区域附近,这些结构可充当微散热翅片,与缺乏这种液态金属微结构的单元相比,在改善对流传热方面表现出更好的性能[图 5 - 11(c)]。

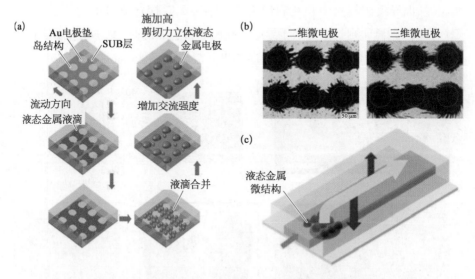

图 5 - 11   用介电泳法由液态金属颗粒制成的 3D 微结构

(a) 制造 3D 液态金属微结构的示意;(b) 使用 3D 微电极捕获 WO₃ 纳米颗粒;(c) 应用 3D 液态金属微结构从热区域散热的示意[24]。

5.6   水基纳米液态金属墨水的制备、优化及应用

水基纳米液态金属墨水大大降低了宏观液态金属的表面张力,这里以两种常见的聚合物纳米纤维素(cellulose nanocrystal,CNC)与聚乙烯醇(polyvinylalcohol,PVA)修饰为例来介绍有机聚合物修饰的纳米液态金属墨水的制备、优化及表征[3,9]。由于低熔点液态金属在水溶液中无法电离形成稳定的溶液体系,单纯引入带有羧基基团或者硫酸基基团的纳米纤维素无法支持系统的电离平衡性,为此可选择将一种高度溶于水且表面有大量羟基基团可以和羧基基团形成稳定结构的 PVA 引入到低熔点液态金属溶液中,以制备稳定的低熔点液态金属溶液体系。

5.6.1   水基纳米液态金属墨水的制备方法

图 5 - 12 展示了制备水基纳米液态金属墨水的方法与步骤。具体过程为[9]:

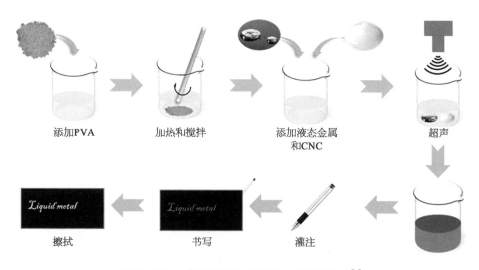

添加PVA　　　加热和搅拌　　　添加液态金属　　　超声
　　　　　　　　　　　　　　　和CNC

擦拭　　　　　　　书写　　　　　　灌注

图 5‑12　水基纳米液态金属墨水的制备方法[9]

　　首先，将 PVA 颗粒〈麦克林 Poly（vinyl alcohol）‑ 1799，分子式 [—CH₂CHOH—]ₙ〉加入去离子水中，PVA 和去离子水的质量比为 1∶30。搅拌后静置 2 h，使得 PVA 颗粒充分溶胀，如果溶胀不充分可能会造成溶解不均匀而产生白色胶块。然后将充分溶胀的混合溶液放置在 95℃的加热炉中，从室温开始升温至 95℃后继续加热 3～4 h，并且在加热过程中不断搅拌混合溶液，以使 PVA 颗粒充分溶解。加热过程中装有混合溶液的烧杯需加锡纸密封，以防止水分蒸发损耗，影响正常的溶液质量。

　　之后，取出 15 g 已配制好的 PVA 溶液（质量分数为 3.33%wt），加入 6 g 质量分数为 9% 的磺化纳米纤维素溶液（CNC‑C）（表面基团为—SO₃/—OH）和质量分别为 10 g、20 g、30 g 的低熔点液态金属搅拌混合均匀后，放入超声破碎仪中进行超声破碎。超声破碎仪满功率为 1 000 W，采用 70% 功率持续超声的方法进行超声，单次超声 15 min，将混合溶液反复超声 4 次，以使低熔点液态金属（GaIn₂₄.₅）充分破碎分散。这样就得到了颗粒均匀的水基低熔点液态金属墨水。

5.6.2　水基纳米液态金属材料的性能优化

1. 表面聚合物配比的优化

　　CNC‑C 是天然的植物纤维素经硫酸处理得到的针状纳米材料，表面含有磺酸基，在任意酸碱度的水中都具有良好的分散性。CNC‑C 的纤维直径在 5～10 nm,长度为 100～500 μm。CLM 为 CNC-C、LM(低熔点液态金属)两种材料复合制备的溶液体系,PLM 为 PVA、LM 两种材料复合制备的溶液体系,PCLM 为 PVA、CNC-C、LM 3 种材料复合制备的溶液体系。研究者比较了 PCLM、CLM 和 PLM 3 种不同成分溶液的稳定性[3]。

根据图 5-13(a)可以看出,新制备的 PCLM 和 CLM 两种溶液在外观上差别不大,但是 PLM 溶液相比来说就出现了沉聚和下沉现象。把 3 种溶液静置放置半个小时后,如图 5-13(b)所示,PCLM 和 CLM 两种溶液依然保持稳定,而 PLM 溶液发生了团聚和沉降现象。主要原因在于 PVA 在溶液中的分子不带有电荷,无法分离出带电离子团,所以无法与液态金属微纳米颗粒吸附形成稳定的分散体系,导致制备的溶液在短时间内出现团聚沉降现象,因此在水基低熔点液态金属溶液的制备中,需要加入带有负电荷的 CNC-C,以形成更稳定的混合分散溶液。从图 5-13(c)可以看出,添加 PVA 和不添加 PVA 的混合溶液,在放置两周之后,前者没有发生团聚现象,稳定性更好,而后者则出现了一定的沉聚。可见 CNC-C 的加入使溶液的带电离子团更多,从而使得溶液更稳定,所以,CNC-C 在一定程度上充当了分散剂的作用。而 PVA 的加入,则使得低熔点金属溶液具有更好的稳定性,这主要归因于 PVA 和

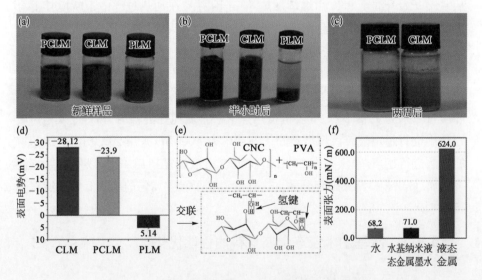

图 5-13　PCLM、CLM 和 PLM 溶液稳定性的比较[3]

(a) 新制备的 PCLM、CLM 和 PLM 溶液;(b) 静置半小时后的 PCLM、CLM 和 PLM 溶液;(c) 放置两周后的 PCLM 和 CLM 溶液;(d) 3 种水基纳米液态金属墨水的 Zeta 电势;(e) CNC 和 PVA 的相互作用;(f) 水、水基纳米液态金属墨水、液态金属表面张力的对比。

CNC－C 高分子基团上的羟基、羧基等基团的相互作用，由此制得的水基液态金属溶液具有更好的稳定性，这有助于实现高精度导电线路以及更多新功能的低熔点液态金属材料。

图 5－13(d) 所示的 Zeta 电势证明[2]，在 PCLM 和 CLM 混合溶液(带有CNC－C)中，粒子带有负电荷，而在 PLM 解决方案(缺乏 CNC－C)中带有正电荷。这是因为 CNC－C 本身含有极性羟基、磺酸基以及糖醛酸基团，它们在水中呈负性表面。因此，相同极性的相互排斥和布朗运动的协同作用使液态金属微纳米颗粒得以在混合溶液中稳定分散。此外，由于 PVA 溶液的 Zeta电势和 CNC－C 溶液的 Zeta 电势电荷相反，减少了带有 CNC－C 溶液中颗粒的电荷负值，因此 PCLM 的 Zeta 电位小于 CLM 的 Zeta 电位。值得指出的是，PCLM 相比 CLM 溶液体系更稳定的主要原因是，CNC 高分子表面带有大量的羟基基团以及硫酸基团，与 PVA 表面的亲水性羟基基团以氢键以及反应生成硫酸酯的形式存在，如图 5－13(e)所示，从而形成更稳定的溶液体系。此外，从图 5－13(f)可看出，新型水基纳米液态金属墨水的表面张力[(71.0±0.8)mN/m，28℃]与水的表面张力[(68.2±0.9)mN/m，28℃]几乎相等，二者均远小于镓基液态金属的表面张力(624 mN/m)，这也是此类墨水易于书写的关键。

图 5－14 是 3 种不同成分的水基纳米液态金属墨水的颗粒形貌[3]。图 5－14(a)为通过超声破碎处理 CNC－C 和液态金属的混合物获得的液态金属微球表面，明显富集了一层均匀的棒状纳米纤维素晶须。图 5－14(b)中通过超声处理 PVA 和液态金属的混合物获得的液态金属微球表面比较光滑，没有明显的棒状物质存在，这也说明了 PVA 具有成膜性好的特点，流延性较佳，容易包覆在液态金属微球表面形成稳定的包衣。图 5－14(c)为通过超声处理CNC 和 PVA 与液态金属的混合物获得的液态金属微球表面，既具有棒状的纳米纤维素晶须，也具有 PVA 一定的光滑包覆效果。图 5－14(d)中液态金属微球表面 Ga 3D 的 XPS 分析表明，通过超声处理 CNC 和 PVA 与液态金属的混合物所获得的液态金属微球表面，不仅有 CNC 和 PVA 的包覆，最里层还有一层液态金属的 Ga_2O_3。值得注意的是，液态金属微球表面的氧化物在溶液的稳定中起着关键作用，不仅使 CNC－PVA 和液态金属微球紧密结合在一起，还防止了液态金属微球之间的合并。图 5－14(e)所示的液态金属微球元素质量含量的 EDS 元素分布图，不仅展示了液态金属微球表面上 C、O、Ga 和 In 的分布，也验证了液态金属微球表面上由 CNC 以及 PVA 实现的稳定包覆。

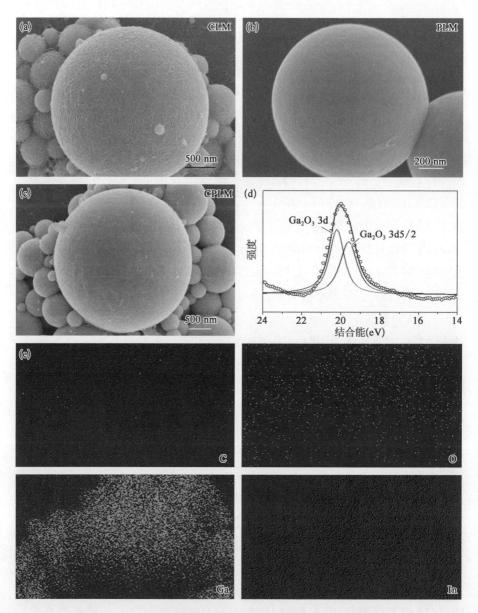

图 5‑14 3 种不同成分水基纳米液态金属墨水的颗粒形貌[3]

（a）通过超声破碎处理 CNC‑C 和液态金属的混合物获得的液态金属微球表面的 SEM 图像；（b）通过超声处理 PVA 和液态金属的混合物获得的液态金属微球表面的 SEM 图像；（c）通过超声处理 CNC 和 PVA 与液态金属的混合物获得的液态金属微球表面的 SEM 图像；（d）液态金属微球表面 Ga 3D 的 XPS 分析；（e）液态金属微球元素质量含量的 EDS 图。

2. 液态金属比例的优化

由于镓基液态金属的密度较高,过量的液态金属会导致溶液中的液态金属沉降较快而无法使其充分经受超声分解成纳米液态金属颗粒。不同配比的液态金属颗粒水溶液显示,当液态金属占比较高(质量比＞58.8％)时,液态金属颗粒发生了明显的沉降与团聚。因此仅对液态金属占比等于或小于58.8％的水基液态金属溶液进行分析。进一步地,为明确液体金属墨水的最佳配比关系,以获得最佳的导电性以及稳定性,Zhang 等分别对 3 种不同配比的液态金属墨水及对照组的特性进行了测试[3],第一种墨水具体配比为 LM：PVA：CNC＝10：15：6,简称 Ink 1;第二种墨水具体配比为 LM：PVA：CNC＝20：15：6,简称 Ink 2;第三种墨水具体配比为 LM：PVA：CNC＝30：15：6,简称 Ink 3;第四种墨水具体配比为 LM：PVA：CNC＝0：15：6,简称 Ink 4,作为其他三组作参照。图 5 - 15 展示了 4 种水基纳米液态金属墨

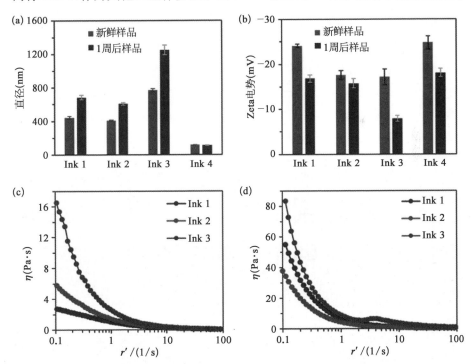

图 5 - 15　4 种水基纳米液态金属墨水内微纳米颗粒粒径和 Zeta 电势随着时间的变化[9]

(a) 4 种不同配比的墨水放置 1 周前后的粒径变化;(b) 4 种不同配比的墨水放置 1 周前后的电位变化;(c) 新鲜制备 4 种水基纳米液态金属墨水的黏度随着剪切速率的变化;(d) 1 周后 4 种水基纳米液态金属墨水的黏度随着剪切速率的变化。

水内微纳米颗粒粒径和 Zeta 电势随着时间的变化，由图 5 - 15(a)可以看出 Ink 1 和 Ink 2 溶液内液态金属微纳米颗粒的粒径在制备后的颗粒粒径差别不大，3 种墨水在放置 1 周后液态金属粒径都有所增大，相对来说，Ink 2 配比的液态金属墨水粒径变化较小。此外，图 5 - 15(b)显示了 3 种墨水及对照组在放置 1 周前后的电位变化，结果表明 Ink 2 的电位变化最小，图 5 - 15(a)、(b)的结果表明了 Ink 2 墨水具有最好的稳定性。

如图 5 - 15(c)、(d)显示，利用超声破碎法制备出的水基纳米液态金属墨水属于非牛顿流体[24]，其黏度随着剪切速率的增大而降低，这种特性对于墨水的书写具有很大好处，一方面在不进行书写时笔中墨水因黏度较大而不至于从笔芯内漏出，另一方面在书写时，随着书写剪切速率的增大而黏度下降使得书写更为流畅。图 5 - 15(c)、(d)的对比结果也表明了 Ink 2 墨水的黏度特性在放置 1 周前后变化率最小。

为研究水基纳米液态金属墨水的书写性能，可将水基液态金属溶液按照优化后的成分比例通过超声破碎仪加工制备，DLS 粒径分析测试结果显示水基纳米液态金属墨水中颗粒的平均粒径为(489.7±41.8)nm。之后将纳米液态金属墨水灌入普通的笔芯内进行直写，从而观察其书写效果以及书写路径的特性。图 5 - 16 展示了水基纳米液态金属墨水在各种基底上的书写效果[9]，可以看出这种水基纳米液态金属墨水无论是在金属基底上如不锈钢片、铜片等，还是在新鲜树叶以及木头上，或者是聚酯纤维、聚四氟乙烯(PTFE)，甚至是在玻璃片

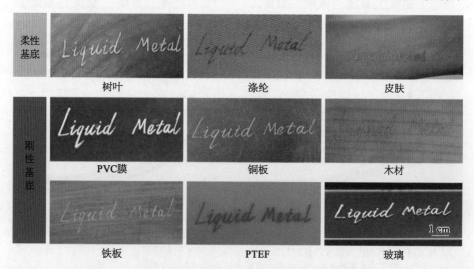

图 5 - 16　水基纳米液态金属墨水在各种基底上的书写效果[9]

以及皮肤上等多种基底上都具有很好的书写效果,这种可以在几乎所有基底上进行书写的特性,有助于这种墨水的开发推广以及研究其更多的应用。

图 5-17 展示了水基纳米液态金属墨水的书写效果[9],可以看出,水基纳态金属墨水具有很好的书写绘画效果,与传统的黑笔书写效果对比[图 5-17(b)],水基纳米液态金属墨水的书写颜色呈现出灰黑色,图 5-17(b)中 i 为水基纳米液态金属墨水书写而成,ii 为传统黑色墨水书写而成。另外,图 5-17(c)也展示了水基纳米液态金属墨水绘制电路的效果,这也为今后水基纳米液态金属墨水的绝缘导电转变以及电路方面的应用打下了基础。总的说来,水基纳米液态金属墨水对于直线和曲线的书写都很顺畅且没有中断,这可归因于液态金属的柔性,相比于传统墨水中的固态颗粒物质容易堵塞笔头的情况,液态金属不仅具有足够的柔性,且具有润滑性,对于流畅书写提供了保障。近年来,镓基液态金属作为新型功能材料已被成功地用于钢陶瓷滑动副极的高载荷(1 500 N)润滑,且性能明显优于其他液态润滑剂,如油和离子液体[25-27]。

图 5-17　水基纳米液态金属墨水的书写效果以及与常用黑笔书写效果的对比[9]

(a) 水基纳米液态金属墨水的书写绘制效果;(b) 水基纳米液态金属墨水的书写效果与常用黑笔书写效果的对比;(c) 水基纳米液态金属墨水的电路绘制。

图 5-18 为水基纳米液态金属墨水在三维物体上的书写效果[9]，不仅展示了水基纳米液态金属墨水在多种基底上良好的黏附性，也说明了这种墨水可以在复杂对象上进行书写，从而为其后期在三维物体上的电子电路应用打下基础。图中展示的水基纳米液态金属墨水不仅可以适用于三维物体的凸面，也可以在三维物体的凹面进行书写，大大地扩展了水基纳米液态金属墨水的应用场合和应用前景。

图 5-18　水基纳米液态金属墨水在三维物体上的书写效果[9]

5.6.3　水基纳米液态金属墨水从绝缘到导电的转变

水基纳米液态金属墨水在书写后形成路径的整个过程可以分为 3 个阶段：书写、水分蒸发和颗粒富集。当将由 CNC-PVA 和液态金属微纳米颗粒组成的稳定的胶体分散体书写在基底上后，由于水分的快速蒸发，水基纳米液态金属墨水内的颗粒会进入富集状态，形成致密的堆叠结构。在这个致密的堆叠结构中，PVC、CNC-C 和 LM 微纳米颗粒以 3 种成分共存的状态进行堆叠。

图 5-19(a)展示了水基纳米液态金属墨水的书写路径经剪切摩擦力处理前后的对比[9]，可以看出，水基纳米液态金属墨水在书写后的颜色主要呈灰黑色，经过剪切摩擦力处理后，路径颜色由灰黑色转变成了银白色，即液态金属

的主要颜色。这是因为剪切摩擦力的作用可以去除液态金属微纳米颗粒表面的 PVA 和 CNC - C 以及氧化膜,同时使破裂的液态金属微纳米颗粒融合,从而形成导电路径。如图 5 - 19(b)的测试表明,在水基纳米液态金属墨水的书写路径擦除前后,元素的含量变化较小,且均以液态金属中 Ga 和 In 元素为主,这也说明 PVC、CNC - C 和液态金属微纳米颗粒 3 种成分在水分蒸发过程中以富集共存的状态堆叠,因而擦除前后 3 种元素基本上变化不大。这也从侧面验证了水基纳米液态金属墨水书写路径的形成主要靠 PVC、CNC - C 和液态金属微纳米颗粒 3 种成分的富集,而没有产生分层结构。这里,直接书写出的路径并没有形成液态金属融合导通,而是处于绝缘状态,当对水基纳米液态金属墨水的路径施加剪切摩擦力时,即把表面的 PVC 和 CNC - C 擦除,同时在摩擦力的作用下使液态金属微纳米颗粒完成机械烧结而形成导电通路。从图 5 - 19(b)书写路径前后元素的 EDS 分布可以看出,剪切摩擦力的擦除使得元素分布更加均匀,而且剪切力在施加过程中起到的引导作用,不仅使液态金属分布更加均匀,而且使液态金属破裂后融合形成导电路径,由此使导电性发生了质变,从绝缘状态转变到了导电状态。

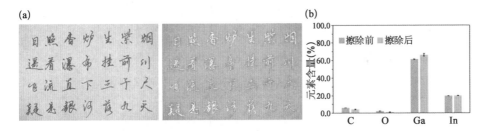

图 5 - 19　水基纳米液态金属墨水的书写路径剪切摩擦力处理前后的对比[9]

(a) 水基纳米液态金属墨水从绝缘到导电转变前后的形貌变化;(b) 擦除前后元素含量的变化。

5.6.4　水基纳米液态金属墨水应用示例

图 5 - 20 给出的水基纳米液态金属墨水电路应用情况[9],一方面验证了其书写路径在经过剪切摩擦力处理发生的从绝缘至导电状态的转变特性,另一方面也展示了其自封装特性以及电路修复功能。图 5 - 20(a)为利用水基纳米液态金属墨水绘制的心形电路,经过不同的擦除处理[图 5 - 20(b)],图 5 - 20(c)显示剪切摩擦力处理一部分后的心形电路导通了,而没有处理过的电路无法导通。图 5 - 20(d)为全部处理后的心形电路,可以看到电路通电之后两边的

LED灯都被点亮。在实验操作时,研究者发现全部经过剪切摩擦处理过的新型电路,可以由水基纳米液态金属墨水进行涂覆封装,而封装后的电路不受封装层的影响,如图5-20(e)所示。另外,如果对图5-20(e)中封装过的电路进行处理后,又可以转换回图5-20(d)中心形电路的状态。图5-20(f)进一步展示了水基纳米液态金属墨水用于电路修复应用的原理。图5-20(g)展示了部分断开的电路,当用水基纳米液态金属墨水实现断开电路的连接之后[图5-20(h)],再利用施加剪切摩擦力的处理方法,就可以实现断开电路的修复连接,如图5-20(i)所示。

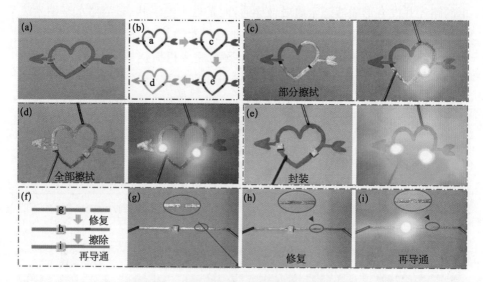

图5-20 水基纳米液态金属墨水的电学应用[9]

(a) 水基纳米液态金属墨水绘制的心形电路。(b) 水基纳米液态金属墨水绘制的心形电路剪切摩擦处理流程示意。(c) 部分剪切摩擦处理的心形电路。右侧为电路连通后右边LED被点亮。(d) 全部剪切摩擦处理的心形电路。右侧为电路连通后两个LED都被点亮。(e) 剪切摩擦处理后再次用液态金属墨水封装的心形电路。右侧为电路连通后两个LED仍然可以被点亮。(f) 水基纳米液态金属墨水用于电路修复。(g) 断开电路。(h) 水基纳米液态金属墨水初步修复后的电路。(i) 水基液态金属墨水初步修复后剪切摩擦处理后的电路。

5.7 自组装液态金属Janus薄膜的制备、表征及应用

具有两侧不对称结构和电气特性的Janus薄膜最近引起了各个研究领域的广泛关注,例如微型传感器/致动器,能量存储/发电设备和热管理[28-31]。这种薄膜的出现带来的一些好处,如:应对电子电路和能源管理方面的挑

战,还可以实现传统材料不易实现的新颖功能和紧凑型结构。例如,为防止内部短路故障,多层电路的制造需要一个额外的绝缘层将两个平面彼此隔离[32],这通常要花费一些时间。相比之下,具有不对称电特性的 Janus 薄膜可以创新地一步制造出多层电路。此外,超薄和独立的 Janus 膜在柔性传感器中具有很大的潜在应用潜力,即使在有限的空间内也可以实现复杂的功能。

传统上,Janus 薄膜的制造方法包括界面和非界面策略[33]。界面策略通常在其上/之中引入附加的界面,例如气/液界面、液/液界面或气/固界面[34-36]。结合高分子与超薄导电性自组装石墨烯薄膜以及单层/多层碳纳米管薄膜联合制备复合 Janus 薄膜时,其通过在空气/水界面上利用毛细力驱动压缩实现[37-41]。Au 纳米粒子基的单层 Janus 膜通常是在油/水界面处制备的[42]。此外,Au 纳米粒子与反应性基团(例如聚苯乙烯-硫醇基团)之间发生化学反应以生成绝缘层。通常,界面辅助和化学反应在制作具有不对称导电性的 Janus 薄膜方面是必要的。非界面策略通常需要复杂且耗时的光降解、光交联或光栅化程序[30,43-45]。目前很难实现没有任何界面或设备辅助的可控自组装 Janus 薄膜。制作具有各向异性导电性的 Janus 薄膜的关键因素主要取决于导电材料的特性。此方面,制备 Janus 膜的传统导电材料,如导电聚合物、纳米金属、有机导电油墨,需要进行一系列的后处理。不同于此的是,镓基室温液态金属作为高导电性材料(例如 EGaIn 的电导率为 3.4×10^6 S/m),通过简单的密度沉积与蒸发自组装,无需任何界面或设备的辅助,可以形成具有导电各向异性的柔性 Janus 膜[3]。

5.7.1　纳米液态金属 Janus 薄膜的成膜原理

为了制备双面异性的 Janus 薄膜,需要 PVA、CNC‐C 和液态金属微纳米颗粒 3 种成分在成膜过程中出现分层现象,而 3 种成分能够分层的主要驱动力在于各自的密度,PVA、CNC‐C 两种高分子密度比较接近,其中 PVA 的密度为 $1.19 \sim 1.31$ g/cm^3,CNC‐C 的密度为 1.5 g/cm^3[46-48],相对于液态金属微纳米颗粒的密度 6.0 g/cm^3 差距较大。同时,PVA 和 CNC‐C 在水中的溶解性以及稳定性,主要取决于其高分子结构上的亲水性羟基基团,因此利用水溶液的蒸发以及密度差异,可以制备出元素含量分层的自组装液态金属 Janus 薄膜。

自组装液态金属 Janus 薄膜成膜的整个过程可以分为 3 个阶段[3],包括水分挥发、分层和聚结,如图5-21(a)所示。制备自组装液态金属Janus薄膜的第一步就是利用超声破碎方法,以及优化后的成分比例制备水基纳米液态金属墨水。在水基纳米液态金属墨水制成后,将其倒入一定尺寸带有凹槽的模具内,当将由CNC-PVA和液态金属微纳米颗粒组成的稳定混合溶液倒在模具内之后,在初始阶段,水基纳米液态金属墨水内的液态金属微纳米颗粒和PVA-CNC-C的受力关系如图5-21(b)所示。

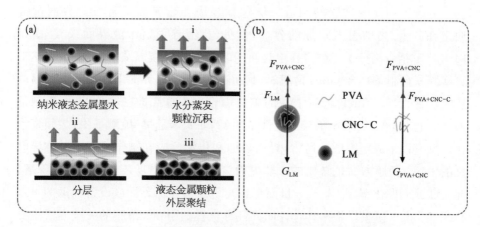

图5-21 自组装液态金属Janus薄膜成膜过程及其机理

(a) 自组装过程原理示意[3];(b) 自组装液态金属Janus薄膜成膜过程中液态金属微纳米颗粒和PVA-CNC-C的受力分析。

在初始阶段,水基纳米液态金属墨水内的液态金属微纳米颗粒的受力关系为:

$$G_{LM} - (F_{LM} + F_{PVA+CNC}) = 0 \tag{5.3}$$

其中,G_{LM}为液态金属微纳米颗粒所受重力:

$$G_{LM} = \rho_{LM} V_{LM} g \tag{5.4}$$

其中,F_{LM}为液态金属微纳米颗粒所受浮力:

$$F_{LM} = \rho V_{LM} g \tag{5.5}$$

其中,$F_{PVA+CNC}$为水基纳米液态金属墨水内PVA和CNC-C对液态金属微纳米颗粒的拉力,这种拉力主要是水溶液中的PVA和CNC-C包覆液态金属微纳米颗粒[简称(PVA+CNC-C)@LM]形成的粒子团表面所带电荷受到水溶液中其他粒子团的综合作用所致,其克服了液态金属微纳米颗粒所受重力,

同时在 F_{LM} 浮力的共同作用下而使得溶液能够长时间保持稳定。

在初始阶段,水基纳米液态金属墨水内的 PVA-CNC-C 由于彼此之间羟基以及磺酸基的存在形成氢键和硫酸酯的相互作用,可以看成是一个整体,它们的受力关系为:

$$G_{PVA-CNC} \quad (F_{PVA-CNC-C} \mid F_{PVA+CNC}) = 0 \tag{5.6}$$

$G_{PVA-CNC}$ 为 PVA+CNC-C 所受重力,$F_{PVA-CNC-C}$ 为 PVA+CNC-C 所受浮力。

在水基液态金属墨水倒入模具凹槽内之后,溶液中的水分开始蒸发,这将导致水基纳米液态金属墨水内所受的综合作用力 $F_{PVA+CNC}$ 变小,主要是溶液中水对 PVA+CNC-C 的氢键作用力,从而使得水基纳米液态金属墨水内的液态金属微纳米颗粒以及 PVA-CNC-C 的受力由式(5.3)、式(5.6)分别变为:

$$G_{LM} - (F_{LM} + F_{PVA+CNC}) > 0 \tag{5.7}$$

$$G_{PVA-CNC} - (F_{PVA-CNC-C} + F_{PVA+CNC}) > 0 \tag{5.8}$$

于是,水基纳米液态金属墨水内的液态金属微纳米颗粒以及 PVA-CNC-C 的重力大于其他力的合力,液态金属微纳米颗粒和 PVA-CNC-C 开始下沉。在水基纳米液态金属墨水内的颗粒下沉过程中,由于液态金属微纳米颗粒的密度相比 PVA 和 CNC-C 高分子的密度大得多,因此其沉积速度较后两者快,这会导致两种粒子的堆积。粒子的斯托克斯沉降速度可以计算为:

$$U = \frac{2R^2 \Delta \rho g}{9\mu} \tag{5.9}$$

其中,R 是颗粒的半径,$\Delta \rho$ 是颗粒和溶剂的密度之差,g 是重力常数,μ 是溶液的黏度,因此,液态金属微纳米颗粒、PVA 和 CNC-C 复合高分子之间的沉降速度比可以是:

$$\frac{U_{LM}}{U_{CP}} = \frac{R_{LM}^2 \Delta \rho_{LM}}{R_{CP}^2 \Delta \rho_{CP}} \tag{5.10}$$

对于半径为 $0.25\ \mu m$ 的液态金属,$\Delta \rho$ 为 $5 \times 10^3\ kg/m^3$,μ 为 $10^{-3}\ Pa \cdot s$,U_{LM} 约为 $0.7\ \mu m/s$。PVA 和 CNC-C 的尺寸大小一般在 $0.05\ nm$ 左右,ρ_{PVA} 为 $1.19\ g/cm^3$,ρ_{CNC-C} 为 $1.5\ g/cm^3$ 因此 $\Delta \rho_{CP}$ 为 $(0.19 \sim 0.5) \times 10^3\ kg/m^3$,还可

以发现 $\Delta\rho_{LM} > \Delta\rho_{CP}$ 和 $R_{LM} > R_{CP}$，因此液态金属微纳米颗粒的下沉速度 $U_{LM} > U_{CP}$。通过计算，可以发现 U_{CP} 最大为 2.8 nm/s，也就是说液态金属微纳米颗粒的下沉速度 U_{LM} 是 PVA 和 CNC-C 的下沉速度 U_{CP} 的 250 倍。随着水分的持续蒸发，CNC-PVA 和液态金属颗粒一起流动并下沉聚集，形成了液态金属微纳米颗粒在下层富集而 CNC-PVA 在上层富集的自组装液态金属 Janus 薄膜。值得注意的是，液态金属液滴的氧化物层在自组装液态金属 Janus 薄膜的形成中起着关键作用，不仅使 CNC-PVA 和液态金属液滴紧密结合在一起，还防止了在无外部触发时液态金属微纳米颗粒的融合，这主要是因为液态金属微纳米颗粒表面氧化物可以和 CNC-PVA 中的羟基形成氢键相互作用关系。

为验证液态金属 Janus 成膜过程液态金属颗粒在溶液中的沉积过程，Zhang 等通过体视显微镜，对 1 mL 的溶液液滴中液态金属颗粒的自然沉积过程进行了观察[3]。如图 5-22 所示，开始时，悬浮在液滴中的液态金属颗粒在视场中显著模糊($t=0$ s 处的图像)，这主要是由于液态金属颗粒在溶液中的分布比较均匀，而且由于液态金属颗粒的布朗运动，显微镜的焦距无法集中，因此视场较为模糊。随着液滴中水分的蒸发，液态金属颗粒开始聚集在一起，并且微观视野中的颗粒数量显著增加($t=240$ s 处的图像)。此后不久，颗粒沉积的过程开始加速，然后，在视场中($t=300$ s 处的图像)，颗粒变得更清晰。在 315 s，液滴中的水即将完全蒸发。由于水滴的表面张力和空气界面的驱动，在 318 s 时液滴中的颗粒全部沉积在底部。液态金属 Janus 成膜过程中液

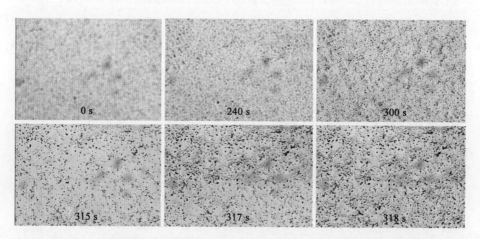

图 5-22 液态金属 Janus 成膜过程液态金属颗粒自然沉积过程的显微图像[3]

态金属颗粒自然沉积过程也说明了 PVA、CNC 和水之间的相互作用力使液态金属微纳米颗粒稳定地分散在溶液中。但是,随着蒸发过程的进行,相互作用力逐渐减小,不足以支撑液态金属纳米颗粒的重力。结果,液态金属微纳米颗粒开始下沉并最终沉降到底部,而 CNC 和 PVA 相对较轻,因此主要分布在上层。

5.7.2　自组装液态金属 Janus 薄膜的制备

自组装液态金属 Janus 薄膜的制备过程如图 5-23(a)所示。制备自组装液态金属 Janus 薄膜的第一步就是制备水基纳米液态金属墨水,在 5.6.2 小节中,通过对比研究者发现 Ink 2 的墨水放置一段时间后的稳定性最好,但是液态金属 Janus 薄膜的制备利用的是直接制备好的水基纳米液态金属墨水。图 5-15 展示了 4 种水基纳米液态金属墨水内微纳米颗粒粒径和 Zeta 电势随着时间的变化结果,在初始制备的 3 种墨水中,Ink 1 具有最高的 Zeta 电势,也就是最好的电荷平衡。因此在制备自组装液态金属 Janus 薄膜时,采用的液态金属、PVA、CNC-C 配比为 10∶15∶6。

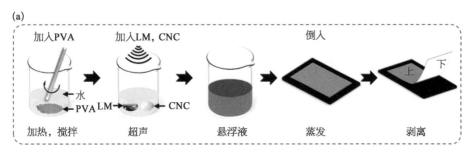

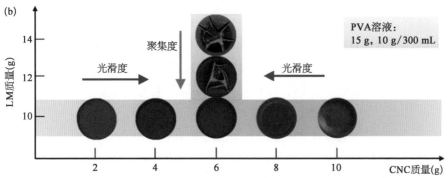

图 5-23　自组装液态金属 Janus 薄膜的制备过程及参数优化[3]

(a) 自组装液态金属 Janus 薄膜的制备方法及特性表征;(b) PVA 溶液质量恒定时,不同质量的液态金属和 CNC 对 Janus 薄膜形态的影响。

由于成膜与书写对液态金属墨水的性质要求不同,为了获得更光滑完整的薄膜,研究者详细研究了 3 种组分质量比对成膜质量的影响。采用控制变量法,即控制 PVA 溶液质量不变,研究不同质量的液态金属和 CNC 对 Janus 薄膜形态的影响,实验多次制备的结果表明,如图 5-23(b)所示,3 种组分(PVA 溶液∶CNC 溶液∶LM)的最佳质量比为 15∶10∶6。这恰好说明了 Zeta 电势的测试结果中,Zeta 电势最高的即溶液最稳定的组分配比成膜质量最好。

为制备液态金属 Janus 薄膜,首先将 PVA 颗粒[麦克林 Poly(vinyl alcohol)-1799 CAS 号:9002-89-5]加入去离子水中,PVA 和去离子水的质量比为 1∶30。首先搅拌后静置 2 h,以使 PVA 颗粒充分溶胀,如果溶胀不充分可能会造成溶解不均匀而产生白色胶块。然后将充分溶胀的混合溶液放置在加热炉中,从室温开始加热至 95℃后继续加热 3～4 h,并且在加热过程中不断搅拌混合溶液,使 PVA 颗粒充分溶解。加热过程中装有混合溶液的烧杯需加锡纸密封,以防止水分蒸发损耗。需要注意的是,PVA 混合溶液的加热尽量在封闭加热炉内进行,在加热平台上进行加热可能会造成混合溶液受热不均而出现上层 PVA 析出的现象。之后,取出 15 g 配制好的 PVA 溶液(质量分数为 3.33%wt),加入 6 g 质量分数为 9% 的 CNC-C 溶液和 10 g 液态金属,其中 CNC-C 中纳米纤维素的直径一般为 4～10 nm,长 100～500 nm,纳米纤维素表面基团为—SO_3/—OH。搅拌混合均匀后放入超声破碎仪中进行破碎。最后将混合溶液放置在满功率为 1 000 W 的超声破碎仪器中,采用 70% 功率持续超声,单次超声 15 min,将混合溶液反复超声 4 次,以使共晶镓铟合金($GaIn_{24.5}$)充分破碎分散,即可获得稳定性好的水基纳米液态金属墨水。

将制备好的水基纳米液态金属墨水倾倒进如图 5-24(a)所示的模具中,模具的凹槽内放置有厚度为 200 μm 厚的 PVC 片,模具面积为 20 cm×20 cm 深 5 mm 的凹槽。然后将模具放在温度均匀的腔体内,或者放在室外自然晾干,等待凹槽内溶液完全挥发,就可以得到自组装液态金属 Janus 薄膜,并可以从基材上剥离下来,如图 5-24(c)所示。可以看到液态金属 Janus 薄膜具有两个颜色和特征完全不同的面,上面呈现灰黑色,底面则呈银白色,且具有镜面效果,如图 5-24(b)、(d)所示。由于制备模具的存在以及溶液中 PVA 优异的成膜特性,液态金属 Janus 薄膜的厚度可以通过水基纳米液态金属墨水的量来调控。图 5-24(e)中展示了 1 050 nm、17 μm、30 μm、49 μm 4 种不同厚度的液态金属 Janus 薄膜的截面 SEM 图。

图 5 - 24　自组装液态金属 Janus 薄膜的厚度可调控性[3]

（a）液态金属 Janus 薄膜的成膜模具；（b）液态金属 Janus 薄膜上表面的宏观视图；（c）液态金属 Janus 薄膜的展示；（d）液态金属 Janus 薄膜下表面的宏观视图；（e）具有不同厚度的液态金属 Janus 薄膜横截面。

　　PVA 和 CNC 在 Janus 膜的形成中均起着重要作用，为弄清其中机制，可比较和分析 PCLM（PVA ＋CNC＋LM）、PLM（PVA ＋LM）和 CLM（CNC＋LM）3 种墨水的成膜效果。从图 5 - 25 中可以看出，PLM 膜的表面上存在许多缺陷，CLM 膜中容易形成裂纹，而 PCLM 溶液制得的薄膜表面既完整又光滑。这些结果充分证明，CNC - C 充当了液态金属的分散剂，不仅使制备的溶液更加稳定，而且还通过与 PVA 氢键作用形成了均匀而致密的液态金属 Janus 薄膜。另外，CNC 和 PVA 作为水溶性合成聚合物很容易在水完全蒸发后覆盖在液态金属微纳米颗粒表面。这种柔性封装的 PVA - CNC - C 层使液态金属小滴彼此紧密附着，从而显著降低液态金属表面 Ga_2O_3 氧化物层的脆性并提高了 Janus 膜的柔韧性。因此，添加 CNC - C 和 PVA 有助于防止液态金属 Janus 薄膜产生裂纹。

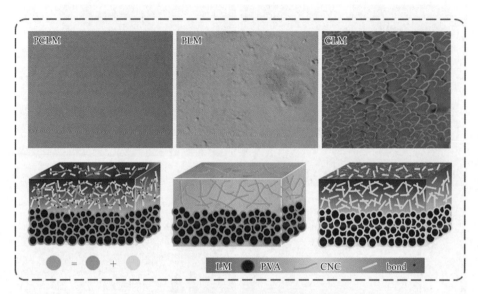

图5-25　3种不同成分的液态金属溶液的成膜形态[3]

　　图5-26(a)展示了液态金属Janus薄膜的上下表面微观形貌和宏观视图,可以看到液态金属Janus薄膜的上表面为灰黑色,主要由CNC和PVA组成,而下表面主要由液态金属微/纳米液滴组成,呈银白色,就像光滑的镜子一样。应当注意,两个表面都是电绝缘的,没有进行任何处理,因为均匀分布在下层中的液态金属液滴被CNC-PVA和氧化层覆盖,从而彼此绝缘。图5-26(b)是液态金属Janus薄膜横截面的SEM图像,显示出明显的分层现象,并且液态金属微/纳米液滴主要分布在下层中,并逐一堆叠在一起。液态金属Janus薄膜的制造过程不消耗外部能量来驱动,自然的驱动力是重力和水分蒸发。液态金属液滴由于其较大的密度而逐渐沉入底部,并在范德华力和毛细作用力的共同作用下通过水分的蒸发而形成薄膜。图5-26(c)X射线三维CT扫描结果可以看出,液态金属Janus薄膜的CT扫描结果存在明显的颜色差异,上层的密度相比下层的密度要小得多(颜色越偏向于白色,密度越大),这就说明液态金属Janus薄膜沿着截面垂直方向存在明显的密度差异,这也说明了液态金属Janus薄膜的分层结构。此外,从图5-26(e)可以明显看出,C和O元素主要分布在上层,这是CNC和PVA的主要构成元素,而Ga和In元素主要分布在下层,这正是EGaIn合金的元素组成。根据上述实验结果,可以清楚地提供3D分层结构横截面如图5-26(d)所示。

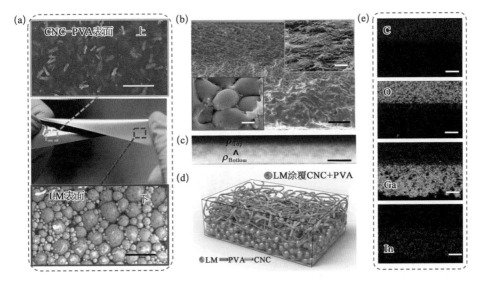

图 5-26　自组装液态金属 Janus 薄膜的结构表征[3]

(a) 自组装液态金属 Janus 薄膜(中)及其微观 SEM 图像,其上面(比例尺:3 μm)和下面(比例尺: 10 μm)表面的 SEM 图像。(b) 自组装液态金属 Janus 薄膜横截面的 SEM 图像。比例尺:10 μm。右 上插图显示了上层放大的 SEM 图像。左下插图显示了下层放大的 SEM 图像。比例尺:500 nm。 (c) 自组装液态金属 Janus 薄膜的横截面的 CT 扫描图。(d)自组装液态金属 Janus 薄膜的横截面示 意。(e) 自组装液态金属 Janus 薄膜横截面的元素扫描光谱图,分别显示了 C、O、Ga 和 In 元素的分布。 比例尺:10 μm。

　　为了验证液态金属 Janus 薄膜两面的差异,对液态金属 Janus 薄膜上表 面、横截面和下表面的 EDS 元素能谱进行了测试,如图 5-27(a)所示,C 和 O 元素主要分布在上层,这是 CNC 和 PVA 的主要构成元素,而 Ga 和 In 元素 主要分布在下层,这正是 EGaIn 合金的元素组成。图 5-27(b)显示出了三 面各种元素的差异,C、O 元素和 Ga、In 元素在上下表面含量中变现了明显的 差异,另外从 EDS 元素能谱图上信号的峰值强度也可以看出元素含量的差 异。液态金属 Janus 薄膜的上表面、横截面和下表面的能谱元素的结果也与 图 5-26(e)的结果一致。

　　液态金属 Janus 薄膜的制备主要依靠水基液态金属内颗粒所受的重力以 及水分挥发对颗粒稳定性的影响。在水基纳米液态金属墨水倒入模具之后, 不再需要外部调控即可自组装形成。在自然驱动力即重力和水分蒸发的作用 下,液态金属液滴由于受力的不平衡和较大的密度而比 PVA-CNC-C 更快 速地沉入底部,而 PVA-CNC-C 由于密度较小,更多地留在了上层,然后在 范德华力和毛细作用力的作用下通过水蒸发而形成薄膜。图 5-28 自组装液

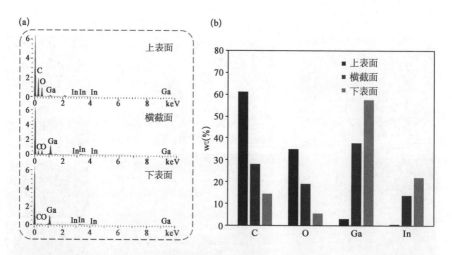

图 5 - 27 液态金属 Janus 薄膜上表面、横截面和下表面的 EDS 元素能谱图[3]

(a) 薄膜上表面、横截面和下表面的 EDS 能谱图;(b) 薄膜的上表面(CNC - PVA 表面)、横截面和下表面(液态金属表面)中 C、O、Ga 和 In 元素的含量差异。

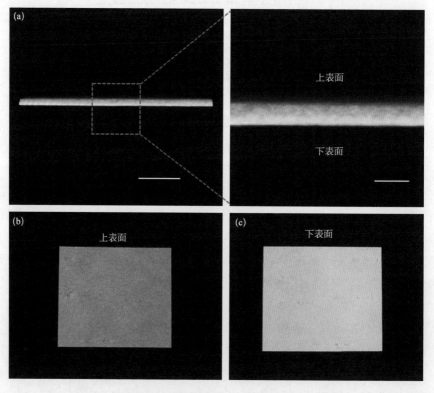

图 5 - 28 自组装液态金属 Janus 薄膜的 3D CT 扫描[3]

(a) 横截面视图;(b) 上表面视图;(c) 下表面视图。

态金属 Janus 薄膜的 3D CT 扫描结果的密度分布,可以直观地展现液态金属 Janus 薄膜上下层的密度差异,扫描结果显示从上表面到下表面,液态金属 Janus 薄膜的密度分层式增加,且下表面的密度要比上表面的密度大得多。

5.7.3　自组装液态金属 Janus 薄膜的性能

为研究液态金属 Janus 薄膜的稳定性以及可应用的环境,对其热稳定性以及相变特性进行了测试分析,结果如图 5 - 29 所示。可以看出,液态金属 Janus 薄膜相对来说对温度的变化显示出较好的稳定性,通过热重分析结果 [图 5 - 29(a)] 可以看出,液态金属 Janus 薄膜可以在 −47.7~250℃ 的温度范围内使用。一个有趣的现象是,在 Janus 薄膜中纳米液态金属颗粒的凝固温度从本体相的 15.7℃ 降低到了 −47.7℃,这将增强低温下的薄膜柔韧性。

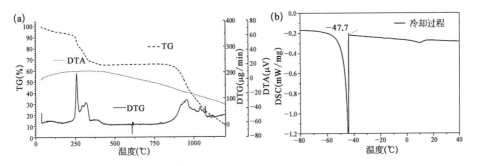

图 5 - 29　液态金属 Janus 薄膜的热重分析和冷却测试[3]

(a) 热重分析;(b) 相变点测试。

5.7.4　自组装复合液态金属多功能 Janus 薄膜导电性的转变

在液态金属 Janus 薄膜上应用剪切摩擦力可以实现直接写入导电通路技术。在液态金属 Janus 薄膜上施加剪切摩擦力时,刚性薄片对液态金属微纳米颗粒的剪切力转化为摩擦力作用,由此可去除液态金属微纳米颗粒表面的 PVA 和 CNC - C 以及氧化膜,同时在刚性薄片的引导以及液态金属自身表面张力的作用下,破裂的液态金属微纳米颗粒相互融合,从而形成了所需的导电路径,其从外观上看呈银白色。如图 5 - 30(a) 所示,在液态金属微纳米颗粒富集的一面上,通过 1 μm 宽刚性薄片施加剪切摩擦力可获得预期的导电图案。这种方法可称为施加剪切摩擦力的选择性直接写入技术,简称为擦拭法。一旦通过擦拭法除去涂层,由于液态金属的高表面张力($\gamma=624$ mN/m),两个液态金属液滴开始聚结[图 5 - 30(b)]。以在表面张力下黏度($\eta = 1.99 \times 10^{-3}$ Pa·s)变形的液态金属液滴为例,可以使用弗伦克尔能量平衡方程来估计与时间(t)相关的聚结演化 $\varepsilon = 3\gamma t / 4\eta R_0$[48]。当 $R_0 = 1~\mu m$ 时,液态金属液滴的完全聚结($\varepsilon = 1$)仅需要 2 ns。为了研究水基纳米液态金属墨水内颗粒尺寸对液态金属 Janus 薄膜性能以及制备导电通路尺寸的影响,将超声仪器的振幅从 30% 调整为 70%,获得了在相同超声时间内平均分别粒径为(967.7±65.3)nm 和(489.7±41.8)nm 的样品,进一步分别制备出对应的 Janus 膜。如图 5 - 30(c)、(d)所示,通过施加剪切摩擦力可以实现将导电路径的最小宽度从 8.5 μm 减小到 3.5 μm,说明减小液态金属颗粒尺寸可进一步提高电路精

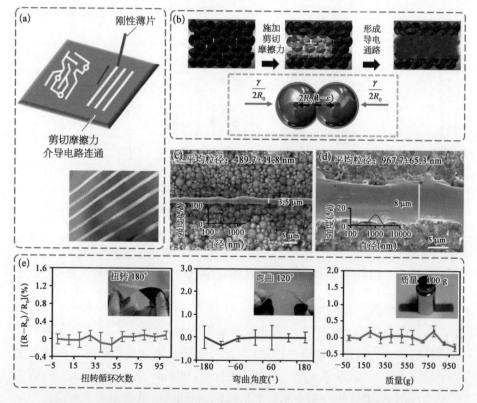

图 5 - 30 通过在液态金属 Janus 薄膜上应用剪切摩擦力实现可擦写电路[3]

(a) 擦拭方法示意(上)和获得的擦拭导电路径(下);(b) 在 Janus 薄膜上施加剪切摩擦力时,由于液态金属较大的表面张力,液态金属液滴聚集示意;(c) 通过在平均粒径为 489.7±41.8 nm 的 Janus 薄膜的液态金属侧面施加剪切摩擦力而获得的导线的 SEM 图像;(d) 通过在平均粒径为 967.7±65.3 nm 的 Janus 薄膜的液态金属面上施加剪切摩擦力而获得的导线的 SEM 图像;(e) 在反复扭曲(左)、弯曲(中)和不同质量(右)的情况下,擦拭路径的电阻变化。

度。此外,借助不同尺寸的施加剪切摩擦力的工具如细薄钢片或者利用原子力探针等手段,最小可以获得与液态金属微纳米颗粒尺寸一致的导电通路,由此制备的导电路径的性能非常稳定。如图 5 - 30(e)所示,将液态金属 Janus 膜重复扭曲 100 个循环,电阻变化小于 0.4%。当弯曲膜时,电阻变化小于 1%。图 5 - 29(e)给出了在薄膜上加不同质量的重物时的电阻变化,其电阻变化小于 0.5%。

需要说明的是,以上方法不同于需要施加很大压力导致液态金属液滴破裂并聚结而形成导电路径的机械烧结方法[50]。施加极高局部压力的针刻法也属于机械烧结方法的一种[图 5 - 31(a)的针刻法设备],利用针刻法在液态金属薄膜上作用时,针尖的挤压力会导致针尖划过路径的液态金属溢出,如图 5 - 31(b)~(d),与剪切摩擦力处理的导电路径对比来看,剪切摩擦作用形成的路径更单一稳定。仅施加剪切摩擦力去除液态金属颗粒的外层,容易获得更平滑、精确的导电路径。为了对比剪切摩擦法和针刻法制备电路的性能的差异,可测试针刻法导电电路多次扭曲时电路的电阻变化[图 5 - 31(c)]、针刻法导电电路弯曲时电路的电阻变化[图 5 - 31(d)],以及针刻法导电电路上施加不同质量时电路的电阻变化[图 5 - 31(e)],结果表明虽然针刻电路在测

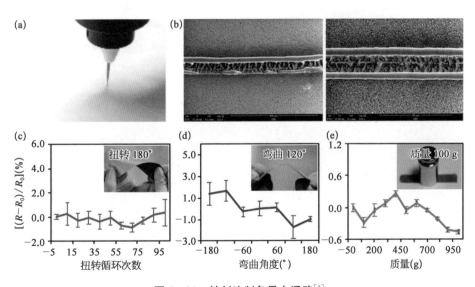

图 5 - 31　针刻法制备导电通路[3]

(a) 用于在 Janus 薄膜上针刻的设备;(b) 针刻法所写路径的 SEM 图像;(c) 针刻法导电电路多次扭曲时电路的电阻变化;(d) 针刻法导电电路弯曲时电路的电阻变化;(e) 当在针刻法导电电路上施加不同的质量时电路的电阻变化。

试时表现出较好的稳定性,如在 100 次循环中反复扭转后的电阻变化小于 2%,针刻电路在弯曲下的电阻变化小于 3%,并且在施加质量时针刻电路的电阻变化最大 0.5%,但是相比剪切摩擦法在同种情况下的测试结果,如图 5 - 30(e),施加剪切摩擦力的方法制备的导电电路具有更高的稳定性。

对于未擦拭的 Janus 薄膜,液态金属球的表面覆盖有一层 PVA、CNC 以及氧化膜,这不仅可以保护液态金属球不泄漏,而且 PVA 和 CNC 可以隔离外部氧气以防止液态金属进一步氧化。对于擦拭过的 Janus 薄膜,由于液态金属的表面张力和固有的润湿性,液态金属通常不会泄漏。同时,对于擦拭过Janus 薄膜形成的液态金属电路,能够在液态金属微纳米球表面迅速形成一层薄薄的自限性氧化层,阻止其进一步的氧化。因此,利用液态金属 Janus 薄膜制备的电子电路产品可以直接使用而不用担心其泄露的问题,如图 5 - 32。另外,基于液态金属 Janus 薄膜制备的液态金属导线电路一般都嵌入在 Janus 薄膜内,如图 5 - 32(a),而利用常规的打印方法或者针刻法制备的液态金属导线通常印刷在基板的表面上[图 5 - 32(b)],因此利用液态金属 Janus 膜制作的

图 5 - 32　液态金属 Janus 薄膜制作的电路的稳定性[9]

(a) 连接的液态金属导线嵌入 Janus 膜中;(b) 传统的液态金属导线通常印在基板的表面上;(c) 用 Janus 膜制作的导电路径和 Janus 膜表面上的常规液态金属印刷路径;(d) 擦除后,导电路径仍显示出连续性和稳定性,而传统的液态金属印刷路径被完全破坏。

电路不易损坏,并且可以在正常接触条件下保持连接[图 5 - 32(c)],即使没有封装层的保护也不容易被擦除损坏;而传统的液态金属印刷路径则被完全破坏[图 5 - 32(d)]。

当然,当液态金属 Janus 薄膜需要与其他基材接触时,为了避免液态金属可能对其他器件的腐蚀等作用,可以用诸如 Ecoflex 或 PDMS 的聚合物对液态金属 Janus 薄膜进行封装。

5.7.5　自组装液态金属 Janus 薄膜用于柔性电子产品的快速制造

在现有的镓基液态金属印刷方法中,液态金属油墨都直接打印在基板表面,如果不对液态金属印刷电路及时进行封装处理,室温液态金属的打印电路可能会出现被擦除的问题。便携式的液态金属 Janus 薄膜为电路制造提供了一体化的基材-墨水集成电子纸。与使用其他液态金属印刷方法制造的液体相比,液态金属 Janus 膜上的导线更平坦,精度更高。图 5 - 33(a)是使用擦拭方法在薄且柔性的液态金属 Janus 膜上制造的复杂图案的示例。借助这种柔性薄膜,可以直接绘制出许多功能电路。图 5 - 33(b)展示了一些能够实现照明功能的模拟电路,而且还可以制作带有柔性的电子电路。

更重要的是,液态金属 Janus 薄膜具有独特的双面性质,即薄膜的一侧具有可擦拭的导电性,而薄膜的另一侧则是绝缘的。因此,与使用液态金属油墨的电路制造方法相比,液态金属 Janus 膜的利用可以使制备复杂特殊的多层电路变得容易。图 5 - 33(c)展示了具有许多交叉点的典型双层电路制备的 LED 阵列。一般情况下,利用液态金属打印电路制造 LED 阵列的方法是在印刷电路时,在这些交叉点处留下空隙,然后在电路打印后,利用绝缘胶覆盖后再在空隙上填充连接导线以实现三维电路[50]。图 5 - 33(c)展示的利用擦拭过的液态金属 Janus 薄膜制备的 6×5 LED 阵列双层电路,无需留空隙,直接利用液态金属 Janus 薄膜的层叠结构,就可以实现三维双层电路的制备,图中同时也展示了制备三维双层电路的机理和细节。剪切摩擦法处理过的液态金属 Janus 薄膜具有的绝缘导电的双面性质,使得在不同的层中的两条导线实现了连接。

由于全区域剪切摩擦力处理过的液态金属 Janus 薄膜的双面性质,可以将液态金属 Janus 薄膜切割成导电条带作为连接导电使用,图 5 - 34(a)展示了全区域剪切摩擦力处理过的液态金属 Janus 薄膜的简单示例,可以看出擦拭过的液态金属 Janus 薄膜具有液态金属的亮银色。图 5 - 34(b)中将两条全

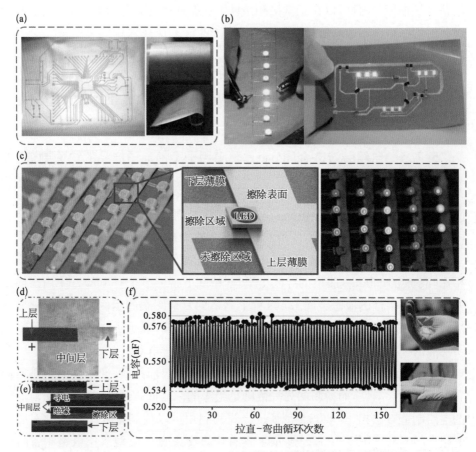

图 5 - 33   液态金属 Janus 薄膜在柔性电子产品中的应用[3]

(a) 通过对液态金属 Janus 膜的微纳米颗粒富集表面施加剪切摩擦力而获得的导电图案;(b) 在液态金属 Janus 薄膜上制作的导电电路;(c) 利用两层 Janus 膜制造的 LED 阵列电路以及结构原理示意;(d) 用擦拭过的液态金属 Janus 薄膜制成的电容器传感器;(e) 电容器传感器的示意;(f) 电容传感器的电容变化反应手指的完全频率曲线,右下插图为手伸直状态,右上插图显示手掌弯曲状态。

区域剪切摩擦力处理过的液态金属 Janus 条带作为连接导线,实现了 LED 的导通。由于自身具有的绝缘和导电特性,液态金属 Janus 条带可以通过翻转实现电路的导通和断开,如图 5 - 34(c)、(d),液态金属 Janus 条带的翻转实现了导电和绝缘的性能切换。图 5 - 34(c)右侧即为全区域剪切摩擦力处理过的液态金属 Janus 条带制备的可以通过控制单片机和驱动模块控制实现各种图形显示的 LED 阵列。

此外,全区域剪切摩擦力处理过的液态金属 Janus 薄膜在制造电子组件方面具有更多优势。以电容器传感器为例,以前的工作通常是将液态金属材

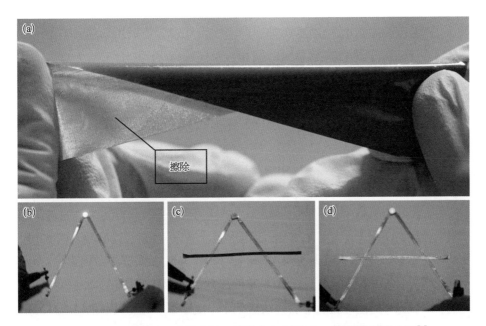

图 5 - 34　全区域剪切摩擦力处理过的液态金属 Janus 薄膜的简单示例[3]

(a) 全区域剪切摩擦力处理过的液态金属 Janus 薄膜；(b)～(d) 带有绝缘表面和导电面的 Janus 条带，通过将全区域剪切摩擦力处理(擦拭法)的 Janus 薄膜切割成条带而获得：(b) 三极管用条带导线连通；(c) 由于 Janus 条带导电表面引起的短路，使得三极管无法点亮；(d) 翻转(c)中的液态金属 Janus 条带，可以点亮三极管。

料涂覆在介电材料薄膜上，然后将它们包装成多层结构。最简单的单层电容器至少需要两个液态金属层和三个介电层[52]。对比看，使用液态金属 Janus 薄膜不仅可以大大简化生产过程，而且可以使制作的电容传感器更紧凑。图 5 - 33(d) 是基于液态金属 Janus 膜的长 52.0 mm、宽 36.5 mm 的电容传感器。图 5 - 33(e)中的结构图表明，电容传感器由两层液态金属 Janus 薄膜组成。两张 Janus 膜的 CNC - PVA 表面背对背叠置，两个电极连接到导电表面，然后将电容传感器用胶带封装，即制作出具有柔性可弯折的电容传感器。液态金属 Janus 薄膜制成的电容传感器在弯折时，电容值会相应发生变化。此项功能可用于监视生理信号。例如，将电容传感器粘贴在手掌上，如图 5 - 33(f) 所示。可以通过改变电容值来定量测量手掌的弯曲角度。图 5 - 33(f) 显示了当手指反复伸直和弯曲时电容的周期性变化曲线。

　　为了评估用擦拭过的液态金属 Janus 薄膜制成的电容传感器的性能，进行了多次弯曲实验。如图 5 - 35(a)所示，图 5 - 33(f)中的传感器的电容值测

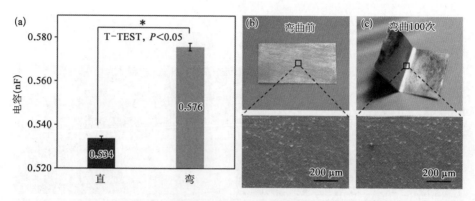

图 5‑35　用擦拭过的液态金属 Janus 薄膜制成的电容传感器的
耐用性和多次弯折后变化[9]

(a) 电容传感器测试时,手掌伸直和弯曲时的电容值,T‑TEST 的结果显示出手掌伸直和弯曲之间的电容值存在着显著差异;(b) 弯曲试验前液态金属 Janus 薄膜的形貌;(c) 弯曲试验后液态金属 Janus 薄膜的形貌。

得为 0.534 nF,且在弯曲时增加到 0.576 nF。从图 5‑35(b)和图 5‑35(c)手掌多次伸直和弯曲前后液态金属 Janus 薄膜的表面形貌,还可以看到,经过数百次弯曲试验前后,液态金属 Janus 薄膜的表面形貌几乎不变,包括折痕位置的形貌,不会出现液态金属富集或者溢出的现象。

5.7.6　液态金属 Janus 薄膜用于制备微型针灸深度传感器

进一步地,基于全区域擦拭过的双面特性的液态金属 Janus 薄膜,Zhang 等开发了针刺深度训练模型(Acupuncture Depth Training Model,ADTM),用以感知针刺的深度[3],如图 5‑36。传统的针灸是通过将细针插入穴位,然后反复扭转和抬起以刺激气血来调节人体气血的方法,针扎入的深度随穴位的不同而变化。因此,有必要通过练习模型来帮助从业者掌握针的插入深度。图 5‑36(a)显示了 ADTM 的 3D 结构图。将 6 片液态金属 Janus 薄膜夹在 7 层圆形 Ecoflex 之间,两个相邻薄膜之间的夹角为 60°。将该夹层结构放置在另一个液态金属 Janus 膜上,在其上绘制围绕中心的夹层结构的六边形导电图案。然后在六边形的每个顶点处添加一个 LED,并将其与导电液态金属薄膜从另一端的夹层结构中接合。六边形导电图案连接到正极,针刺针连接到负极。图 5‑36(b)是用液态金属 Janus 薄膜和 Ecoflex 制作的 ADTM。ADTM 的等效电路图可以在图 5‑36(c)中看到。液态金属 Janus 薄膜作为 ADTM 中的导电层,与其他导电材料相比,具有两个主要优点。首先,由于针灸针非常柔软、细腻,只有几百微米。因此,大多数常规的固体金属片不能被刺穿,而由有机材料和液态金属组成的液态金属 Janus 膜相对容易被针刺破而且不会破坏膜的完整性。其次,从液态金属 Janus 薄膜上穿刺后,液态金属不会在针头上残留。所使用的针灸针的尺寸为 $\phi 150\ \mu m \times 50\ mm$。如图 5 - 36(d) 所示,当针刺针垂直插入夹层结构的不同深度时,相应层的 LED 将会被点亮。由于针刺不会破坏液态金属 Janus 薄膜的完整性,因此即使在穿透液态金属 Janus 薄膜后,上层的 LED 依然可以保持导通,而呈点亮状态。

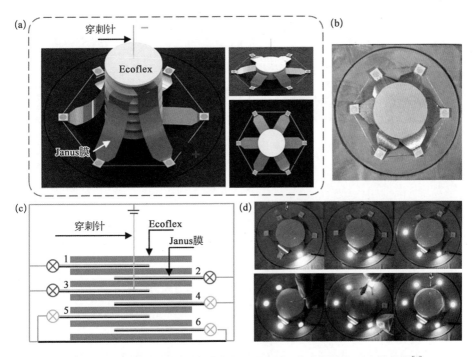

图 5 - 36　用于针灸练习的基于液态金属 Janus 薄膜的针灸深度传感器[3]
(a) 不同视图下的基于液态金属 Janus 薄膜的 ADTM 的 3D 结构图;(b) 基于液态金属 Janus 薄膜的 ADTM 的实际俯视图;(c) 基于液态金属 Janus 薄膜的 ADTM 的等效电路图:浅绿色线表示导电层,而黑色线表示绝缘层;(d) 基于液态金属 Janus 薄膜的 ADTM 在针刺不同深度时的 LED 发光响应。

特别地,为了研究针刺对液态金属 Janus 薄膜的影响,对针刺后的液态金属 Janus 薄膜进行了考察。图 5 - 37(a) 可以看出,即使针孔遍布,液态金属 Janus 薄膜依然没有破裂,这主要得益于 PVC 和 CNC - C 两种高分子材料的交联作用,即使刺破也不会整体受损。图 5 - 37(b) 所示被针刺穿的液态金属 Janus 薄膜的微观 SEM 图也表明了这一点。可以看出,在针刺孔周围有一个约 $200\ \mu m$ 长的细小裂纹,且由于刺穿力的作用挤压出了较小的液态金属滴

（～10 μm），这样的液态金属滴会立即氧化形成保护层，防止进一步氧化。另外，由于液态金属氧化物膜的高黏附性，还可以帮助液滴牢固地附着在表面上。其他涉及插入深度检测的应用也可以利用此液态金属 Janus 薄膜。

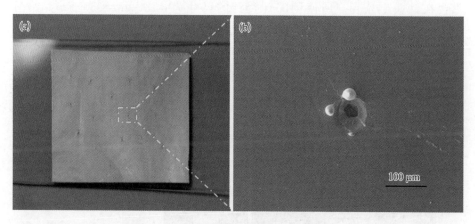

图 5‑37　针刺后的液态金属 Janus 薄膜[9]

（a）带有针刺孔的液态金属 Janus 膜的宏观视图；（b）被针刺穿的液态金属 Janus 薄膜的显微 SEM 图。

5.7.7　液态金属 Janus 薄膜的光学和热学各向异性

除了各向异性的导电特性外，有趣的是液态金属 Janus 薄膜的两侧还具有不同的光学特性[3]。如图 5‑38（a）所示，对于 380～1 000 nm 范围的光波长，CNC‑PVA 富集表面的相对反射率低于 23.0%，而液态金属微纳米颗粒富集表面的相对反射率则高于 49.3%。当反向入射光照射时，CNC‑PVA 集表面的相对反射率小于 5.4%，而液态金属微纳米颗粒富集表面的相对反射率大于 25.8%[图 5‑38（b）]。两侧表面之间反射率的显著差异使液态金属 Janus 薄膜可用作光转换开关。

由于液态金属 Janus 薄膜两侧的主要成分完全不同，因此不可避免地具有平行于薄膜方向的不同传热特性。研究者测量了厚度为 60 μm 的 Janus 薄膜两侧的导热率。如图 5‑38（c）所示，CNC‑PVA 富集一侧即绝缘侧的导热系数仅为 0.060 6 W/(m·K)，而液态金属微纳米颗粒富集一侧的导热系数为 0.237 W/(m·K)，约为前者的 4 倍。另外，由于摩擦剪切方法可以将液态金属微纳米颗粒富集一侧液态金属微球表面的 CNC‑PVA 以及氧化膜除去，因此擦拭方法可以实现液态金属液滴连接从而进一步提高热导率。对擦拭后的液态金属微纳米颗粒富集一侧的热导率进行测试，测得的热导率值

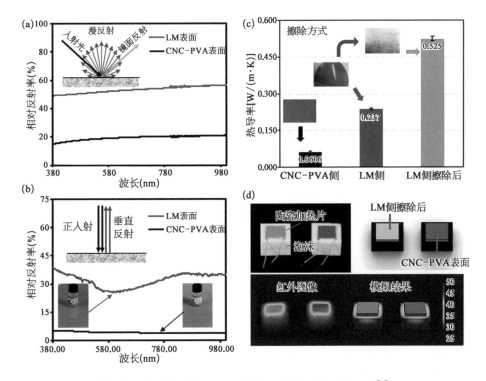

图 5-38　液态金属 Janus 薄膜两面的光学和热学性质[3]

(a) 漫反射下两个表面的相对反射率,左上方的图像是漫反射的示意。(b) 垂直入射时两个表面的相对反射率。顶部的图像是垂直入射的示意;中间是两个表面对写着"CAS"小瓶子的反射效果。(c) 液态金属 Janus 薄膜两面以及液态金属微纳米颗粒富集面表面擦拭过的热导率测试。(d) 对液态金属 Janus 薄膜两面的热导率进行热实验。上边是有关液态金属 Janus 薄膜两侧导热率的热实验的测试图和示意图;下面是液态金属 Janus 膜两面的热响应实验结果及模拟测试结果。左下部分是热实验的红外图像;右下部分是热实验的模拟结果。

为 0.525 W/(m・K),几乎是绝缘侧的 9 倍。液态金属 Janus 薄膜这种独特的热学特性可用于调节和控制传热路径,这对于许多热管理应用而言都很重要。在此基础上,研究者进行了热控制实验,用以比较液态金属 Janus 薄膜不同朝向时的传热特性差异。通过分别将已擦拭的液态金属富集面和 CNC-PVA 富集面朝外放置,两片尺寸为 10 mm×10 mm×0.06 mm 的液态金属 Janus 薄膜粘贴到陶瓷加热器上[图 5-38(d)],然后向陶瓷加热片施加 1.5 W 的加热功率。6 s 后,红外热像仪可以捕获两个表面之间的明显温差。CNC-PVA 富集即绝缘面朝向空气的陶瓷加热片,平均温度为 47.2℃。当将已擦拭的液态金属富集面朝向空气时,陶瓷加热片表面的平均温度为 45.8℃,两个表面之间的温差为 1.4℃,这与使用 COMSOL Multiphysics 软件进行的温度模拟结果一致。两侧之间的热导率差异可以应用于建筑节能、热管理等领域,并且可以通过改变薄膜表面的方向来调节接触物体的温度。

5.8 小结

本章介绍了纳米液态金属电子墨水的种类和制备方法。特别地,为突破宏观液态金属的表面张力限制,利用超声破碎法可制备性能稳定、表面张力大大降低的水基纳米液态金属墨水,并根据溶液的稳定性、流变性等指标对水基纳米液态金属墨水的成分和配比进行优化,可制备出具有最佳打印性能的水基纳米液态金属墨水及薄膜。同时,利用高温、低温、剪切摩擦力或者化学方法应用于纳米液态金属墨水的书写路径,可以实现导电性从绝缘到导电的转变。这种纳米液态金属墨水作为新型的打印材料为制备高精度柔性电子电路提供了新的实现方式,为液态金属微纳米电子电路规模化制造提供了基础。

参 考 文 献

[1] 刘静,王倩.液态金属印刷电子学.上海:上海科学技术出版社,2019.

[2] Zhang M, Yao S, Rao W, et al. Transformable soft liquid metal micro/nanomaterials. Materials Science and Engineering: R: Reports, 2019, 138: 1 - 35.

[3] Zhang P J, Wang Q, Guo R, et al. Self-assembled ultrathin film of CNC/PVA-liquid metal composite as a multifunctional Janus material. Materials Horizons, 2019, 6(8): 1643 - 1653.

[4] Lee G H, Lee Y R, Kim H, et al. Rapid meniscus-guided printing of stable semi-solid-state liquid metal microgranular-particle for soft electronics. Nat Commun, 2022, 13(1): 2643.

[5] Li X, Li M, Zong L, et al. Liquid metal droplets wrapped with polysaccharide microgel as biocompatible aqueous ink for flexible conductive devices. Advanced Functional Materials, 2018, 28(39): 1804197.

[6] Liu S, Reed S N, Higgins M J, et al. Oxide rupture-induced conductivity in liquid metal nanoparticles by laser and thermal sintering. Nanoscale, 2019, 11(38): 17615 - 17629.

[7] Wang H, Yao Y, He Z, et al. A highly stretchable liquid metal polymer as reversible transitional insulator and conductor. Adv Mater, 2019, 31(23): e1901337.

[8] Boley J W, White E L, Kramer R K. Mechanically sintered gallium-indium nanoparticles. Advanced Materials, 2015, 27(14): 2355.

［9］ 张朋举.基于微纳米液态金属的电子电路打印原理与方法研究(博士学位论文).北京：中国科学院理化技术研究所,2021.

［10］ Turnbull D, Cech R E. Microscopic observation of the solidification of small metal droplets. Journal of Applied Physics, 1950, 21(8): 804 – 810.

［11］ Guan W, Gao Y, Zhai Q, et al. Effect of droplet size on nucleation undercooling of molten metals. Journal of Materials Science, 2004, 39(14): 4633 – 4635.

［12］ Tolman R C. The effect of droplet size on surface tension. Journal of Chemical Physics, 1949, 17(3): 333 – 337.

［13］ Samsonov V M, Chernyshova A A. On the size dependence of the surface energy of metal nanoclusters. Colloid Journal, 2016, 78(3): 378 – 385.

［14］ Calvo F. Molecular dynamics determination of the surface tension of silver-gold liquid alloys and the tolman length of nanoalloys. J Chem Phys, 2012, 136(15): 154701.

［15］ Masuda S, Sawada S. Molecular dynamics study of size effect on surface tension of metal droplets. The European Physical Journal D, 2011, 61(3): 637 – 644.

［16］ Zheng Y, He Z Z, Yang J, et al. Direct desktop printed-circuits-on-paper flexible electronics. Scientific Reports, 2013, 3(1): 1 – 7.

［17］ Zheng Y, He Z Z, Yang J, et al. Personal electronics printing via tapping mode composite liquid metal ink delivery and adhesion mechanism. Sci Rep, 2014, 4 (6179): 4588.

［18］ Zhang Q, Gao Y, Liu J. Atomized spraying of liquid metal droplets on desired substrate surfaces as a generalized way for ubiquitous printed electronics. Applied Physics A, 2014, 116(3): 1091 – 1097.

［19］ Wang L, Liu J. Pressured liquid metal screen printing for rapid manufacture of high resolution electronic patterns. RSC Advances, 2015, 5(71): 57686 – 57691.

［20］ Lin Y, Cooper C, Wang M, et al. Handwritten, soft circuit boards and antennas using liquid metal nanoparticles. Small, 2016, 11(48): 6397 – 6403.

［21］ Mohammed M G, Kramer R. All-printed flexible and stretchable electronics. Advanced Materials, 2017, 29(19): 1604965.

［22］ Tang L, Cheng S, Zhang L, et al. Printable metal-polymer conductors for highly stretchable bio-devices. iScience, 2018, 4: 302 – 311.

［23］ Kramer R K, Majidi C, Wood R J. Masked deposition of gallium-indium alloys for liquid-embedded elastomer conductors. Advanced Functional Materials, 2013, 23 (42): 5292 – 5296.

［24］ Tang S Y, Zhu J, Sivan V, et al. Creation of liquid metal 3D microstructures using dielectrophoresis. Advanced Functional Materials, 2015, 25(28): 4445 – 4452.

［25］ Cheng J, Yu Y, Guo J, et al. Ga-based liquid metal with good self-lubricity and high load-carrying capacity. Tribology International, 2019, 129: 1 – 4.

［26］ Bai P, Li S, Jia W, et al. Environmental atmosphere effect on lubrication performance of gallium-based liquid metal. Tribology International, 2020, 141: 105904.

[27] Bai P, Li S, Tao D, et al. Tribological properties of liquid-metal galinstan as novel additive in lithium grease. Tribology International, 2018, 128: 181 - 189.

[28] Wang Z, Wang Z, Lin S, et al. Nanoparticle-templated nanofiltration membranes for ultrahigh performance desalination. Nat Commun, 2018, 9(1): 2004.

[29] Yang H C, Hou J, Chen V, et al. Janus membranes: exploring duality for advanced separation. Angewandte Chemie, 2016, 55(43): 13398 - 13407.

[30] Xiao P, Wan C, Gu J, et al. 2d janus hybrid materials of polymer-grafted carbon nanotube/graphene oxide thin film as flexible, miniature electric carpet. Advanced Functional Materials, 2015, 25(16): 2428 - 2435.

[31] Pang X, Wan C, Wang M, et al. Strictly biphasic soft and hard janus structures: synthesis, properties, and applications. Angew Chem Int Ed Engl, 2014, 53(22): 5524 - 5538.

[32] Tybrandt K, Voros J. Fast and efficient fabrication of intrinsically stretchable multilayer circuit boards by wax pattern assisted filtration. Small, 2016, 12(2): 180 - 184.

[33] Yang H C, Xie Y, Hou J, et al. Janus membranes: creating asymmetry for energy efficiency. Adv Mater, 2018, 30(43): e1801495.

[34] Fang P P, Chen S, Deng H, et al. Conductive gold nanoparticle mirrors at liquid/liquid interfaces. ACS Nano, 2013, 7(10): 9241 - 9248.

[35] Hong S, Schaber C F, Dening K, et al. Air/water interfacial formation of freestanding, stimuli-responsive, self-healing catecholamine janus-faced microfilms. Adv Mater, 2014, 26(45): 7581 - 7588.

[36] Lee J, Laoui T, Karnik R. Nanofluidic transport governed by the liquid/vapour interface. Nat Nanotechnol, 2014, 9(4): 317 - 323.

[37] Xiao P, Gu J, Wan C, et al. Ultrafast formation of free-standing 2D carbon nanotube thin films through capillary force driving compression on an air/water interface. Chemistry of Materials, 2016, 28(19): 7125 - 7133.

[38] He J, Xiao P, Lu W, et al. A universal high accuracy wearable pulse monitoring system via high sensitivity and large linearity graphene pressure sensor. Nano Energy, 2019, 59: 422 - 433.

[39] Liang Y, Xiao P, Wang S, et al. Scalable fabrication of free-standing, stretchable cnt/tpe ultrathin composite films for skin adhesive epidermal electronics. Journal of Materials Chemistry C, 2018, 6(25): 6666 - 6671.

[40] He J, Xiao P, Shi J, et al. High performance humidity fluctuation sensor for wearable devices via a bioinspired atomic-precise tunable graphene-polymer heterogeneous sensing junction. Chemistry of Materials, 2018, 30(13): 4343 - 4354.

[41] Liang Y, Shi J, Xiao P, et al. A lotus-inspired janus hybrid film enabled by interfacial self-assembly and in situ asymmetric modification. Chemical Communications, 2018, 54(91): 12804 - 12807.

[42] Li Y B, Song L L, Qiao Y S. Spontaneous assembly and synchronous scan spectra of gold nanoparticle monolayer janus film with thiol-terminated polystyrene. Rsc Advances, 2014, 4(101): 57611 - 57614.

[43] Li X, Ma Q, Tian J, et al. Double anisotropic electrically conductive flexible janus-typed membranes. Nanoscale, 2017, 9(47): 18918.

[44] Ma Q, Wang J, Dong X, et al. Flexible janus nanoribbons array: a new strategy to achieve excellent electrically conductive anisotropy, magnetism, and photoluminescence. Advanced Functional Materials, 2015, 25(16): 2436 - 2443.

[45] Dickey M D, Chiechi R C, Larsen R J, et al. Eutectic gallium-indium(EGaIn): a liquid metal alloy for the formation of stable structures in microchannels at room temperature. Advanced Functional Materials, 2010, 18(7): 1097 - 1104.

[46] He Y, Boluk Y, Pan J, et al. Comparative study of CNC and CNF as additives in waterborne acrylate-based anti-corrosion coatings. Journal of Dispersion Science and Technology, 2019: 1 - 11.

[47] Basavaraj M, Gorabal S V, Banapurmath N R, et al. Comprehensive studies on polyvinyl alcohol(PVA) doped with MWCNTs and CNFs nano composite membranes for fuel cells applications. IOP Conference Series: Materials Science and Engineering, 2021, 1070(1): 012090(9pp).

[48] Nagarkar R, Patel J. Polyvinyl alcohol: a comprehensive study. Acta Scientific Pharmaceutical Sciences, 2019, 3(4): 34 - 44.

[49] Glatzel S, Schnepp Z, Giordano C. From paper to structured carbon electrodes by inkjet printing. Angewandte Chemie, 2013, 52(8): 2355 - 2358.

[50] Li X, Ma Q, Tian J, et al. Double anisotropically electrical conduction flexible janus-typed membranes. Nanoscale, 2017, 9: 18918 - 18930.

[51] Yang J, Liu J. Direct printing and assembly of FM radio at the user end via liquid metal printer. Circuit World, 2014, 40(4): 134 - 140.

[52] Sheng L, Teo S, Liu J. Liquid-metal-painted stretchable capacitor sensors for wearable healthcare electronics. J Med Biol Eng, 2016, 36(2): 265 - 272.

第6章
纳米液态金属磁流体

6.1　引言

　　磁流体，又称为磁性液体，主要由固态的磁性纳米颗粒分散于液态的流体基液中构成。一般来说，流体基液不具有磁性，磁响应性主要由磁性纳米颗粒所赋予。由于金属磁性颗粒在温度超过居里温度而低于颗粒熔点时，磁性会消失，因此，磁流体并不是完全的液体状态。

　　磁场是一种方便、可控的非接触式调控技术。磁流体可响应外部磁场激励并表现出独特性质，在工程热物理、生物医药以及柔性控制等方面均展现出广泛的前景与应用潜力。常用的磁性颗粒包括如 Fe、Co 和 Ni 等金属单质颗粒，Fe_3O_4、Fe_2O_3 等金属氧化物颗粒以及金属氮化物颗粒等[1]。流体基液主要包含有机基液、水机基液及液态金属基液等。根据应用需求与特殊应用场合的不同，多种类的磁流体被不断开发出来。不同基液的磁流体，可根据材料的选择与应用场景的区别用于磁分选、药物递送、驱动马达、强化传热与仪器润滑等方面[2,3]。

　　在传统的液态金属基磁流体中，基液主要指金属 Hg，借助于金属流体材料的高导热性质应用于大型仪器与轴承的冷却中。在汞基磁流体中，固体颗粒需具备金属特性。Hg 的毒性与材料的高蒸气压使汞基磁流体的制备较为复杂、应用也更为受限。

　　近年来，以金属 Ga、In、Bi 及其合金为代表的液态金属由于具有良好的物理、化学稳定性与生物安全性，受到了广泛关注。与水机、有机溶剂基磁流体相比，液态金属磁流体具有很多超凡性质，包括良好的热学、电学性质和材料的宽温稳定性，良好的生物安全性与多外场调控等特性。与 Hg 类似，镓基液态金属和铋基液态金属也不具有磁性，需要添加固态磁性颗粒制成具有磁响应性的金属流体。使液态金属具有磁响应性的方式很多,比如通过将磁性颗粒附着于液态金属液滴表面,材料可以响应外部磁场运动[4]。此外,Zhang 等通过电镀的方法将磁性 Ni 颗粒、水凝胶等附加到液态金属上,给液态金属马达制作了一个磁控的帽子,由此在磁场控制下实现液体机器的启动、停止与药物递送等多种功能[5]。而在多孔液态金属新材料发展方面,不仅可确保材料具有可调控的密度,还可使之响应外部磁场变化在水中实现上浮、下沉和水下货物的输运等运动和功能[6]。另外,还有学者开发出可具有磁响应性的半固态半液态磁性液态金属导电墨水,可实现柔性电子在纸质基材上的直接印刷、任意表面的柔性电路转印、电路的自修复及高效率的热转印等[7,8]。总之,在液态金属上实现磁控功能的途径很多,一系列新材料、技术、方法与应用均在不断涌现中。

基于上述独特性质,液态金属基磁流体具有十分广阔的应用场景。由于与金属材料、机械有更好的兼容性,具体应用可扩展到机械工程、柔性驱动、磁控马达、低温焊接与生物医疗等领域。

6.2　纳米液态金属磁流体的机械制备

6.2.1　纳米液态金属磁流体的机械制备方法

液态金属具有良好的金属和流体特性,可以通过简便的操作方案实现室温下柔性电极、可重构天线、超材料与各类生物医学传感器等的制造,具有操作简便、普适性高和无需复杂后处理等优势。Liu 小组研发出液态金属电子电路打印技术和装备[9-11],解决了液态金属墨水与电路基底黏附的核心问题,并成功实现各种复杂、柔性电路的室温印刷、制备与封装。起初,电子墨水主要是经过预处理的纯液态金属或其合金,在后续的研究中又陆续开发出了多功能、磁性甚至是彩色的电子墨水[12]。除了借助电子电路打印机,直接手写式制备柔性电子更具普适性,也给广大电子消费者和科技爱好者一个自己动手创造的机会。为了克服纯液态金属与纸基底黏附性差的问题,研究人员开发出新型磁流体电子墨水,不仅对纸基底表现出良好的黏着力,还可实现纸张电路的直接印刷[7]。液态金属表面张力大,金属本身难以与磁性颗粒直接润湿。在室温下,液态金属易被氧化,氧化膜对微纳米颗粒的润湿性更好,与液态金属的亲和力也很高,微纳米颗粒可以利用氧化膜的双向黏附作用被带到液态金属内部。通过将磁性 Ni 颗粒与液态金属搅拌掺杂,液态金属与氧气反应生成的氧化膜可包裹磁性颗粒进入液态金属内部,制备出直写式磁性墨水,可用于修复电子、LED 纸基电路、可编程时钟等多样应用场景。

利用机械搅拌的方式,磁性 Fe 颗粒可通过氧化膜包裹的形式制成 Fe 磁性液态金属磁流体。铁基液态金属磁性墨水结合基底黏合材料,可实现基于液态金属磁流体墨水的柔性多功能电路的制备。该多功能电路可实现 3 种独立功能:远程非接触式的磁修复功能、水降解功能与热转印功能[13]。

固体颗粒的机械性添加会同时引入固态的液态金属氧化物,可降低磁流体的表面张力,并导致流体流动性下降、可塑性增强。液态金属磁流体墨水可表现出良好的磁响应性,磁流体液滴在永磁体[铷铁硼(NdFeB)棒]作用下,出现明显形变(图 6-1),Fe 磁性颗粒沿磁场方向分布,颗粒间偶极与偶极相互作用增强,整个流体表现出开花状形态,可响应外部磁场变化并跟随磁场运动。液态金属磁流体的磁学可驱动特性可被用来修复电路的机械损伤[13]。

图 6-1 液态金属磁流体墨水的制备及磁响应[13]
(a) 液态金属磁流体墨水的制备过程;(b) Fe 颗粒掺杂的磁流体;(c) Fe 颗粒掺杂的磁流体的磁响应。

对于磁流体体系,表面活性剂的加入可进一步提升体系的动力学与物性稳定性。传统的磁流体溶液中可根据基液的不同选择阳离子、阴离子及非离子型表面活性剂,也可根据基液的不同选择表面活性剂,例如水溶液中加入盐类、不饱和脂肪酸或皂类等;有机基液中加入油酸、亚油酸等非离子表面活性剂等。将磁性颗粒加载于液态金属内部也可通过对磁性颗粒进行表面修饰的方式改善材料间的润湿特性,实现具有更加稳定磁学性能的液态金属磁流体的制备。

　　受到自然界海洋生物的启发,贻贝可以黏附到几乎所有有机或无机材料表面,即便在潮湿的环境中也不影响其黏附特性。聚多巴胺(PDA)作为一种常用的表面改性剂,在化学、光学与生物学等多学科领域受到广泛关注[14]。利用 PDA 的金属结合与氧化还原能力,Lu 等将 Ag 离子利用化学镀的金属表面处理技术,在 Fe 磁性颗粒表面原位还原为纳米级颗粒,形成对磁性粒子的表面修饰[15]。与纯 Fe 颗粒相比,PDA 包裹的 Fe 颗粒具有更深的颜色。进一步,Ag 纳米材料在 PDA 表面的原位化学镀修饰则使材料表现为与 Ag 颗粒更加接近的颜色与表观特征,均匀、连续而且致密的 Ag 壳可稳定地黏附于 Fe 颗粒表面(图 6 - 2)。

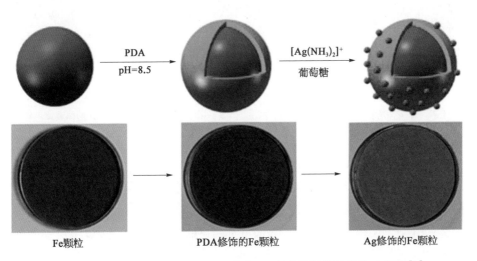

图 6 - 2　Fe 颗粒、PDA 修饰的 Fe 颗粒与 Ag 纳米颗粒修饰后的 Fe 颗粒[15]

　　Ag 壳包裹的 Fe 颗粒可直接与液态金属通过机械混合的方式形成液态金属磁流体(图 6 - 3)。Ag 壳的存在保护了内部 Fe 颗粒与液态金属的直接接触,磁流体材料的稳定性可得到进一步的提升。通过改变磁性颗粒的尺寸,从600 nm 到 40.3 μm 的磁性颗粒均可通过化学镀修饰的方式制备出来,进而可机械搅拌形成加载不同尺寸磁性颗粒的稳定磁流体悬液。另外,改变磁性材料的加载率可影响磁流体的流体状态,低掺杂量的磁流体表现为悬液,高掺杂量的磁流体表现为浆液或者糊状。

图 6‑3　液态金属磁流体的制备和磁响应[15]

(a) 利用 Ag 壳包裹 Fe 颗粒制备液态金属磁流体的过程;(b) 加载 Ag 壳包裹 Fe 颗粒的液态金属磁流体的磁响应。

　　磁性颗粒的粒径可影响掺杂量的多少。实验发现,磁性颗粒尺度越小,掺杂量也较少。比如,600 nm 的磁性颗粒可掺杂的最高质量为占比 20%,而 40.3 μm 的磁性颗粒可掺杂的最高质量占比为 45%。在透射电子显微镜(TEM)下,PDA 修饰的 Fe 颗粒表面可见明显的 PDA 包裹层:微米级别的磁性 Fe 颗粒包裹层厚度大约为 27 nm;纳米级别的磁性 Fe 颗粒包裹层厚度大约为 76 nm(图 6‑4)。红外光谱下,PDA 材料可见明显的特征峰,主要来源于材料中二氢吲哚或吲哚结构的伸缩振动。被 PDA 包裹的磁性颗粒也显示为相近的吸收带。2 926 cm^{-1} 附近的吸收带与—CH_2 和—CH_3 的弯曲振动或伸缩振动有关。在 3 428 cm^{-1} 附近的宽带则由于 PDA 材料中胺和邻苯二酚羟基中 N—H 和 O—H 的伸缩振动导致。不过,受内部 Fe 颗粒的影响,微米级别的磁性材料的特征谱带从 1 508、1 620 cm^{-1} 偏移到 1 456、1 630 cm^{-1}。对纳米级别的磁性材料而言,特征谱带则偏移到 1 470、1 628 cm^{-1}[图 6 - 4(c)]。PDA 层不仅起到化学吸附和还原剂的作用,还能够作为 Ag 颗粒与 Fe 颗粒的黏合剂。TEM 与 X 射线电子能谱(EDS)结果显示,Fe 颗粒表面被连续的 Ag 壳所包裹,形成明显的核壳结构[图 6 - 4(d)]。Ag 壳包裹保护了磁性颗粒与液态金属的直接接触,增加了体系的稳定性。Ag 纳米材料可以与液态金属中的 In 形成 AgIn$_2$ 合金,X 射线衍射(XRD)结果证明了 AgIn$_2$ 合金的形成。而 30 天后,材料中 AgIn$_2$ 合金的峰强度增强,Ag 的峰强度相对减弱[图 6 - 4(e)]。

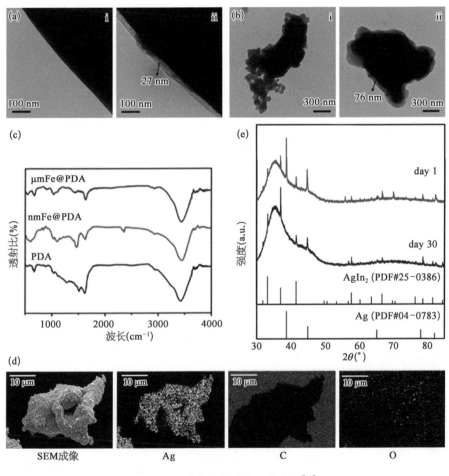

图 6 - 4　液态金属磁流体的表征[15]

(a) TEM 下微米 Fe 颗粒表面的 PDA 包裹层;(b) TEM 下纳米 Fe 颗粒表面的 PDA 包裹层;(c) 微米磁性材料、纳米磁性材料与 PDA 的红外光谱;(d) Ag 壳修饰的 Fe 颗粒与相关元素分布;(e) 液态金属磁流体的 XRD 图谱。

6.2.2　纳米液态金属磁流体的特性

液态金属磁流体的磁学性能可以通过磁滞回线表征。研究结果显示磁流体表现出良好的磁化强度[15],这表明由 Ag 材料隔离的磁性颗粒与液态金属具有很好的兼容性。磁流体的剩磁和矫顽力都接近于 0,磁流体展现出与磁性颗粒相同的软磁特性。同时,液态金属磁流体的饱和磁化强度随着掺杂率的增加而增大。另外,磁性颗粒的尺寸可影响饱和磁化强度:对于纳米磁性颗粒掺杂体系,20%掺杂量的磁流体最大饱和磁化强度为 3.5 emu/g;对于微米磁性颗粒掺杂体系,45%掺杂量的磁流体最大饱和磁化强度可达 76.87 emu/g(图 6-5)。磁流体材料的磁学稳定性是衡量材料功能的一个重要指标。研究者检测了不同尺寸磁性颗粒掺杂体系在不同时间点的磁学性能。不论是微米或是纳米磁性颗粒的掺杂,磁流体在制备后的第 1 天、10 天、30 天与 60 天的磁学检测结果基本保持不变,表明 Ag 壳包裹的磁流体材料具有稳定的磁学性能。

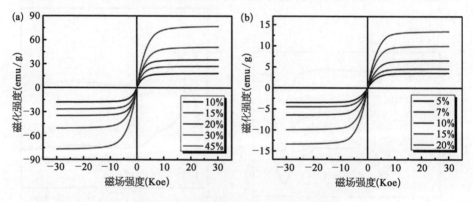

图 6-5　液态金属磁流体的磁滞回线[15]
(a) 微米掺杂体系的磁滞回线;(b) 纳米掺杂体系的磁滞回线。

比较有趣的是,Ag 壳包裹不仅可以改善材料的物理稳定性与磁响应功能稳定性,磁流体的电学、热学性能也可被显著提高。研究者将非 Ag 壳包裹的磁流体作为对照组,Ag 壳包裹的磁流体作为实验组,在相同掺杂率下,实验组磁流体的导电性更高[15]:微米磁颗粒掺杂组在 20%掺杂量时表现为最高的导电性,为$(2.41\pm0.01)\times10^6$ S/m,比对照组增加了 13.69%;纳米磁颗粒掺杂组在 7%掺杂量时表现为最高导电性,为$(2.33\pm0.02)\times10^6$ S/m,比对照组增加了 14.16%(图 6-6)。随后,研究者还探索了磁场对磁流体电导率的影响[15],结果表明磁流体的电导率会随着磁通密度的增加而降低。这是因为磁场方向垂直于凹槽,因此磁性粒子在磁场作用下会在垂直方向重新排列而形成网络,导致样品内部沿电流方向可能会出现接触不良等现象,影响了测试电流的传导,并最终降低导电性。这种磁场对磁流体电学特性的影响与材料的磁响应密切相关,具有更强磁响应信号的磁流体电导率会下降得更快。

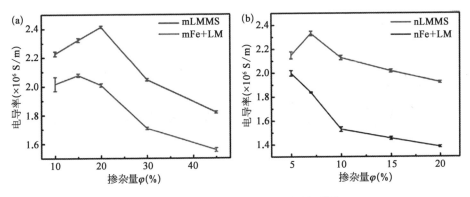

图 6-6　液态金属磁流体的电学性质[15]

(a) 微米掺杂体系的电学性质;(b) 纳米掺杂体系的电学性质。
mFe+LM: 对照组,mLMMS: 微米磁颗粒掺杂组,nLMMS: 纳米磁颗粒掺杂组。

Ag 壳包裹对材料热导率的提升效果更为明显。实验中采用液态金属镓铟合金作为对照组,其导热系数为(20.85±0.61)W/(m·K)。利用磁性颗粒与液态金属混合而制备的磁流体,主要由于 Fe 材料与液态金属可形成合金,其热导率略有下降。针对 Ag 壳包裹 Fe 颗粒的磁流体实验组[15],无论是加载微米颗粒或纳米颗粒,其导热率要比纯金属导热率提升 2 倍以上。将磁流体材料涂覆于陶瓷加热器上,施加 8 W 的加热功率,利用红外热成像仪观察加热效果,磁流体作为热界面材料表现出更低的温度,加热 120 s 后温差为 8.6℃,表明材料具有极好的传热和散热能力(图 6-7)。

不同类型磁性颗粒的加载会赋予液态金属磁流体以多样性。将 Fe、Ni 等微纳米颗粒与液态金属混合制备出的软磁流体的磁性对外部依赖性高,一旦外部磁场被移除,磁性材料将很快失去感应磁化。研究者通过将 NdFeB 颗粒与液态金属机械混合,可制备出具有高残余磁化的磁材料[15]。外部磁场撤去后,剩余磁化可维持材料的机械、磁极性等。

NdFeB 磁颗粒可以在机械搅拌下,借助液态金属氧化层与液态金属混合为均匀磁流体材料[图 6-8(a)][16,17]。经过 2 h 的机械搅拌,SEM 下可见 NdFeB 磁颗粒均匀地分布在液态金属基质中。磁颗粒的加载可降低液态金属

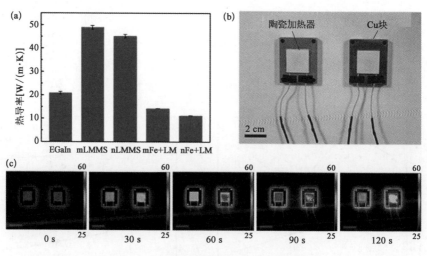

图 6-7 液态金属磁流体的热学性质[15]

（a）液态金属磁流体的热导率；（b）利用液态金属（右）或液态金属磁流体（左）作为热界面材料的实验测试装置；（c）两个设备的红外热成像图。

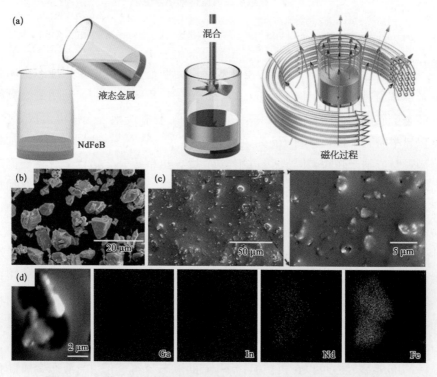

图 6-8 加载 NdFeB 磁性颗粒的液态金属磁流体制备过程及表征[16]

（a）NdFeB 磁流体的制备过程；（b）NdFeB 颗粒的 SEM 表征；（c）加载 NdFeB 颗粒的磁性液态金属的 SEM 表征；（d）加载 NdFeB 颗粒的磁性液态金属的 EDS 表征。

的流动性,增加材料在聚对苯二甲酸乙二醇酯(PET)基材上的附着力,有助于电子印刷与制动器等应用。EDS 数据表明,NdFeB 微粒和液态金属之间没有检测到合金化产物的生成,NdFeB 微粒被液态金属包裹,材料表面所检测到的 B 元素含量较低。

6.3　纳米液态金属磁流体的胞吞法制备

6.3.1　纳米液态金属磁流体的胞吞制备方法

当镓基液态金属暴露于空气中时,材料表面会形成一层氧化物薄膜,会影响材料的流动性。为了制备流动性更高的液态金属磁流体,需要去除材料中的氧化物。由于表面薄膜的存在,氧化的液态金属表现出对非金属材料的润湿[18]。通过对磁性材料表面修饰,例如包裹非金属材料 SiO₂ 等,可以将 SiO₂ 包裹的磁性颗粒掺杂到液态金属中,然而,由于金属氧化物的存在,体系热学与电学性质会受到一定影响[19]。Fe 颗粒由于活泼型较高,在常温往往表面会形成氧化物,表现为氧化物包裹 Fe 颗粒的状态。通过剧烈的搅拌,氧化的 Fe 颗粒可以黏附在氧化膜上,却难以形成具有高流体状态的液态金属磁流体。在常温下,即便对液态金属表面进行高度氧化或是去氧化处理,氧化的 Fe 颗粒都无法成功进入液态金属内部同时保持材料整体的流体性能。

液态金属与氧化物颗粒之间的高界面张力是限制氧化物磁性颗粒进入液态金属内部的主要原因。一般来说,液体会比固体更不易极化,因此,对于两相体来说,固体与液体间的范德华吸引力要比液体间的范德华吸引力更强,进一步,为了提高液体与固体间的范德华力,可以通过提高材料的导电性或者去除如表面导电率较低的氧化层的方式使内部具有高导电性的 Fe 颗粒暴露于液态金属界面,提高固、液两相间的润湿性。

经过一系列的尝试,研究人员发现利用酸性溶液可以成功去除 Fe 颗粒表面的氧化物[20]。另外,酸性溶液还可清除液态金属表面的氧化物以减小对液态金属材料的屈服应力。对比实验中,先利用 HCl 去除液态金属表面的氧化膜,再添加未经 HCl 处理的氧化了的 Fe 颗粒,颗粒会倾向于黏附于液态金属表面而难以进入金属内部。将氧化的 Fe 颗粒同时用酸性溶液处理以去除表面的氧化物,再将两者相混合,磁性颗粒则可成功润湿液态金属表面,进入材料内部,实现磁流体的制备。利用胞吞法,可将 Fe 颗粒加载到液态金属材料内,加载不同的材料比例,液态金属磁流体的外观也会有所不同(图 6 - 9)。

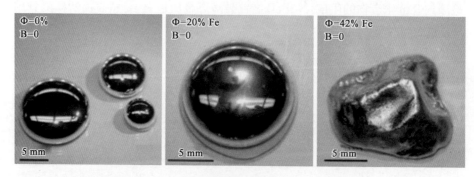

图 6 - 9　加载不同比例液态金属磁流体的表面形貌[20]

酸性溶液的浓度十分重要。实验人员测试了在不同 HCl 浓度下,液态金属液滴与 Fe 片之间的接触角。研究结果表明[20],随着 HCl 浓度的增加,液态金属和 Fe 片的接触角逐渐减小,表明 HCl 浓度会影响材料间的润湿效果。当 HCl 的 pH 值大于 1 时,即便液态金属材料与颗粒在酸性溶液中浸泡 24 h 或者搅拌样品超过 30 min 都难以成功配置磁流体。只有当 pH 值小于 1 时,也就是说 HCl 的浓度足够大时,颗粒才可以成功混合进入液态金属的内部形成磁流体悬液。研究者对此进行了分析,HCl 浓度过低液态金属表面的氧化物难以去除,这将阻碍固、液双相界面间的成功润湿。反应过程中,Fe 颗粒还可与 HCl 反应生成 Fe^{2+},并产生气泡,实验中可见气体产生,收集测试气体为 H_2。酸性溶液也会经历颜色的变化,先出现浑浊(变成绿色),后变澄清,过程中有 Fe^{2+} 产生,随后可能与金属 Ga 反应又变澄清。加入液态金属后,Fe 颗粒与 HCl 反应产生的气体量要更少,可能是液态金属的加入限制了 Fe 与 HCl 的进一步反应。另外,由于反应过程中,Fe 颗粒表面会产生更多导电性较低的 Fe^{2+} 和 H_2,Fe 颗粒与 HCl 溶液过长时间的接触则不利于磁流体的配置。

通过胞吞法制备磁流体的加载颗粒尺寸可在 40 nm 到 500 μm 范围变化。反应结束后,利用磁铁吸引磁流体材料,从而将两相液态分离。在类似条件下,金属 Co 也可以与液态金属反应生成磁流体。在制备过程中,金属 Ni 会与液态金属形成镍镓化合物,影响最终材料的流动性。导电率更高的 Zn、Fe 和钢等材料可通过改变润湿的方式与液态金属形成复合流体,而另一些低导电率材料,如半导体、玻璃、SiO_2 等则难以与液态金属相润湿。

　　磁流体材料制备后,经多次酸液清洗可对磁流体进行表征。光电子能谱(XPS)测试可检测磁流体材料表面的化学元素与价态。实验表明,Ga 以 Ga^{2+} 和 Ga^{3+} 的形式存在,而 Fe 并没有被检测到,这说明磁性颗粒都被分散到液态金属材料内部[21]。当将液态金属磁流体滴加于酸性溶液或碱性溶液中,材料没有表现出任何表观变化,磁性颗粒没有溢出现象,表明此种方式所制备的磁流体具有极好的稳定性。

6.3.2　纳米液态金属磁流体的磁控特性

　　磁响应特性是液态金属磁流体的重要特性。可以利用磁场对磁性液滴实现磁控形变、形状恢复、运动、分裂与合并等多种行为。与胞吞法原理类似,将 Fe 颗粒洒落在液态金属液滴周围,通过滴加 HCl 可使 Fe 颗粒浸入液态金属液滴内制成磁性液态金属液滴(图 6-10)[22]。当外部磁场施加在磁性液态金属液滴下方时,磁性液滴可产生磁润湿现象。根据加载磁性颗粒的区别,磁性液滴可表现为两种不同的磁润湿现象:常规磁润湿和任意磁润湿[23]。当加载的磁性颗粒质量较少时,表现为常规润湿,Fe 颗粒向下拖动,磁液滴的压合形貌发生改变,整体形状变化不大;而当加载的磁性颗粒质量较多时,表现为任意润湿,磁颗粒太多无法黏结变形,出现任意形状,表现为尖锐的尖峰随着电场线分布,磁液滴出现明显的形变。无论是常规润湿还是任意润湿,在外磁场去除后,磁性液滴的形状都可以复原为球状。对常规润湿来说,随着加载磁性颗粒的质量增加,磁控变形更加明显,撤去外部磁场后,液滴形状恢复时间更长;对于任意润湿来说,磁颗粒加载含量更高,撤去磁场后形状恢复时间则更短。

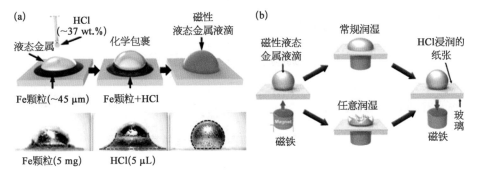

图 6-10　磁性液态金属液滴的制备和润湿现象[22,23]

(a) 磁性液态金属液滴的制备;(b) 磁性液态金属液滴的润湿现象。

　　当外部施加的磁力大于液滴的表面张力和与基底的摩擦力时,液滴可以成功实现分离[22]。通过施加不同形状的外磁场,磁性液态金属液滴可以被分裂成 2~4 个液滴。磁分离时间与磁性颗粒的加载量有关,对 10 μL 的液态金属液滴加载小于 5 mg 的磁性颗粒时,外磁场所产生的磁力太小,不足以分离磁液滴;当加载量大于 5 mg 时,磁分离的时间随着磁颗粒加载量的增加而减少,最小分离时间仅为 50 ms;当磁颗粒加载量过大,超过 14 mg 时,磁力仅可使液滴产生形变,磁流体内部磁颗粒的相互作用过强,不足以使磁液滴分离。通过 HCl 溶液或 HCl 蒸汽处理磁液滴可改变液滴的分裂和合并时间。

　　通过设计外加磁场的形状,磁性液态金属液滴可实现分裂、变形、恢复与聚集等多种行为(图 6-11)[22]。首先,在磁性液滴下施加 4 个圆柱形磁铁可将液滴分离成 4 个小液滴。去除磁场后液滴留在基底的 4 个凹陷位置上。随

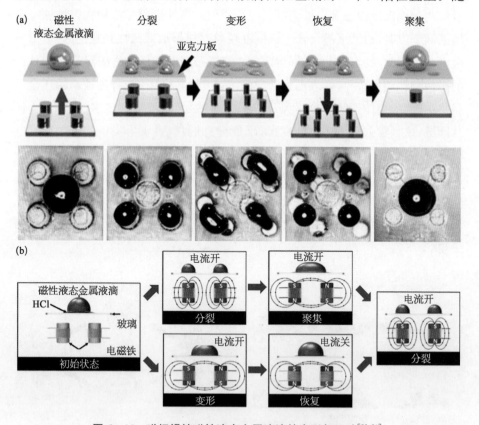

图 6-11　磁场操控磁性液态金属液滴的变形与运动[22,24]

(a) 永磁体操控磁性液态金属液滴的分裂、变形、恢复与聚集等多种行为;(b) 电磁铁操控磁性液态金属液滴的分裂与变形行为。

后,通过改变外部磁场,将设计的磁场靠近磁性小液滴,磁场力不足以分离液滴,可使液滴产生变形行为。撤去磁场后,磁性液滴又可恢复为初始的球状。最后,再通过磁场力调控,利用一个圆柱形磁场可将 4 个小液滴聚集为一个初始的大液滴。

除了利用永磁体,外部磁场还可由电磁铁提供,通过改变电磁铁的电流方向,可改变电磁铁极性,控制磁性液滴的分离、变形与合并等行为[24]。在磁性液态金属下放置 2 个电磁铁,当 2 个电磁铁产生相同极性的磁场时,液滴可被分成 2 个体积大致相同的小液滴。当电磁铁产生相反极性的磁场时,液滴可合并为 1 个。当磁场极性再次变为相同时,液滴又可以分裂为 2 个,由此产生可逆变形。相反,在初始状态时,对液滴施加反向磁场可使磁性液滴在基底润湿,产生形状改变。当电流撤去时,变形的磁性液态金属液滴可恢复为初始的球状。此时再施加同向极性的磁场,可使液滴分离,如此可实现对液滴形状的分离、合并等可逆控制。

通过改变电磁铁上流经的电流大小可改变磁液滴的润湿特性。电流越大,磁液滴的磁润湿变形越明显,磁恢复率越低。对于同向电磁场的磁分离行为,当通电电流小于 1.5 A 时,外部磁场不足以分离液滴;当电流超过 1.5 A 时,通电电流越大,电磁铁产生的磁通密度越高,磁分离越快。随后对 2 个磁液滴施加相反方向的磁场,液滴会产生磁合并行为。施加的电流越大,合并时间越短。

磁场还可驱动液态金属磁流体运动并实现平动、吸引、追随等行为。将液态金属磁流体加入有夹缝的轨道内,其遇到夹缝时可改变自身形状:宽度缩小至夹缝宽度(约为原宽度界面的 30%),长度同时伸长 4 倍左右。改变形状时,液态金属仍然可保持连续性,维持成一个整体向前运动的状态,而穿越夹缝后,液态金属又可恢复为原有形状。

研究者设计实验装置,利用液态金属在磁场的运动驱动与形变,增加其在某一方向上的扩展延长,可完成不同电学回路的物理连接[25],实现电路重构。在六角形平面的空间中,通过外磁场调控磁性液态金属产生形状和位置变化,通过拉长液态金属磁流体可连接六角形二维空间中两个电路端口实现电路连接。当连接不同电路时,LED 灯可被点亮。液态金属磁流体在水平空间表现为多自由度,这一特性可进一步扩展到三维空间的操作。在垂直方向上施加磁场变化,液态金属可在垂直方向表现拉伸特性,从而摆脱二维空间的限制,在 Z 轴上达成液态金属磁流体的形变。研究人员设计了三维实验装置:

将液态金属磁流体加入弱酸性溶液中,放置在密闭的三维空间,与外部 LED 灯泡相连的电极分别固定在三维空间的顶部与底部,距离为 3 cm 左右(图 6-12)。当在电极处施加两个磁铁时,液态金属磁流体可在 Z 轴方向上提供一个力以对抗重力,使磁流体能够接触顶端电极,连通三维空间的电路,这种三维连接状态可维持几秒钟。液态金属磁流体的三维空间连接形成了一个类似导线的导电结构,最窄部分的直径只有 0.8～1.2 mm。由于酸性溶液并没有填满整个三维空间,液态金属磁流体在 Z 轴发生形变时甚至脱离了溶液环境,在空气中保持了直立的状态,此过程可以至少重复 50 次以上。

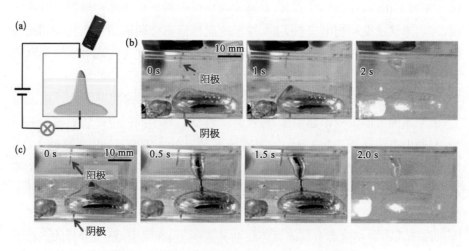

图 6-12 磁场操控磁性液态金属的三维运动[25]

(a) 磁场操控磁性液态金属的三维运动示意图;(b) 磁场操控磁性液态金属在 Z 轴运动;(c) 磁场操控磁性液态金属在 Z 轴运动和水平运动。

近期,有研究者将 Cu、Fe 纳米颗粒通过 HCl 去除氧化物的方式,制成了多功能性的液态金属磁流体[26]。由于添加了金属 Cu,它可与液态金属 Ga 形成金属间化合物 $CuGa_2$,有助于纳米材料在液态金属体系内的稳定分散[27]。由于 Cu、Fe 元素的加载,金属磁流体可利用电场与磁场实现双重控制。在碱性溶液中,液态金属可在电场下产生方向性迁移运动。在外电场下,液态金属液滴与溶液界面上产生不均匀的表面张力梯度,引起马兰戈尼效应,驱动液滴向阳极运动。与纯液态金属液滴相比,纳米磁性液态金属液滴的黏度会增加,电驱动的制动速度随着颗粒的加载量而有所降低。从理论分析来看,磁性液态金属液滴的驱动速度可表示为[26,28]:

$$V = \left| \frac{-1}{4\pi R (2\eta_{\text{NaOH}} + 3\eta_{\text{FLM}})} \iint \nabla s\sigma \mathrm{d}A \right| \tag{6.1}$$

其中，V 代表制动速度，R 代表磁流体液滴半径。η_{NaOH} 和 η_{FLM} 分别代表碱性 NaOH 溶液和磁性液态金属液滴的黏度。σ 代表磁流体液滴与 NaOH 溶液之间的界面张力，$\mathrm{d}A$ 表示液滴表面积的微分，$\nabla s\sigma$ 表示在整个液滴表面的表面张力梯度。从公式中可以看到，施加一个更大的电压，可在液滴表面产生更大表面张力梯度，从而加大液滴制动速度。另外，当磁性液滴的黏度增加时，液滴的制动速度会减慢。为保持液态金属磁流体的良好流动性，磁颗粒的最高加载量为 9.97%。在磁场下，磁流体可响应磁场产生磁驱动。

将体积为 100 μL 的磁液滴放置在 NaOH 溶液中，将高斯计的探头固定在磁液滴正下方以记录驱动磁液滴所需的最小磁通量密度。在培养皿下方放置一块磁铁，使它慢慢接近磁液滴，当液滴受外磁场驱动产生运动时，记录下最小的磁通量密度。随着磁颗粒加载量的增加，驱动磁液滴所需的最小磁通量密度显著下降。另外，磁驱动速度可受磁液滴体积和加载量的双重因素影响。对于高加载量的磁流体液滴，其制动速度较高；对于低加载量的磁流体液滴，可以通过增加液滴体积的方式提高制动速度。对于高加载量的磁流体液滴，当体积增加时，其磁驱力增加，同时磁液滴与基底的摩擦力也有所增加，可导致最终磁驱动速度减慢。

此外，由于液滴具有良好的流动性、变形性和磁驱动特性，可利用外磁场控制液滴在复杂的管道内成功实现转弯行进[26]，但在外电场控制的平衡点处，液态金属液滴无法继续运动。此时，通过施加外部磁场可打破力学的平衡，驱动液态金属液滴继续前行。由于磁场方向具有多维性，在液滴爬坡时，通过 Z 轴的外部磁场可克服重力的作用，减弱电驱动的摩擦阻力，为液滴行进提供动力。相比电控液态金属材料变形，需要液态金属材料浸入在溶液中，通过液滴表面电荷与电场梯度的差异完成电控运动，此种磁控流体运动的模式对周围环境没有很高要求，还可结合加载物（如药物等）完成相应材料的输送。

6.4　纳米液态金属磁流体的流变特性

材料在受到外部力学作用时会产生流动与变形的性质也叫流变性。在磁场作用下，磁性材料内部的微粒会发生方向性排布而产生的流变性（黏滞性）改变叫做磁流变。液态金属属于非牛顿流体，而非牛顿流体存在屈服应力，低于该屈服应力,流体易于保持其原始状态并保持静止[29]。只有当剪切应力足够大时,流体才会屈服然后流动。屈服应力反映了流体的弹性、刚度和结构化程度,因此常用于判断材料的相变。可以通过 Herschel-Bulkley 模型确定材料的屈服应力,具体如下:

$$\tau = \tau_y + k \cdot \gamma^n \tag{6.2}$$

其中,τ 代表剪切应力,τ_y 代表屈服应力,k 代表稠度系数,γ 代表剪切速率,n 代表黏度指数。

针对 Fe 颗粒磁流变液,实验测量了不同掺杂比例材料的剪切应力与剪切速率的关系曲线。可以看到,随着剪切速率的增大,剪切应力逐渐增大,这是由于样品的惯性造成的,剪切速率增加,磁流体中颗粒的不均匀性增加,导致剪切应力增大,这在高掺杂比的样品中尤为明显(图 6-13)[20]。利用不同掺杂量的剪切应力与剪切速率的曲线可以推导出材料的屈服应力。研究发现,当磁颗粒填充量较低时(小于 40.5% 的填充量),磁流体材料具备液体的典型特征,维持最小的表面积与表面能。当磁颗粒填充量进一步增大,材料表面光泽度降低,出现屈服应力的影响,材料不以纯流体出现,内部的颗粒可穿越液-气界面使得材料整体以非球态出现,可塑性增强。

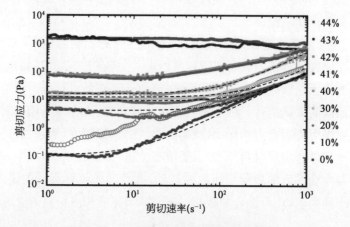

图 6-13　剪切应力与剪切速率的关系[20]

在非磁场条件下,利用 HCl 洗去材料表面的氧化物,当内部掺杂磁性颗粒含量较低时,液态金属磁流体与纯液态金属流体的宏观特性类似,液滴可表现为表面能最小的球状,不受到屈服应力的影响。当内部掺杂磁性颗粒含量较高时,材料表面光泽度降低,出现屈服应力的影响,材料不以纯流体出现,内部的颗粒可穿越液-气界面使得材料整体以非球态出现。在磁场条件下,当磁性颗粒掺杂量较低时,液态金属磁流体表面出现微小的与外磁场一致的尖峰。而当磁性颗粒掺杂量较高时,材料内部颗粒之间产生的感应偶极与偶极相互作用更加明显,材料表现为明显的磁流变现象,表面可长出毫米级的尖峰。当撤去磁场时,材料可恢复到原始状态。在磁场下,液态金属磁流体内的磁性颗粒可完成定向排列,可大幅调控材料的硬度,从而催生出许多前沿应用。当磁流体内的磁性颗粒含量较高时,材料在磁流变测试时可能会出现不连续断裂的问题。当磁性颗粒含量较低时(如 10% 的掺杂比),测量而得到的屈服应力与纯液态金属基本没有区别。

以 Ag 壳包裹的 Fe 颗粒制备的液态金属磁流体为例,为了进一步表征液态金属磁流体的流变特性,研究人员检测了材料表观黏度的稳态测量值[15]。结果表明,所有液态金属磁流体样品都表现出剪切稀化行为,即表观黏度随着剪切速率的增加而降低(图 6-14)[15]。与纯液态金属相比,掺杂了磁性颗粒的液态金属磁流体样品在相同的剪切速率下表现出更高的表观黏度,且黏度随掺杂量的增加而增大。对于纯液态金属,当它流动时,材料外层会受外力驱动而获得剪切速度,而内层静止不动,阻碍了外层的运动。从而产生摩擦力并逐层传递,使流体具有黏性。由于磁性颗粒的掺杂,悬浮在液态金属中的颗粒会对流动产生更大的阻碍,最终会提高悬浮液的黏度,而且黏度随掺杂量而增加。

磁场也会影响材料的流变学特性[图 6-14(c)]。在磁场下,材料仍然表现出剪切稀化特征,其表观黏度会随着磁场的增强而增加,这类似于掺杂量对表观黏度的影响。在施加磁场时,磁性颗粒会沿磁场方向排列形成链。粒子的磁矩形成一个扭矩,阻碍粒子的旋转运动,并在粒子和液态金属之间产生额外的摩擦效应,导致更多的黏性耗散。也就是说,在磁场下,除了磁性粒子本身的固体属性会对材料的黏度有影响,磁场下形成的定向排列的链条状结构会加强这种影响,进一步提升黏度。

材料的黏弹性也是磁流体流变特性的重要指标[15]。弹性模量(储能模量)代表材料的刚度和结构化程度,黏性模量(损耗模量)反映材料的流动学特征。针对微米级磁性颗粒掺杂的磁流体体系,随着剪切应力的增加,弹性模量和黏性模量都表现为逐渐减小,这表明材料中的结构被破坏[图 6-14(d)]。剪切应力较小时,弹性模量大于黏性模量,表明材料保持弹性主导行为。随着剪切应力的不断增大,弹性模量和黏性模量的交点出现,超过该点,黏性模量

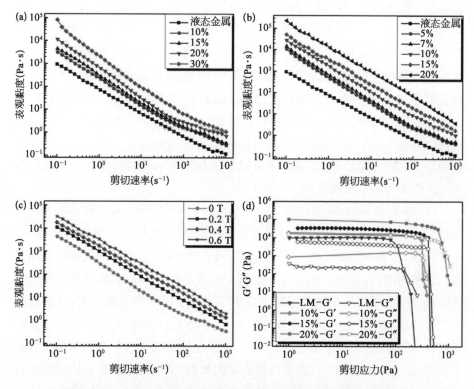

图 6‑14 加载 Ag 壳包裹 Fe 颗粒的液态金属磁流体的流变特性[15]

（a）微米磁性颗粒掺杂的磁性液态金属的表观黏度；（b）纳米磁性颗粒掺杂的磁性液态金属的表观黏度；（c）磁场对磁性液态金属表观黏度的影响；（d）磁性液态金属的黏弹性，G′代表弹性模量，G″代表黏性模量。

变得大于弹性模量，这意味着磁流体材料从该临界剪切应力开始表现为流动特征。

对于具有不同填充率的磁流体样品，弹性模量、黏性模量与临界剪切应力都随着填充率的增加而增加。对于没有磁场的情况，样品是非结构化的，因为磁性颗粒可均匀地分散在液态金属基质中，并且颗粒之间没有形成牢固的网络。当掺杂率增加时，颗粒会密集分布并相互接触，在液态金属基体中形成牢固的网络结构，从而材料表现为更高的黏弹性。对磁流体样品施加磁场具有与增加填充率相同的效果。弹性模量、黏性模量和临界剪切应力在磁场作用下均增加，并随着磁场强度的增加而变大。施加磁场，磁性粒子会重新排列，从随机方向变为沿磁场方向的链或柱排列。这些排列是刚性的并散布在整个样品中，这使得材料表现得像固体。

　　过量加载剂的添加则会影响材料的连续态与稳定性，同时，由于磁性添加材料的高密度，微粒可能会在磁流体中产生沉积的现象。为了避免磁材料的沉积和加载剂的相分离，获得稳定的液态金属磁材料，研究者通过外磁场磁化的方式可固定磁微粒在磁流体中的相对位置。磁化微粒之间的强相互作用和在外部磁场下的微粒重排列可改变磁流体的机械性能[15]。添加 NdFeB 磁性颗粒，即便在撤去外磁场后，磁材料依旧可维持较高的机械强度。然而，一旦磁流体材料被磁化，将失去流动性。磁化可导致磁材料机械性质的变化：加载 20％磁颗粒的磁流体磁化后可变为糊状材料，能承受大约 3 倍于其质量的重物[图 6-15(a)]；加载 40％磁颗粒的磁流体磁化后可表现出更为坚固的材料质地，完全将液态金属约束到密集堆积的颗粒间隙，减弱材料的黏附性，使材料表现为刚性的腻子状态；加载大于 50％的磁颗粒后，材料表现为干燥的沙子状态，失去连续性[16]。

　　流变测试中磁流体表现出剪切稀化特性[图 6-15(b)]。磁化可以诱导磁流体材料黏度增加 2 个数量级，比液态金属材料增加 5 个数量级左右。磁化后的液态金属磁流体的高流变学性质促进了氧化物与微粒之间的耦合效应，

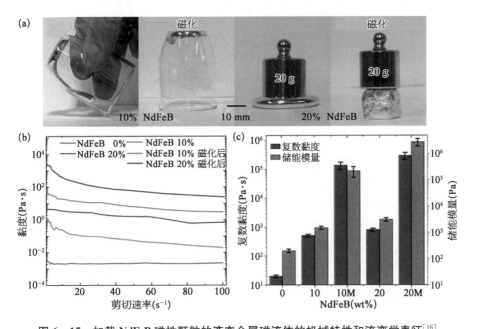

图 6-15　加载 NdFeB 磁性颗粒的液态金属磁流体的机械特性和流变学表征[16]

（a）加载 NdFeB 磁性颗粒的液态金属磁流体的机械特性；（b）加载 NdFeB 磁性颗粒的液态金属磁流体的黏度特性；（c）加载 NdFeB 磁性颗粒的液态金属磁流体的复数黏度和储能模量。

防止颗粒之间的相互作用和沉积现象。利用振幅扫描的振荡测试表征磁流体样品的黏弹性行为。在恒定低应变幅度(0.2%)和恒定频率(1.5 Hz)下,随着加载微粒质量的增加,对于无磁化的液态金属磁悬液,储能模量和复数黏度都显著增加。相比于未磁化的磁流体,磁化后磁性材料的储能模量(2.8 MPa)和复数黏度(0.2 MPa·s)则可显著增加约 3 个数量级,表明材料机械强度的增加[图 6 - 15(c)]。由于 NdFeB 具有较低电导率,磁流体的电学性质相比液态金属有所降低,但仍然维持了同等量级的导电性。掺杂量为 30% 磁颗粒的磁流体导电率约为 $1×10^6$ S/m。磁化前后,由于材料整体的高导电性,电学性质则变化不大。

加载不同种类的磁性颗粒,液态金属磁流体的性质可能会有所不同。研究者制备了分别由 Fe 颗粒、NdFeB 颗粒加载的磁流体,并系统比较了磁流体的弹性、机械鲁棒性以及流变性(图 6 - 16)[30]。共制备了 4 个样品:液态金属

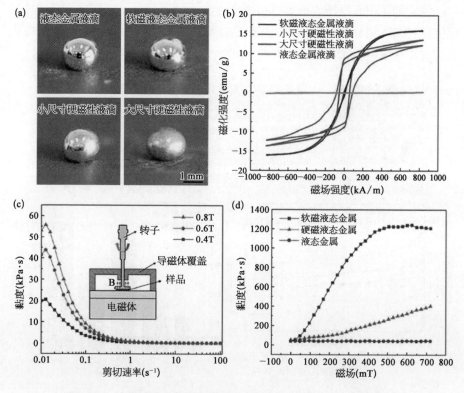

图 6 - 16 加载不同类型磁性颗粒的液态金属磁流体的流变特性[30]

(a) 实验制备的 4 种液态金属液滴;(b) 液态金属磁流体的磁滞回线;(c) 磁场下液态金属磁流体的黏度变化;(d) 磁场下不同液态金属磁流体的黏度变化。

液滴,Fe 颗粒加载的液态金属软磁性液滴(S-LMD),NdFeB 颗粒加载的小尺寸硬磁性液滴(H-LMD)和 NdFeB 颗粒加载的大尺寸硬磁性液滴(H-LMD1),8 μL 的液滴都保持了很好的球状,只有大尺寸的硬磁性液滴显示为椭球形,表面有一些粗糙。从磁滞回线的结果可以看出,软磁液滴表现为与软磁体类似的行为,矫顽力和剩磁都很小。而硬磁液滴的磁滞回线表现与硬磁体类似,矫顽力和剩磁都更大。大尺寸的硬磁性液滴,矫顽力为 85.4 kA/m,剩余磁化强度为 7.7 emu/g;小尺寸的硬磁性液滴,矫顽力为 60.7 kA/m,剩余磁化强度为 8.8 emu/g;液态金属液滴,饱和磁化强度为 0,其余 3 种磁性液滴的饱和磁化强度都超过 10 emu/g。

随后,研究者检测了不同磁通密度下剪切速率对硬磁液态金属黏度的影响。在高剪切速率下,硬磁液态金属表现出低黏度行为。磁性液态金属的剪切稀化行为与前期报道结果一致。随着磁通密度的增加,硬磁液态金属的初始黏度逐渐增加,最大初始黏度为 55 kPa·s。通过施加外磁场,可以增加磁流体的黏度。因为磁场会导致分散的磁颗粒在流体内快速运动,引起更多的内部分子摩擦。对软磁液态金属来说,黏度随磁场迅速增加,然后趋于稳定。这主要由于软磁流体内部的 Fe 颗粒随外部磁场的增加达到了磁饱和,黏度保持不变。对硬磁液态金属,黏度随着磁场的增加而增加,在测试范围内没有达到磁饱和。软磁颗粒和硬磁颗粒的加载都会导致液态金属的导电率下降 2 倍左右。

液态金属和液态金属磁流体都很难润湿如 Si、玻璃、PDMS 等基底,硬磁性液滴的润湿性最差,在不同基底上都保持很高的表面张力。在外加磁场下,磁液滴与基底的接触角减小,润湿性改善。总体来说,硬磁液滴在有无磁场下的接触角变化范围较小,更好地维持了液滴的表面形状与表面张力。

撞击实验可以测试液滴的弹性和机械强度[30]。液滴从 10 cm 的初始高度释放并撞击在 Si 基板上,通过最大反弹高度来对比不同液滴的弹性(图 6-17)。高速摄像记录了液滴碰撞和回弹的整个过程,在撞击过程中,动能通过液滴的变形迅速转化为表面能,高表面张力使液滴变回球形,存储的表面能再次转换回动能,使液滴回弹。由于黏性耗散,在撞击和回弹过程中会损失部分动能。第一次撞击后,液态金属液滴的回弹高度为 7.9 mm,软磁液滴的回弹高度为 9.1 mm,硬磁液滴具有最高 9.3 mm 的回弹高度,表明它的弹性最好。硬磁液态金属的表面张力最高,在回弹后可迅速恢复高表面能,减少能量损失。从理论公式来看,黏性耗散可计算为[30]:

$$E_{vis} = \sqrt{\eta \rho_0 R^4 \varepsilon v_0^3} \tag{6.3}$$

其中，η 代表液滴的黏度，ρ_0 代表液滴的密度，R 代表液滴半径，v_0 代表液滴的初始速度，ε 代表液滴变形程度。

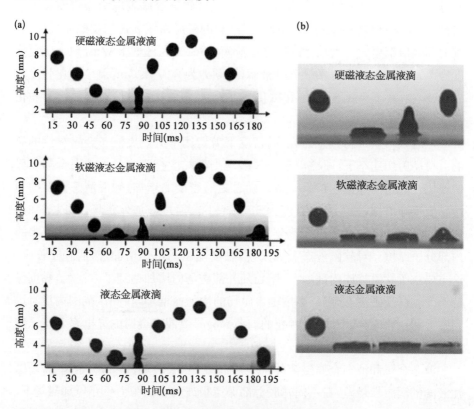

图 6-17　磁性液态金属液滴的撞击实验[30]

(a) 高速相机记录下的不同类型磁性液态金属液滴的撞击实验，实验高度 10 cm；(b) 不同类型磁性液态金属液滴的撞击实验，实验高度 15 cm。

由于硬磁液态金属液滴具有最高的表面张力，在撞击前和回弹时的形状改变不大，所以能量耗散最小，损失的动能最小，回弹高度最大。随着液滴下落高度的增加，液滴回弹高度、黏性耗散也相应增大。当液滴的释放高度超过临界高度后，液滴会出现不同的回弹行为，有时不能维持原来的球状。研究者发现当液滴从 15 cm 的高度下落时，硬磁液态金属液滴可在撞击基板后弹起并保持液滴的完整形状[30]，软磁液态金属液滴则在撞击后发生较大变形然后黏在基板上，形成凸形的半球状，液态金属液滴也黏附在基板上，并完全失去球形形状，这表明，在撞击过程中，硬磁液态金属液滴可产生最小的黏性耗散，具有良好的抗压和抗冲击能力,可以在撞击中维持更好的弹性和高表面张力。

　　由于硬磁磁流体在磁场下所产生的磁吸力更强,在相同磁场下的最大制动距离更大,制动速度更高,制动延迟时间和偏移距离也更小,有利于其用作轮式机器人的驱动电机和微流体的微型阀。

6.5　纳米液态金属磁流体磁热效应

　　磁热效应是磁性材料在磁化和退磁过程中表现出的可逆的等温熵或绝热温度变化的现象[31]。基于磁热效应的磁制冷被认为是替代传统空气/蒸汽的有前途的技术。目前,钆(Gd)是主要用于原型磁制冷机的基准磁热效应材料,但 Gd 的价格昂贵,纯度要求高而且磁熵低,限制了其商业应用[32]。近期研究表明,具有磁结构转变的 $MM'X$(M 与 M′代表过渡金属,X 代表 C 或 B 族元素)化合物在环境温度下的磁热效应非常巨大[33]。然而材料自身的脆性很容易导致应用过程中的大体积膨胀,从而引起材料破裂成粉。材料可通过金属键合和环氧树脂键合等方法加工成块状复合材料,但环氧树脂键合的复合材料导热性不高,金属键合过程中,由于原子与粒子的相互作用,又会导致金属与磁结构材料之间相互扩散的磁熵变(ΔS_M)下降。另外,热压制造法中也会不可避免形成空腔,影响传热效果。

　　另外,在典型的磁热装置中,热交换往往是通过工作流体流经大块磁热效应材料实现传热的。由于流体导热率的限制,这种模式的热效率相对较低,因此,迫切需要一种新的热管理策略来提高传热效率。将磁热颗粒悬浮在合适的溶剂中可获得磁热悬液用来提高传热性能,但将磁热效应纳米颗粒分散在油酸中获得的磁流体通常导热性能较差。有研究者将 Gd 纳米颗粒悬浮在钠钾合金中,以提高材料的热学性能,然而,钠钾合金的活泼性增加了材料使用的危险性。从热力学的角度来看,理想的磁热效应材料应具有高导热性、低黏度、高密度、低毒性和高沸点,以确保更好的热对流和热响应,并使材料在高温和宽温度范围内工作。镓基液态金属如 EGaIn 和 EGaInSn 具有低熔点和高沸点,可以在从室温到高达 2 000℃以上的宽温度范围内保持液态。它们优异的导热性和低黏度使它们成为完美的传热介质。EGaIn 和 EGaInSn 的导热系数分别为 21.8、16.5 W/(m·K),远高于水[0.61 W/(m·K)]和其他有机溶液的导热系数[34]。另外,镓基液态金属材料的低化学活泼性与高安全性都是作为磁热材料的显著优点。

Gd 及其合金在室温附近有很高的磁热效应,可以通过在液态金属中掺杂 Gd 来制备液态金属铁磁流体。在环境温度下,Gd 在液态 Ga 中的溶解度低于 0.2%[35]。研究者通过在室温和惰性环境中将微米尺度的 Gd 颗粒研磨、溶解到镓铟锡合金中,成功制备出了 0.2%、1.2% 和 2.3% 的液态金属复合材料[36]。0.2% 金属 Gd 掺杂的复合材料并没有表现出磁性,证明了在该样品中,Gd 全部溶解在液态金属内,而 1.2% 的液态金属复合材料表现出宏观磁性,可以在外磁场存在下,被磁场吸引而脱离溶液,甚至支撑起自身的质量,进一步表明液态金属磁流体的成功制备[图 6 - 18(a)]。

利用 SEM 和小角 X 射线散射(SAXS)对样品进行分析,通过回转半径分析,计算结果表明金属 Gd 以大约 12.6 nm 的形式存在于样品中。进一步,利用 Gd 元素的高密度,通过超速离心的方式从磁流体中分离出固体颗粒。在高分辨率透射电子显微镜(HRTEM)下分析,1.2% 加载量的磁流体中,Gd 表现为 (12.7 ± 3.5)nm 的球形颗粒;2.3% 加载量的磁流体中,Gd 表现为 (6.9 ± 1.7)nm 的颗粒,粒径尺度的不同可能与制备后分析的时间有关,材料可能存在缓慢重结晶的过程。对于制备的加载 Gd 的液态金属磁流体进行差示扫描量热法(DSC)分析发现,Gd 的添加可以抑制材料的结晶[图 6 - 18(b)]。加载量为 1.2% 的磁流体的结晶温度为 $-24.6℃$,低于镓铟锡合金的 $-14.3℃$,也低于加载量为 0.2% 的磁流体的 $-20.6℃$,表明少量 Gd 的添加可以扩宽流体实际应用的温度窗口。然而,对于加载量为 2.3% 的磁流体,其结晶温度为 $-18.3℃$,其结晶规律还需要进一步研究。

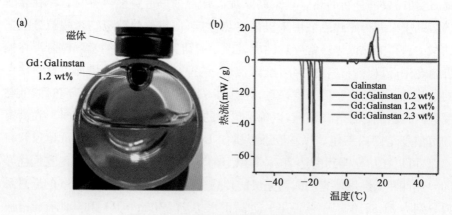

图 6 - 18 加载 Gd 的磁性液态金属[36]

(a) 加载 Gd 的磁性液态金属被磁场吸引支撑起自身质量的图片;(b) 加载不同比例 Gd 的液态金属材料的 DSC 结果。

在室温磁场中,加载 Gd 的液态金属磁流体可发生磁化,温度上升,能量以热量的方式散发到周围环境中(图 6-19)。当磁化的液态金属磁流体充分冷却,将其移出磁场,液态金属磁流体在退磁中可以吸收环境热量,实现磁冷却。

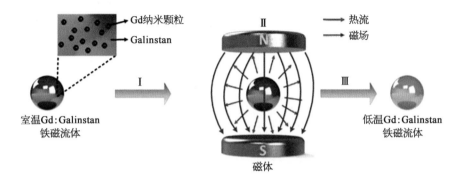

图 6-19　磁制冷的示意[36]

然而,Gd 在液态金属中的最大掺杂量只能达到 2.3%,还有很大提升空间。近期,有研究将磁性颗粒($Mn_{0.6}Fe_{0.4}NiGe_{0.54}Si_{0.46}$)掺杂入 EGaInSn 中而开发了一种液态金属磁流体,也称液态金属磁流变液[37]。利用液态金属磁流体的胞吞制备法,使用酸性溶液去除液态金属与颗粒的表面氧化物,将上述磁性颗粒加载进液态金属以形成磁流体。制备完成的液态金属磁流体可表现出与内部颗粒相似的磁热效应:在磁场下,热量可从磁流体散发到大气中;在去除磁场后,磁流体温度下降,可从大气吸收热量。

研究者配制了不同掺杂剂量的液态金属磁流体。掺杂量较低的悬浮液表现出与纯液态金属相似的表观,具有明显的金属光泽。随着颗粒掺杂量的增加,磁流体变得暗淡并且表现出一定塑形能力(图 6-20)。磁热材料需要在磁热过程中保持液态,为了获得材料不同掺杂量的液固转变点,即获得最大掺杂分数,研究人员研究了磁热材料的流变行为。从材料剪切应力与剪切速率的曲线可以看出,材料随掺杂的含量增高而剪切应力增大。进一步,可根据 Herschel-Bulkley 模型,算出材料的屈服应力。可以看到,具有低加载分数的液态金属磁流变液具有较小的屈服应力,这个数值主要受材料表面形成的氧化膜影响。随着掺杂比例的增加,材料的屈服应力显著上升,表明材料从液体到固体的相变过程。根据屈服应力的大小,可以确定液态金属磁流变液在保持液态工作时的最大掺杂分数为 19.5%。该数值明显高于在液态金属中掺杂 Gd 材料的比例。

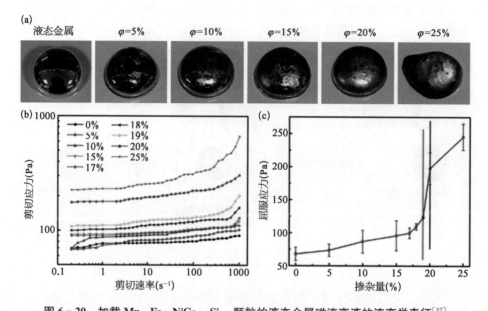

图 6 - 20 加载 $Mn_{0.6}Fe_{0.4}NiGe_{0.54}Si_{0.46}$ 颗粒的液态金属磁流变液的流变学表征[37]

(a) 加载不同含量磁性颗粒的液态金属磁流变液;(b) 剪切应力与剪切速率的关系;(c) 屈服应力与掺杂量的关系。

对磁流变液进行测试,研究者发现材料可以在 30 天内都保持相对稳定的物理状态,颗粒均匀分布于液态金属内。在第 30 天后,仍然可见颗粒均匀地被液态金属材料包裹好。在 SEM 以及 EDS 结果中可见材料表面只有 Ga、In、Sn 三种元素,表明磁性颗粒被液态金属材料包裹于内部,同时证明该液态金属流变液的良好稳定性(图 6 - 21)。利用 XRD 与 EDS 进行分析,结果表明颗粒可以与液态金属之间进行合金化,金属间化合物主要为锰镓合金。

液态金属磁流体的磁转变特性可利用 DSC 测试。在一个完整的升、降温循环中,由于过冷的存在,液态金属合金可在 283.9 K 开始熔化并在 241.9 K 的较低温度下凝固[图 6 - 22(a)]。由于一级相变引起的热滞后,磁颗粒在加热和冷却过程中会在 313.1 K 和 293.1 K 时发生磁结构转变。而液态金属磁流体则兼具两者的特性:既表现出相变行为,又表现出磁结构转变行为,各自分别与液态金属、磁颗粒都十分接近。

接下来,研究者评估材料的磁热性能。实验记录了磁流体从第 0 天到第 60 天的等温磁化强度 $(M-\mu_0 H)$ 和磁化温度 $(M-T)$ 曲线。不同时间的 $M-T$ 曲线变化不大,甚至在加热和冷却路径的后段相互重叠[图 6 - 22(b)]。

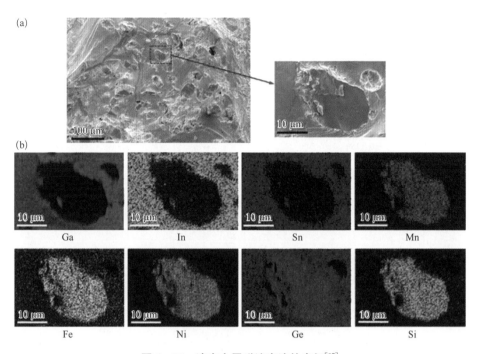

图 6 - 21　液态金属磁流变液的表征[37]

(a) 液态金属磁流变液的电镜图片；(b) 液态金属磁流变液的元素分布。

样品的磁熵变 ΔS_M 是基于 $M - \mu_0 H$ 曲线使用 Maxwell 关系计算的：

$$\Delta S_M(T, H) = \mu_0 \int_0^H \left(\frac{\partial M}{\partial T}\right)_H dH \tag{6.4}$$

其中，μ_0 代表真空的磁导率。在 2 T 磁场变化下，液态金属最大磁熵变从第 0 天到第 60 天表现出略微下降趋势，从 9.57 J/(kg·K) 降低到 8.51 J/(kg·K) [图 6-22(c)]。尽管略有下降，但液态金属磁流变液的最大磁熵变要比块状 Gd 材料高将近 1 倍。Gd 的最大磁熵变值仅为 5 J/(kg·K)。液态金属的磁熵变在第 20 天基本达到稳定状态。液态金属作为工作流体，并不会直接影响磁熵变。但由于液态金属会与磁性颗粒发生金属间合金化行为，反应形成锰镓合金，磁性颗粒质量减少，因此磁熵变可能会随着锰镓合金的生成而下降。液态金属与磁颗粒反应速度较慢，生成的锰镓合金一旦覆盖在颗粒表面可能会保护磁颗粒进一步与液态金属的反应。因此，在 20 天以后，磁流变液材料的磁熵变仍较为稳定。与最大值磁熵变不同，液态金属磁流变液的转变温度在 60 天内都发生在 299 K，没有随时间变化。

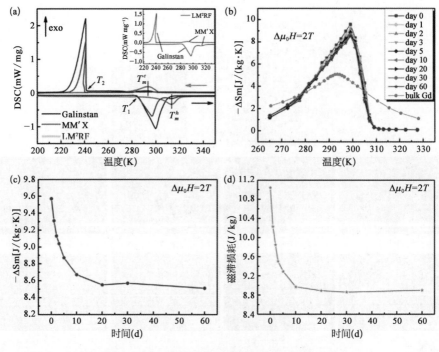

图 6－22　液态金属磁流变液的磁学性能[37]

（a）液态金属磁流变液的 DSC 测试；（b）液态金属磁流变液的磁熵变；（c）液态金属磁流变液的最大磁熵变随时间的变化；（d）液态金属磁流变液的磁滞损耗随时间的变化。

　　此外，最大磁滞损耗也是衡量磁热性能的重要指标。由于锰镓合金的形成，磁颗粒尺寸减小，从而降低了液态金属磁流变液的磁滞损耗。磁损耗也在 20 天后呈现稳定状态［图 6－22(d)］。锰镓合金的形成减小了颗粒的尺寸，从而降低了液态金属磁流变液的磁滞损耗。直到锰镓合金不再增加，最大磁滞损耗在第 20 天稳定在 8.89 J/kg。块体状磁颗粒的最大磁滞损耗为 27.06 J/kg，粉末状磁颗粒的最大磁滞损耗为 15.09 J/kg，而液态金属磁流变液的最大磁损耗可以进一步降低到 11.04 J/kg，主要由于液态金属作为工作流体导热效果好，可降低磁滞损耗，有助于磁冷却效率的提升。

6.6　纳米液态金属磁流体应用问题

6.6.1　磁修复液态金属柔性电路

　　柔性电路系统的典型特征是可以承受一定的外力形变而保持系统功能的

稳定性。在各种应力下发生弯折、拉伸、扭转等形变,柔性电路比传统的刚性电路更易机械疲劳,出现机械损伤而影响器件使用寿命。提升柔性电子产品的机械韧性,赋予材料机械受损的可自愈合功能,提升体系的鲁棒性极为重要。研究者利用液态金属磁流体导电墨水制备柔性电路,可实现电路在机械损伤后结构与功能的快速修复[13]。液态金属导线在外部机械损伤后,电路断开,LED 灯无法工作。实验人员通过利用磁铁(NdFeB 棒)放在柔性薄膜的底部以提供磁能,并从远端移动到导线断开的位置,则可实现磁修复效果,恢复电路功能。其中原理主要在于液态金属磁流体的磁控特性与优良的导电性能。在显微照片下可见修复过程的放大图(图 6 - 23)。在磁场下,由于磁铁边缘的磁导率强度最高,导线上的液态金属磁流体可被吸引聚集于此处,Fe 颗粒可跟随磁场的运动而被吸引运动,从而将导电磁流体吸引到电路机械损伤处,完成电路的修复。可以看到,磁修复后的液态金属导线可恢复到原电路结构。该方法的优点是修复时间短,只需 3 s 即可完成。针对电路中的多点机械损伤,这种非接触的修复方式仍十分有效,电路修复可在 10 s 内完成。将柔性电路封装在薄膜内,磁场仍然可以对封闭系统成功完成非接触式电路恢复。

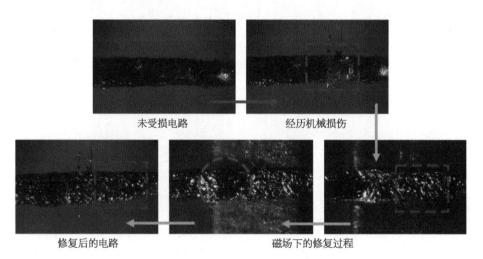

图 6 - 23　液态金属导线的磁修复过程[13]

　　针对多位点电路功能障碍,磁流体导线可完成修复,不同宽度的电路损伤也可在很短的时间(小于 10 s)内完成修复。导线电流可用于表征电路的电学特点和稳定性。在磁修复后导线电流基本可回复到初始水平,表明磁场可同时完成电路结构与功能的双重修复。随着导线线宽的增加,更多的液态金属磁流体可被吸引到间隙中,因此电路的磁愈合时间更短。除了导线宽度,研究者还模拟了不同长度导线破损的情况,外部磁场可成功地愈合这些长度小于5 mm 的宽间隙(图 6-24)。愈合后电路中电流电压(I-U)关系曲线显示与愈合前的曲线基本完全重合,证明液态金属磁流体电阻变化在愈合过程前后没有明显差异,表明磁性自愈的功能可得到完满修复。利用磁场修复功能,还可修复在行进过程中受机械损伤而停止运动的爬行机器。利用非接触修复和磁流体墨水,爬行机器恢复了原有运动,顺利地沿着原始行进路线前行。非接触磁修复时间短,效果显著,可同时完成结构与功能的双重修复,是利用磁流体进行磁场修复的重要优势。

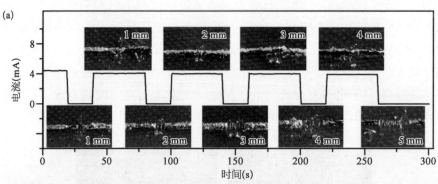

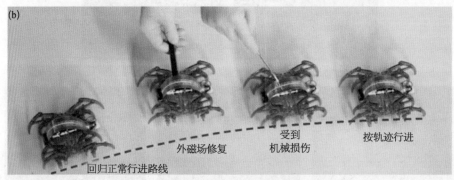

图 6-24 磁性液态金属用于磁修复[13]

(a) 不同长度的磁性液态金属导线的修复过程;(b) 磁修复爬行机器。

6.6.2 可编程液态金属磁流体

基于液态金属磁流体的磁控特性,结合可编程数字操控平台,利用电磁铁阵列可产生可重构磁场,实现磁流体的编程、图案化、液滴变形、仿生操作以及机器协作等功能[38]。研究人员开发了一个由 4×4 电磁铁阵列单元构成的控制系统,可按需操控液态金属磁流体液滴实现多自由度变化[图 6－25(a)]。在电磁铁阵列上方载有一个装有 NaOH 溶液的聚甲基丙烯酸甲酯(PMMA)容器。液滴初始可放置在电磁铁正上方,当电磁铁施加 1 A 的电流,可在上方空间产生约为 64 mT 的磁场,液态金属磁液滴可被吸引、固定在电磁铁单元 1 的中心[图 6－25(b)]。随后,关闭电磁铁单元 1,开放电磁铁单元 2,在其上施加 3 A 的电流,可产生 98 mT 的磁场,磁液滴可向电磁铁单元 2 上方移动,由此可实现液滴的快速、精准的阵列式操控。

通过连续的磁操控,研究人员可实现不同字母的控制显示[图 6－25(c)]。

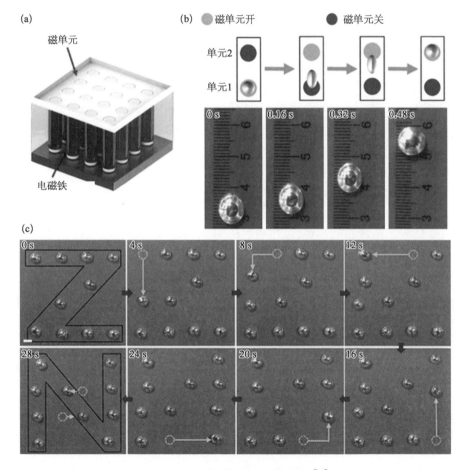

图 6－25 可编程液态金属磁流体[38]

(a) 基于液态金属液滴的可编程数字操控平台;(b) 控制液态金属液滴运动的磁控机制和过程;
(c) 磁控平台控制显示从"Z"到"N",比例尺为 5 mm。

另外,磁性液滴还可作为可编程机器和协作机器执行携带、运输等复杂的任务。打印出微型工具模块,在磁场控制下,磁流体液滴机器可携带运输约为216 mg 的棒状物体。通过同时操控液滴机器,可提升机器承载能力,实现高复杂度的任务。比如,通过同时操控两个液滴机器,可实现合作推动约 340 mg物体的机械协作任务;通过协作控制,两个液滴可以完成旋转聚合物棒到指定位置的复杂任务。

在磁场下,磁驱力为液滴运动的主要动力。在水平面上施加在液态金属磁流体液滴上的磁力可以表示为[39]

$$F_m = \frac{V_\chi}{\mu_0(1+\chi)}(B \cdot \nabla)B \tag{6.5}$$

其中,V_χ 代表磁性液态金属液滴的体积,χ 代表磁性液态金属的磁化率,μ_0代表自由空间的磁导率,B 代表在磁液滴上的磁场强度。

运动过程中的流体阻力、与基底的摩擦阻力和液滴运动、变形产生的毛细力为运动的三大阻力。浸入在 NaOH 溶液中,液滴表面的氧化物可被有效去除,在运动过程中与基底的接触角变化很小。这样,磁液滴在运动中与基底的摩擦阻力和毛细力很小,可以忽略不计。因此,磁液滴运动的主要阻力为流体阻力[40],即

$$F_d = -6\pi\eta Rv \tag{6.6}$$

其中,R 表示磁液滴的半径,η 代表 NaOH 溶液的黏度,v 代表磁性液滴的运动速度。

研究者探索了 NaOH 溶液的浓度与不同磁性颗粒加载量对磁液滴运动的影响。结果表明,由于 NaOH 溶液可有效去除氧化物,减少运动摩擦,但浓度增加可加速 Ga 和 Fe 之间的电偶反应,产生 H_2 可黏附在磁液滴表面,增加流体动力摩擦,影响磁控的制动速度。

另外,通过增加磁性颗粒的加载量,液态金属磁流体可表现出制动速度的加快。但当磁流体的 Fe 加载量超过 6.33% 后,制动速度会降低,主要由于 Fe含量增加,Ga 和 Fe 之间的电偶反应会增加 H_2 的产生,堆积在磁液滴表面可增加流体摩擦,降低制动速度。

6.6.3 可磁重构的液态金属磁性材料

软磁性物质一旦失去外加磁场就会失去磁化,固体铁磁材料又难以根据

需要重新配置。具有磁活性和可重构功能的智能材料需要复杂的体系设计实现动态编程和磁重构,这往往限制了体系的应用形式,比如,磁重构体系常常用于液体系统,难以向更广阔的应用场景扩展。通过将硬磁性 NdFeB 颗粒混入液态金属中,可制备出具有导电性和可重构型铁磁液态金属材料[16]。磁化后,材料的机械性能显著增加,同时表现出可检测到的表面磁通密度。与传统的高温加热到居里温度的退磁方式不同,由于该磁性材料具有相对柔软的材质,可通过机械揉搓、重塑的方式打破材料的微观磁性以对材料退磁[图 6‐26(a)]。比如,充磁后,三角形磁性材料具有大约 60 mT 的高表面磁通密度,然后经过

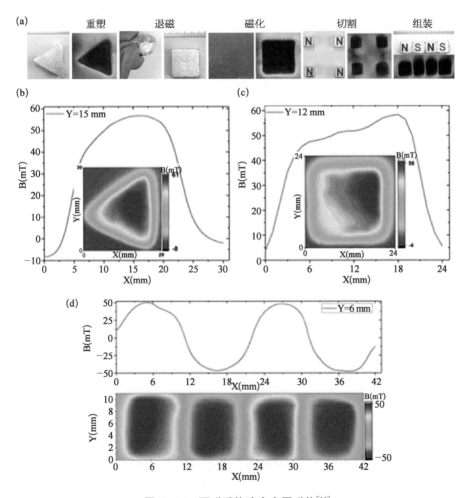

图 6‐26　可磁重构液态金属磁体[16]

(a) 液态金属磁体的磁重塑、切割、重组等过程;(b) 三角形液态金属磁体的表面磁场分布;(c) 正方形液态金属磁体的表面磁场分布;(d) 重组的新型条形磁体的表面磁场分布。

机械退磁后材料的磁通密度消失。再次重塑为正方形形状后,可重新用外磁场磁脉冲对材料进行充磁,其表面磁通密度可恢复为 58 mT 左右。另外,将方形磁材料切割成 4 个磁体,相互黏附后可自组装成一个新的条形磁体阵列,可重构磁体的磁极性,使其具有可逆变换的表观磁通密度[图 6 - 26(b)~(d)]。

6.6.4 纳米液态金属磁流体的应用讨论

到目前为止,纳米液态金属磁流体的提出、制备与应用仍处于初始阶段,针对材料的制备方式、磁性颗粒的选取、纳米磁流体体系的扩充等仍有很大的研究空间。纳米液态金属磁流体的应用需要建立在流体稳定材料的制备上。液态金属氧化物的存在赋予了材料许多新奇特性[9, 10],并由此催生出包括电子印刷、柔性机器等一系列具有突破性的应用场景。对氧化物的利用与调控在液态金属磁流体的制备中尤为重要。在机械制备法中,氧化物具有比液态金属基液更优的黏附性,可以包裹多种类磁性材料与液态金属形成磁流体[19]。然而,氧化物的存在一定程度上会影响磁流体的成分、机械性能与流动性。随着固态颗粒的大量加入,材料可表现出一定的硬度、成型性与可塑性。在氧化物与纳米磁性颗粒包裹、混合过程中,由于黏附性的存在可引发颗粒聚集,影响磁性颗粒的分散性。尤其是氧化物与磁性颗粒一起在机械搅拌的过程中难以保证在磁流体内均匀分布,由于密度的不同,还可能引发后续的分层现象,因此,材料在使用前的均匀化处理就比较重要。在传统的磁流体中,往往通过引入一定分散剂的方式减弱磁性颗粒的团聚,增强磁性颗粒在流体中的分散性与均匀性。与之相反,在胞吞制备法中,由于酸性溶液的加入,金属氧化物可被全部去除,液态金属磁流体可在固态颗粒存在的条件下表现出更佳的流动性。然而,胞吞法制备过程中可消耗一定的磁性纳米颗粒,比如,Fe 纳米颗粒,最终磁性颗粒的浓度会有一定的下降。磁性颗粒的最终浓度不能以添加进磁性颗粒的量为衡量标准,还需引入更为精确的计量与测试方式,如电感耦合等离子体质谱法等。有研究报道,液态金属磁流体作为基础材料,在酸性溶液中可制备出多孔材料,生成的气体为材料的微结构带来巨大变化,可降低材料的密度,同时伴有微结构与刚度的显著变化。液态金属磁流体的长期稳定性还需要进一步实验来说明。为提升液态金属磁流体的稳定性,可进一步加强对磁性颗粒与液态金属基液的界面研究,或引入其他材料等来调控界面润湿行为。另外,胞吞法制备液态金属磁流体的磁流体种类还有待进一步扩展。目前,有研究报道的导电率较高的 Ni、Fe 等材料可与液态金属通过润湿形成磁流体,其他磁性金属氧化物颗粒仍未有报道。研究不同种金属氧化物与液态金属的润湿行为,扩大液态金属磁流体体系的材料成分具有重要的科学意义与实际应用价值。另外,液态金属中的主要成分金属 Ga,具有很强的活泼性,制成的磁流体不仅要克服材料长期保存的稳定性问题,磁性颗粒与液态金属间也可形成各种化合物或合金材料,在此种情况下提升材料的稳定性也极具挑战。最后,纳米液态金属磁流体材料赋予了液态金属磁控特性,同时不同于一般磁流体,液态金属作为基液具有更优的电学、热学、生物学与刺激响应特性,在柔性电子、软体机器领域可提供多向驱动能力,提高能量管理效率,在生物医学领域有望用于磁分选、磁开关、磁治疗等应用。

6.7　小结

磁流体在润滑、强化传热与生物医学等领域都有广泛应用。液态金属磁流体的研发扩展了磁流体的材料体系,同时由于液态金属基液的引入可显著提高磁流体的电学、热学与生物安全性,同时赋予材料多刺激响应功能,有利于材料作为新型功能流体的多领域应用。本章总结了液态金属磁流体的两种制备方式:机械法与胞吞法。机械法主要利用液态金属表面物的黏附性可将其他磁性粒子通过包裹进入的方式制成磁流体;胞吞法需引入酸性溶液,将液态金属氧化物与其他金属氧化物溶解去除,使磁性颗粒进入液态金属基液内。两种制备方法的原理不同,所制备出的液态金属磁流体也存在异同。由于磁性颗粒的加入,液态金属磁流体都表现出良好的磁响应、磁控、磁热等特性。磁性颗粒的引入对液态金属的黏度、流动性与磁热特性等都有一定影响。同时,外磁场也提供了一种非接触式调控材料刚度的手段,提供驱动流体运动动力,并用于能量管理中。

参 考 文 献

[1] Elmore W C. The magnetization of ferromagnetic colloids. Physical Review, 1938, 54 (12): 1092 - 1095.

[2] Anton I, de Sabata I, Vekas L. Application orientated researches on magnetic fluids. Journal of Magnetism and Magnetic Materials, 1990, 85(1): 219 - 226.

[3] Raj K, Moskowitz R. Commercial applications of ferrofluids. Journal of Magnetism and Magnetic Materials, 1990, 85(1): 233 - 245.

[4] Jeon J, Lee J, Chung S K, et al. Magnetic liquid metal marble: characterization of lyophobicity and magnetic manipulation for switching applications. Journal of Microelectromechanical Systems, 2016, 25(6): 1050-1057.

[5] Zhang J, Guo R, Liu J. Self-propelled liquid metal motors steered by a magnetic or electrical field for drug delivery. Journal of Materials Chemistry B, 2016, 4(32): 5349-5357.

[6] Wang H, Yuan B, Liang S, et al. PLUS-M: a porous liquid-metal enabled ubiquitous soft material. Materials Horizons, 2017, 5(2): 222 229.

[7] Chang H, Guo R, Sun Z, et al. Direct writing and repairable paper flexible electronics using nickel-liquid metal ink. Advanced Materials Interfaces, 2018, 5(20): 1800571.

[8] Guo R, Sun X, Yao S, et al. Semi-liquid-metal-(Ni-EGaIn)-based ultraconformable electronic tattoo. Advanced Materials Technologies, 2019, 4(8): 1900183.

[9] Gao Y, Li H, Liu J. Direct writing of flexible electronics through room temperature liquid metal ink. Plos One, 2012, 7(9): e45485.

[10] Gao Y, Liu J. Gallium-based thermal interface material with high compliance and wettability. Applied Physics A, 2012, 107(3): 701-708.

[11] Zheng Y, He Z, Gao Y, et al. Direct desktop printed-circuits-on-paper flexible electronics. Scientific Reports, 2013, 3: 1786.

[12] Liang S, Liu J. Colorful liquid metal printed electronics. Science China Technological Sciences, 2018, 61(1): 110-116.

[13] Guo R, Sun X, Yuan B, et al. Magnetic liquid metal (Fe-EGaIn) based multifunctional electronics for remote self-healing materials, degradable electronics, and thermal transfer printing. Advanced Science, 2019, 6(20): 1901478.

[14] Liu Y, Ai K, Lu L. Polydopamine and its derivative materials: synthesis and promising applications in energy, environmental, and biomedical fields. Chemical Reviews, 2014, 114(9): 5057-5115.

[15] Lu Y, Che Z, Sun F, et al. Mussel-inspired multifunctional integrated liquid metal-based magnetic suspensions with rheological, magnetic, electrical, and thermal reinforcement. ACS Applied Materials & Interfaces, 2021, 13(4): 5256-5265.

[16] Cao L, Yu D, Xia Z, et al. Ferromagnetic liquid metal putty-like material with transformed shape and reconfigurable polarity. Advanced Materials, 2020, 32(17): 2000827.

[17] Liu T Y, Ye J, Fu J H, et al. Liquid metal-enabled soft actuators for untethered manipulation, intelligent robotics and applications. Springer International Publishing, 2021, 13013: 412-421.

[18] Xu Q, Oudalov N, Guo Q, et al. Effect of oxidation on the mechanical properties of liquid gallium and eutectic gallium-indium. Physics of Fluids, 2012, 24(6): 063101.

[19] Xiong M, Gao Y, Liu J. Fabrication of magnetic nano liquid metal fluid through loading of Ni nanoparticles into gallium or its alloy. Journal of Magnetism and

Magnetic Materials, 2014, 354: 279 - 283.

[20] Carle F, Bai K, Casara J, et al. Development of magnetic liquid metal suspensions for magnetohydrodynamics. Physical Review Fluids, 2017, 2(1): 013301.

[21] Wang H, Chen S, Li H, et al. A liquid gripper based on phase transitional metallic ferrofluid. Advanced Functional Materials, 2021, 31(32): 2100274.

[22] Jeong J, Seo J, Chung S K, et al. Reversible on-demand magnetic liquid metal marble manipulation by magnetowetting: split and merge, deformation and recovery. 2019 IEEE 32nd International Conference on Micro Electro Mechanical Systems(MEMS), 2019: 409 - 411.

[23] Jeong J, Seo J, Chung S K, et al. Magnetic field-induced recoverable dynamic morphological change of gallium-based liquid metal. Journal of Microelectromechanical Systems, 2020, 29(5): 1208 - 1215.

[24] Jeong J, Seo J, Lee J B, et al. Electromagnet polarity dependent reversible dynamic behavior of magnetic liquid metal marble. Materials Research Express, 2020, 7(1): 015708.

[25] Hu L, Wang H, Wang X, et al. Magnetic liquid metals manipulated in the three-dimensional free space. ACS Applied Materials & Interfaces, 2019, 11(8): 8685 - 8692.

[26] Li F, Kuang S, Li X, et al. Magnetically- and electrically-controllable functional liquid metal droplets. Advanced Materials Technologies, 2019, 4(3): 1800694.

[27] Tang J, Zhao X, Li J, et al. Gallium-based liquid metal amalgams: transitional-state metallic mixtures(transm2ixes) with enhanced and tunable electrical, thermal, and mechanical properties. ACS Applied Materials & Interfaces, 2017, 9(41): 35977 - 35987.

[28] Schmitt M, Stark H. Marangoni flow at droplet interfaces: three-dimensional solution and applications. Physics of Fluids, 2016, 28(1): 012106.

[29] Zhu H, Kim Y D, De Kee D. Non-newtonian fluids with a yield stress. Journal of Non-Newtonian Fluid Mechanics, 2005, 129(3): 177 - 181.

[30] He X, Ni M, Wu J, et al. Hard-magnetic liquid metal droplets with excellent magnetic field dependent mobility and elasticity. Journal of Materials Science & Technology, 2021, 92: 60 - 68.

[31] Gómez J R, Garcia R F, Catoira A D M, et al. Magnetocaloric effect: a review of the thermodynamic cycles in magnetic refrigeration. Renewable and Sustainable Energy Reviews, 2013, 17: 74 - 82.

[32] Bahl C R H, Nielsen K K. The effect of demagnetization on the magnetocaloric properties of gadolinium. Journal of Applied Physics, 2009, 105(1): 013916.

[33] Wu R, Shen F, Hu F, et al. Critical dependence of magnetostructural coupling and magnetocaloric effect on particle size in Mn-Fe-Ni-Ge compounds. Scientific Reports, 2016, 6(1): 1 - 10.

[34] Wang Q, Yu Y, Liu J. Preparations, characteristics and applications of the functional liquid metal materials. Advanced Engineering Materials, 2017, 5: 1700781.

[35] Palenzona A, Clrafici S. The Ga-Gd(gallium-gadolinium) system. Bulletin of Alloy Phase Diagrams, 1990, 11(1): 67 - 72.

[36] Castro I A, Chrimes A F, Zavabeti A, et al. A gallium-based magnetocaloric liquid metal ferrofluid. Nano Letters, 2017, 17(12): 7831 - 7838.

[37] Lu Y, Zhou H, Mao H, et al. Liquid metal-based magnetorheological fluid with a large magnetocaloric effect. ACS Applied Materials & Interfaces, 2020, 12(43): 48748 - 48755.

[38] Li X, Li S, Lu Y, et al. Programmable digital liquid metal droplets in reconfigurable magnetic fields. ACS Applied Materials & Interfaces, 2020, 12(33): 37670 - 37679.

[39] Nguyen N T, Zhu G, Chua Y C, et al. Magnetowetting and sliding motion of a sessile ferrofluid droplet in the presence of a permanent magnet. Langmuir, 2010, 26(15): 12553 - 12559.

[40] Bijarchi M A, Favakeh A, Sedighi E, et al. Ferrofluid droplet manipulation using an adjustable alternating magnetic field. Sensors and Actuators A: Physical, 2020, 301: 111753.

第7章
纳米液态金属复合材料

7.1 引言

液态金属具有许多特性,包括如水一般的流动性、优异的导热性、较高的导电性、良好的生物安全性等,已成为新一代前沿功能材料。近年来,液态金属在热管理、生物医学、化学催化、柔性电子、软机器人等重要应用方向展示出极大潜力。材料的流动性好,动力黏度与水相当。作为室温流体,其热导率大约是水的 50 倍,在散热与热管理中展现出极大优势[1]。因此,许多初期研究都是建立在材料优异的热学性能上,例如,计算机芯片的高效散热系统、大型设备的热管理等研究中。在金属材料中,液态金属的导电性与金属 Cu 相差一个数量级,但与离子液体、水凝胶、纳米聚合物等流体相比,其导电性具有明显优势,这也是这一大类材料受到柔性电极、印刷电子、软体机器人等领域广泛关注的原因。金属 Hg 具有生物毒性,其高蒸气压为应用带来安全隐患,相比之下,安全性液态金属如 Ga 及其合金的蒸气压很低,从室温到 2 000℃的宽温度范围均可保持流体态,有利于开展稳定应用和研究[2]。液态金属表现出明显的过冷度,在低于其熔点时仍然能保持液体状态,进一步拓展了材料的工作温区,甚至可将其应用拓展到许多低温的场景。另外,由于原子间的强金属键合作用,液态金属几乎是所有液体中表面张力最高的材料,大约是水的 10 倍。材料表面自发生成的氧化膜可有效调控其本身的流变性、润湿性、与周围环境的黏附性以及表面张力等,可实现大尺度的形变,这一性能在软体机器人的驱动、变形、运动中具有重要意义。

尽管液态金属表现出巨大的潜力和综合的应用前景,然而,针对某一特定类型的应用,该类材料还面临一些挑战。比如,作为柔性驱动材料,其流体特性会增加整体结构中电学、热学性质的不稳定性,因此,通过与微管道、弹性体等结合对材料实现封装是必要的。在生物医学应用中,以镓铟合金为例,其密度大约为水的 6 倍,直接分散在生理溶液中不仅不稳定而且容易沉积,常用的策略是利用一些表面活性剂或化学修饰的方法使材料在静电斥力等作用下稳定悬浮。因此,为弥补材料本身的缺陷或进一步提升材料的综合性能,将液态金属与其他功能材料如各类高分子、聚合物、纳米颗粒、金属材料等以多种方式形成复合材料,可达到一加一大于二的协同效果。

微纳米尺度液态金属材料的复合策略有助于规避材料的缺陷,强化材料的内在属性,甚至赋予材料新生特性以应对材料在各方面的挑战[3]。在液态金属材料与其他材料形成的微纳米复合材料中,液态金属可以作为基液、填充物或是单独个体,其他高分子或微颗粒类材料可修饰于微纳米液态金属材料表面,填充在液态金属内部或对微纳米液态金属液滴形成软性包裹。总体来说,复合策略主要有三类:纳米液态金属核壳结构材料、纳米液态金属与聚合物复合材料,以及液态金属与多种类纳米颗粒复合材料。不同的材料复合形式与结构会直接影响复合物的功能和适合的应用类型。另外,还可根据特定的应用有针对性地提升复合材料的电学、热学、机械、韧性、系统稳定性、生物安全型与生物活性等性质。本章主要介绍有关材料的复合策略,并结合其应用特性加以分析。

7.2 纳米液态金属核壳结构材料

液态金属核壳结构一般指在液态金属液滴外通过化学、物理等相互作用方式包裹一层有机、无机的微纳米材料形成核壳分层结构。核壳结构材料极大地提升了体系的稳定性,并发挥了内外两种材料的优势,正由于核壳结构的优异性,核壳微纳米液态金属复合材料在材料改性、生物医学、化学催化以及二维材料的合成等方面受到广泛关注并取得许多重要进展。首先,液态金属在空气中或水环境内可自发生成一层氧化膜,此为内生性核壳结构。另外,通过人工干预,利用化学交联、物理吸附、氧化还原反应等可在液态金属表面再形成一层高度可控的壳结构,此为人工修饰性核壳结构[4]。这两种核壳结构都有很重要的作用。

液态金属表面附近的原子排列较为稀疏,会导致液态金属从内核到界面处的过度出现更为有序的状态,并为界面提供更多反应与相互作用的可能。液态金属具有流体性质,本应与空气构成流体-气体界面,然而,由于金属 Ga

的活泼性,其极易与空气、水中的 O_2 反应,在液态金属表面生成包括 Ga_2O_3 与 Ga_2O 等 Ga 的氧化物[5]。在空气条件下,液态金属表面可形成薄层氧化物,这与液态金属表面的稀疏分层结构有关。类似于金属铝箔表面生成的氧化物,液态金属的氧化物具有自限性生长的特点:一旦形成,可保护内部材料进一步发生氧化反应。因而,表面的氧化物可表现为均匀的超薄层结构[6]。表面自发形成的氧化物壳具有许多重要作用,例如,可调控液态金属与其他材料的相互作用力、与基底的黏附行为等多种特性[7]。表面氧化物以一种无定型或结晶状态存在,防止相邻的液态金属液滴立即结合。然而,由于氧化膜的尺度和厚度有限,导致这种支撑力较小往往不足以支撑材料的长期稳定性[8]。液态金属的核壳结构使材料具有一定的黏弹性,作为非牛顿流体具有特殊的流变特性。近期有研究表明,由于氧化物的存在,液态金属接触角的测量不能直接反映材料的整体润湿特性[9]。另外,与内部的液态金属相比,液态金属表面的氧化膜表现为与其他金属、非金属更优的黏附特性,可以很容易地转移到其他表面形成单层有序的薄膜材料。由此,表面氧化物的直接转移提供了一种制备大尺度二维氧化物半导体材料的便捷方式[10]。

　　利用液态金属表面氧化物的特殊性质,可以进一步形成各种氧化物、纳米颗粒表面修饰的核壳结构。在固体金属中,金属/金属氧化物的复合结构有助于实现电荷分离、调控光吸收与散射行为,并为表面等离子体共振提供模板[11]。有学者提出了液态金属/金属氧化物的框架结构:通过将液态金属液滴在粉末或胶体悬液中滚涂,可直接形成核壳结构,研究者将这一结构命名为液态金属弹珠结构(图 7-1)[12]。液态金属液滴可以与多种绝缘体、导体、半导体等形成弹珠结构,不仅可完成分离、合并、漂浮、自由落体等变形运动,还可实现如电化学传感、运动调节、化学催化等多种功能。例如,研究人员构建了金属-半导体的新型柔性电子,利用表面修饰氧化钨(WO$_3$)的液态金属弹珠作为检测重金属离子浓度的电化学传感器,该传感器不仅具有高灵敏度,还具有离子选择性[13]。在电场下,液态金属液滴表面电荷分布的差异与不平衡性可用来驱动液滴实现定向运动,对表面修饰纳米材料的液态金属弹珠,其在电场下可引起表面纳米材料的分布和运动[12]。另外,可利用表面纳米颗粒的特殊化学性质为液滴提供驱动力:将 WO$_3$ 修饰的液态金属弹珠置于双氧水(H_2O_2)环境中可表现为光催化行为,H_2O_2 分解生成的 O_2 可为弹珠的运动提供驱动力。

　　在超声下,液态金属可被外力分散成小液滴,通过超声空化作用引入的

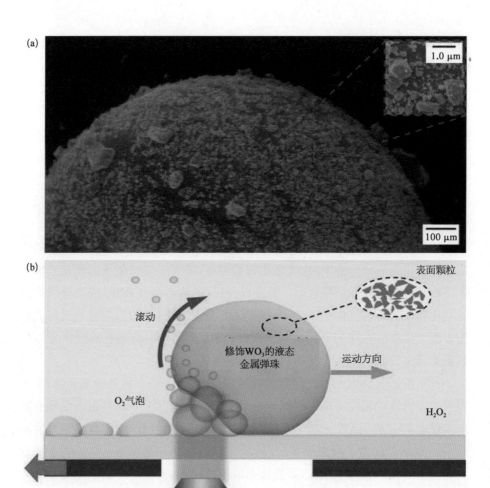

图 7 - 1　通过滚涂方式制备的液态金属弹珠的结构和光驱动下液态金属弹珠的运动行为[12]

（a）WO₃ 纳米材料修饰于液态金属液滴表面；（b）光诱导液态金属弹珠运动的示意。

O₂ 有助于在液态金属液滴表面生成更多的氧化物。在超声作用下，液态金属可分散成微纳米级别液滴，在溶液中添加金属氧化物，可构成微尺度液态金属/金属氧化物框架平台（图 7 - 2）[14]。与单纯的金属氧化物（WO₃）相比，金属-金属氧化物框架结构的界面可提供优异的光催化性能，该核壳结构表现出大约 3 倍的光催化活性，这一增强特性可能与材料在紫外-可见光较宽范围内的光吸收、内部金属的高导电性以及具有一定催化活性的 Ga₂O₃ 的参与有关。

尤其,框架结构内部液态金属良好的电学性质具有电子汇合性质,可抑制电子-空穴的复合,从而促进半导体材料界面处的空穴转移过程。有学者还将纳米金属 Cu、W、Ni 等颗粒加入液态金属中,通过超声制备出液态金属催化剂用于光催化有机污染原液[15]。研究结果表明液态金属表面修饰不同纳米颗粒会影响催化降解速度,纳米 Ni 颗粒的修饰可以最大限度地提高催化剂对亚甲基蓝的光催化活性。这个特殊的核壳结构在各类光催化反应,金属铂(Pt)、铅(Pb)等重金属离子的水质检测中具有重要作用,由此构成的柔性传感器预计会具有实际的应用价值。

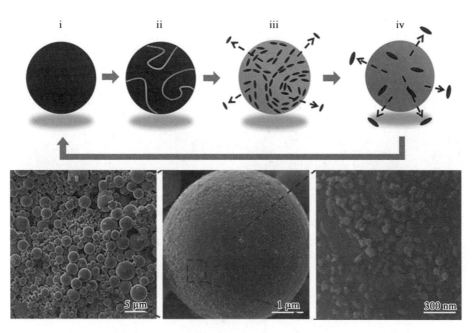

图 7-2　通过超声方式制备的液态金属微纳米弹珠示意和 WO₃ 纳米颗粒修饰于液态金属表面的 SEM 图像[14]

通过表面修饰,可实现如伪装、药物释放、高弹性、磁驱动等多种功能。液态金属表面表现出明亮的金属光泽,表面微粒的修饰可为材料提供颜色特征,甚至实现伪装功能。将荧光颗粒修饰于材料表面可制备出荧光多色液态金属微球,例如,荧光橘色、荧光粉色和荧光蓝色的液态金属等(图 7-3)。不同颜色的液态金属可通过聚集成为一个新的液态金属液滴,通过切割也可以形成两个独立的液态金属液滴。该微球在电场操控下可改变颜色,甚至可实现药物释放的功能[16]。不同功能纳米材料的修饰可改变材料的黏弹特质,比如,通过在材料表面包覆聚四氟乙烯(PTFE),可降低表面氧化物的黏附特性,同时提高材料的弹性[17]。用 PTFE 颗粒修饰表面保留了材料高表面张力与柔性的特质,制成了具有特殊机械性能的超弹性液态金属液滴。通过将液态金属表面涂覆磁性微纳米颗粒,可有效降低材料表面的润湿特性,并赋予材料磁驱动特性[18]。但材料却无法同时维持良好的机械和弹性性能。使用镍铁纳米颗粒与聚乙烯(PE)颗粒同时修饰液态金属液滴表面,可隔绝液滴与基底、空气的直接接触,保留材料的高弹性和机械的鲁棒性,降低黏性和腐蚀性,同时赋予材料磁控特性,可用于障碍物的清理与车轮的驱动[19]。除了滚涂的方式,通过在液态金属表面实现不均一修饰可制备液态金属马达。研究人员为液态金属表面镀一层磁性 Ni 材料,可实现非接触式磁性运动,以这种方式包裹负载物、药物等还能实现加载物的定向输运[20]。

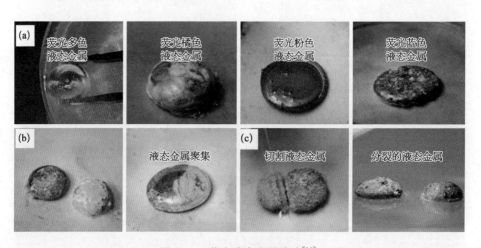

图 7-3 荧光液态金属液滴[16]

(a) 紫外光激发的多色荧光液态金属;(b) 荧光液态金属的聚集行为;(c) 荧光液态金属的分裂行为。

随着科技进步,世界对可再生能源的需求日益增加。液态金属具有低熔点、良好的流动性和高表面张力,可作为自愈合电极材料用于电池领域。尤其,液态金属纳米材料可缩短离子扩散路径、提高扩散速率,但电池在液/固转换过程中可导致活性物质聚集和固体电解质界面层的不稳定。研究者将还原氧化石墨烯材料包裹在液态金属纳米液滴表面,制成电池的阴极材料,不仅可提升纳米液滴的稳定性,适应体积膨胀所带来的应力,还能改善固体电解质界面层的稳定性,提高电极的导电性[21]。还原氧化石墨烯所构成的壳结构可以产生更低的电荷转移电阻,三维网络的形成可以提高电子导电性,获得更稳定的电荷传输性能。还有研究表明,氧化石墨烯包裹的液态金属颗粒可以获得更好的机械特性[22]。以氧化石墨烯修饰的纳米颗粒作为导电墨水,可以保护液态金属在激光下产生剧烈的形态变化,激光图案化技术可据此制备出高分辨率的电极设备[23]。此类利用石墨烯二维材料的修饰方法预计在柔性电子制备技术、电池、超级电容以及柔性传感等方面发挥重要作用。

　　将液态金属液滴分散成纳米尺度有利于实现更多生物医学应用。已有许多研究报道,在超声下,利用各类溶剂、表面活性剂、活性分子等可将液态金属分散成微纳米液滴[24]。超声条件、反应温度、表面氧化物、表面活性剂的选择都对液态金属液滴的稳定性、尺寸及分散度起重要作用[25]。在液态金属表面修饰具有生物相容性、生物靶向性或生物活性的高分子、纳米材料可利于材料在体内与生物细胞、组织的相互作用,有助于疾病治疗。Gu 等利用巯基修饰的聚乙二醇和具有靶向体内肿瘤细胞膜表面 CD44 受体的透明质酸来修饰液态金属纳米液滴[26]。该纳米材料可装载一定的抗肿瘤药物,通过被动靶向高渗透滞留(EPR)效应与主动靶向 HeLa 细胞膜的双重驱动下,实现药物在肿瘤部位的高效聚集。受肿瘤微环境影响,材料可将药物大量释放于肿瘤局部,实现抗肿瘤功能。利用光诱导化学聚合的方式,经过交联组装,Miyako 等制备了直径大约在 150 nm 尺度的液态金属生物材料,在透射电子显微镜(TEM)下,干燥的纳米材料粒径较小,表现为直径大约为 90 nm 的圆球,外部可见薄层约 20 nm 厚的包裹壳(图 7 - 4)[27]。相比之下,没有纳米偶联物修饰的材料表面则缺乏壳结构,很容易融合形成聚集体。经过光化学修饰的纳米胶囊材料还可表现出比碳纳米管、金纳米棒等更低的生物毒性,即便以 320 mg/mL 的高剂量注射也不会对小鼠的体重和健康造成明显影响。光交联的修饰方式可有效增强材料的生物安全性与稳定性。另外,液态金属纳米胶囊还表现出很好的光热温升、光热转化特性,得益于液态金属胶囊的独特内核,材料表现出良好的红外光吸光能力和高达 52% 的光热转换能力。由于材料内核的流体特质,在光照下,材料可发生形变与聚集,作为 X 射线增强显影剂与光声增强显影剂,有望据此开发、建立新一代诊疗一体化纳米平台。

　　高分子材料的修饰还可对微纳米液滴形成一定空间限制效果,可激发奇异变形现象。研究人员发现低温刺激可诱发液态金属液滴超快速、大尺度的剧烈形变现象[28]。在低温冷台下,液态金属周围溶液可率先在 −13.8℃ 左右形成冰晶。该冰晶为液态金属提供了一个受限空间,随后液态金属液滴可在低温诱导下于更低的温度下发生相变,由此产生剧烈的体

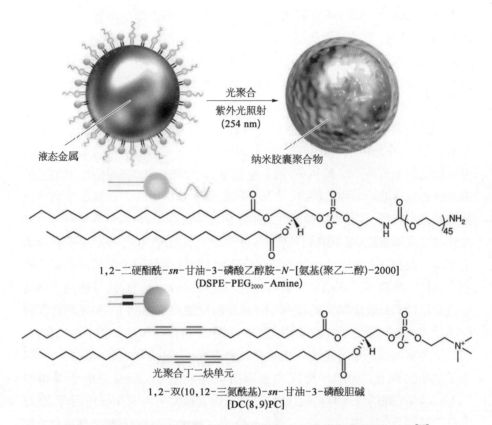

光聚合
紫外光照射
(254 nm)

液态金属

纳米胶囊聚合物

1,2-二硬酯酰-*sn*-甘油-3-磷酸乙醇胺-*N*-[氨基(聚乙二醇)-2000]
(DSPE-PEG$_{2000}$-Amine)

光聚合丁二炔单元

1,2-双(10,12-三氮酰基)-*sn*-甘油-3-磷酸胆碱
[DC(8,9)PC]

图 7-4　通过光诱导化学聚合的方式制备核壳结构液态金属纳米材料[27]

积变化与形变。该形变过程中,可通过改变体系的降温速率、材料周围的溶液环境等对冰晶形成温度、厚度等调制,控制形变效果。此种新型变形行为有望应用于温度触发的柔性电路装置、液态电路、导体绝缘体可切换的弹性装置以及生物组织的机械力调控中。

表面活性剂材料本身的流体性质可催生变形行为。有研究报道,在液态金属纳米材料界面处为阳离子表面活性剂时,可通过温控在材料表面形成羟基氧化镓纳米材料,改变材料的形态,然而,带负电荷的表面活性剂则不能引发此类现象[29]。另一项研究工作中,利用石墨烯量子点对液态金属纳米材料予以修饰,在激光下可诱发材料由球状到空心纳米棒的形态转变,可通过机械力破坏细胞内体膜,有效促进材料在内体的逃逸,由此实现肿瘤化学药物递送的时空调控[30]。

液态金属的独特界面是发生化学反应的优良场所。结合化学气相沉积,液态金属可催化多种碳材料的生长[31]。液态金属独特的界面优势可实现表面纳米金属颗粒、材料的原位生成。还可通过电化学反应,在液态金属表面原位形成金属纳米颗粒,实现对材料表面的包裹修饰。例如,将液态金属液滴放置于 $AgNO_3$ 或 $KAuBr_4$ 溶液中,液态金属液滴表面会立即形成黑色,表明即刻发生氧化还原反应(图 7 - 5)[32]。经过 72 h 的浸没,液滴表面的黑色材料明显增厚。在电镜下可见纳米级别的颗粒形成于材料表面,表明液滴表面提供了极好的化学反应界面,纳米材料在液滴表面原位形成。X 射线衍射(XRD)结果证明了这种形成的纳米物质为纳米 Au 和纳米 Ag,具体表现为具有面心立方晶体结构的多晶。SEM 图像表明,表面形成的材料为多晶结构,与无定型态的镓氧化物显著不同。由于金属标准电位的差异,金属 Ga 可被氧化成镓离子,溶液中的银离子可还原成银材料生成于液滴表面。此种方式不仅可为液态金属实现表面包裹,还为贵重金属离子从溶液中的回收提供了可行途径。通过在液态金属微纳米颗粒表面原位电化学电镀的方式制备 Ag 壳包裹的核壳结构颗粒,还可用于实现具有高导电性、自修复功能的柔性电子电路[33]。在超声后的液态金属微纳米颗粒悬液中添加银氨溶液,可实现片层状的 Ag 材料在球形液态金属液滴表面的沉积。无需烧结等后处理手段,镀 Ag 的液态金属颗粒具有良好的初始导电率,通过调控 Ag 壳的厚度,可以在电路损坏时,借助 Ag 壳破裂实现实时电路功能修复。

Cu 也可以通过电化学反应的方式,成功修饰在液态金属液滴表面。Cu 颗粒表面往往会被 CuO 包裹。滚涂 Cu 粉末后的液态金属置于碱性溶液中可诱发电置换反应,实现溶液与金属颗粒的电化学焊接(图 7 - 6)[34]。碱性溶液可以溶解液态金属表面的氧化物,使内部活泼的 Ga 暴露于纳米 Cu 颗粒的界面上。由于 Ga 的电极电位负值更大,更活泼,CuO 可被还原为 Cu,溶液中的铜络合离子也可被还原为金属单质,由此,实验中可见 Cu 颗粒表面显示出颜色变化,同时,由于 Ga 表面氧化物的去除,液态金属液滴可表面出明显的形状改变。此类电化学方法提供了一种让颗粒交联的简便而有效的方式,有望实现多类金属、非金属颗粒的表面交联与过渡。利用金属离子原位还原得到的壳体结构往往难以控制,将 CuO 颗粒预先包裹于液态金属液滴表面不仅可实现 Cu 膜的稳定包裹,还可获得规律性排布的 Cu 膜结构[35]。此原位自组装的 Cu 膜与液态金属表面的氧化物构成双层结构,使得液滴具有与肖特基模式相似的伏安响应特性,有望据此合成新型半导体材料。

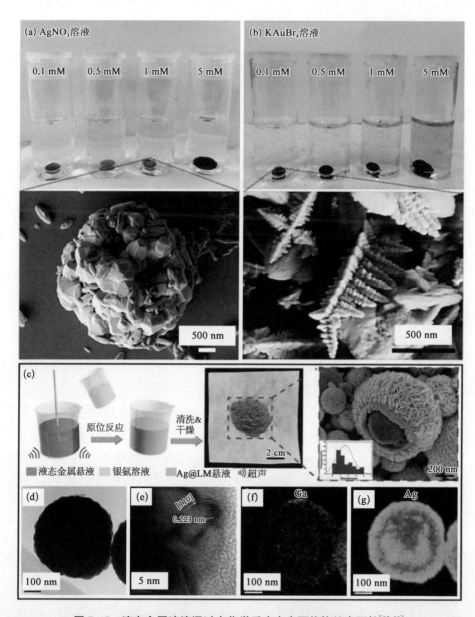

图 7-5　液态金属液滴通过电化学反应在表面修饰纳米颗粒[32,33]

(a) 液态金属液滴在溶液中通过电化学反应在表面修饰纳米 Ag；(b) 液态金属液滴在溶液中通过电化学反应在表面修饰出 Au 壳；(c) 液态金属悬液通过与银氨溶液反应制备 Ag 壳包裹的液态金属纳米材料；(d) Ag 壳包裹的液态金属纳米材料的 TEM 图像；(e) Ag 壳包裹的液态金属纳米材料的高分辨率透射电子显微镜（HRTEM）图像；(f) Ga 的 EDS 图像；(g) Ag 的 EDS 图像。

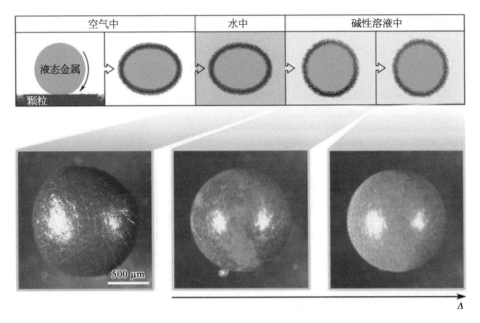

图 7-6　Cu 颗粒通过电化学焊接修饰于液态金属表面[34]

　　类似地,利用此种电化学反应,可实现 Ga 纳米材料在 Zn 颗粒溶液中的合成[36]。另外,金属 Pb、MnO_2 等都可通过电化学反应的方式与液态金属构成核壳结构[37,38]。MnO_2 通过高锰离子还原得到单层水合 MnO_2 纳米片,通过在液态金属界面上发生类似 Cabrera - Mott 的反应过程,可自限性生成水合氧化锰单层结构,研究表明该核壳结构可用于染料刚果红的光催化降解。将液态金属液滴作为核心,研究人员总结了制备具有核壳纳米结构的液态金属颗粒的通用策略:在超声处理下,液态金属液滴可被分散为乳液,与溶液中特定金属阳离子或阴离子接触,当满足还原电位的条件要求,即可触发溶液中的金属或金属氧化物颗粒在液态金属液滴表面沉积,形成核壳球体[39]。研究人员利用此策略制备了 W、钒(V)、钼(Mo)、Mn 等金属修饰的核壳结构。与此类似,有研究团队也报道了通过电化学还原反应制备中空液态金属颗粒的通用策略,比 Ga 电化学电位高的金属理论上都可以通过电化学还原的方式参与反应[40]。Ga 在反应中不断被消耗,可形成类似中空的结构,基于此方法,研究者测试了 Cu、Ni、Co、Cd、Sn 等金属的修饰效果。液态金属核壳结构不仅可稳定液态金属微纳米结构,还可为复合材料提供丰富的力学、化学、生物学等功能,在柔性传感、化学催化、生物靶向递送、肿瘤治疗等多领域应用广泛。

除了以液态金属作为核壳结构的核心构成微纳米核壳结构外,还可将液态金属包裹在微纳米颗粒表面构成核壳结构[41]。Ga 与 Cu 接触会形成 $CuGa_2$,当 Ga 的含量较少时,少量的 Ga 还可侵入 Cu 晶格内,形成一定厚度的异质层。将液态金属涂覆于 Cu 颗粒表面,表面的 Cu 可与 Ga 形成 $CuGa_2$ 方形晶体,由于材料的核壳结构、表面的晶体结构和异质结的存在可增强电磁波传输时介质的偶极子极化、介电极化和微波的界面极化,可用于微波吸收中。总体来说,此类核壳结构的研究相对较少。

7.3 纳米液态金属与聚合物复合材料

柔性材料在柔性电子、软体机器与人机交互界面等领域受到广泛关注。材料的选择与组装方式对柔性器件的功能起关键作用。目前,各类先进功能材料,如水凝胶、导电纳米材料、导电高分子,以及各类刺激响应性材料都已成为研究热点,用于可穿戴传感、可重构天线、人造肌肉、柔性机械抓手等各类柔性电子器件及柔性驱动装置。多功能柔性聚合物复合材料是构成各类可穿戴智能设备和柔性机器的核心部件。区别于传统的刚性金属材料,柔性聚合物复合体的框架材料常采用各类高分子或硅基柔性材料。为进一步提升材料的电学、热学特性,学界常利用功能性微纳米材料作为填充物以强化材料特性或实现复合功能。目前使用较多的材料有各类金属纳米颗粒、金属纳米片、碳纳米管、石墨烯等。柔性液态金属液滴作为填料的应用近年来逐渐受到学界重视,柔性功能液滴的添加不仅可规避机械不适配的缺陷,获得更好拉伸性,还可有效改善聚合物复合材料的电学特性、机械特性、修复性、韧性及热学特性等。

由于框架材料与填充材料机械性能的差异,柔性聚合物在经历各类弯曲、拉伸、扭转等形变后,材料的机械性能和电学特性会受影响。对于常规复合材料,由于填充物的弹性模量与外部弹性材料之间的模量不匹配,聚合物复合材料的机械性能受到固态微粒或纳米颗粒的影响很大,尤其是拉伸过程中可能会出现机械滞后的现象。柔性液态金属液滴的添加则可极大改善这一缺陷。研究表明,由液态金属液滴填充的超拉伸导体的电导率可以与商业化的 Ag 导电材料相比拟,在 10% 拉伸下,弹性体的杨氏模量大约在 0.1 MPa,要比天然橡胶的弹性模量(1.2 MPa)更低[42]。利用纳米液态金属液滴掺杂入静电纺丝聚合物(PAN),可制备摩擦纳米发电材料的摩擦层,通过加入少量的纳米材料,复合膜即可表现出更高的能量输出[43]。由于纳米颗粒的添加,聚合物膜的电荷捕获能力显著增强,在添加液态金属浓度为 1.5% 时,摩擦发电体系的电流密度可提高 40%,输出电压可上升 70%。然而,当颗粒浓度进一步增加时,输出则会由于有效的电气化面积减小而降低。

液态金属流体材料作为填充剂可有效改善整个导体的拉伸性和机械稳定性,近期研究表明,液态填充物的添加甚至可以在一定程度上增强拉伸性(图 7 - 7)[44]。另外,由于流动性的液滴材料填充,液态金属液滴可以通过变形以适应各种外部形变,而不影响材料本身的电学性质,因此,基于液态金属填充的复合材料和电路可表现出更为优异的机械与电学性质。材料极好的流动性使得复合材料的机械性能和拉伸主要受到弹性基质的限制。一般来说,常用的聚二甲基硅氧烷(PDMS)和硅橡胶的拉伸性最大在 700% 左右,水凝胶的

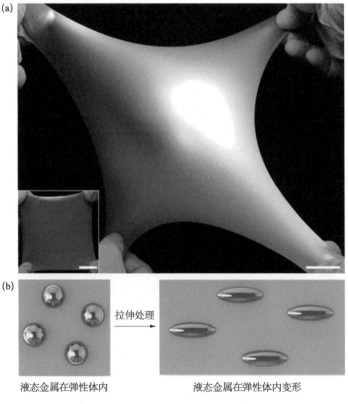

图 7 - 7　液态金属弹性体表现出很好的拉伸性[44]

(a) 液态金属聚合物复合材料的拉伸效果;(b) 内部的液态金属可在拉伸下变形以适应外部应力变化。

拉伸性更好一些可达到 1 000％。研究人员开发出了由液态金属液滴填充的具有超高拉伸性能的聚合物材料,最大拉伸性可达 2 500％,用于实现可变形和更具机械耐用性的摩擦纳米发电机[45]。复合材料的基质选取聚氨酯丙烯酸酯(PUA),其中超分子氢键的存在可为材料提供极高的拉伸性能,液态金属和 Ag 片用作导电填料,保证聚合物在经历几段拉伸时仍能保持极好的导电率,大约为 6 250 S/cm。另外,材料极好的自愈合性也让材料在超拉伸和严重机械损坏后仍能保持能量收集的能力。

柔性材料在往复拉伸中还会面临来自材料寿命的挑战。机械裂痕的出现会直接导致材料的功能失效。如何在重复变形期间保持长期机械、功能的稳定性已成为材料耐久性的一个关键衡量指标。近期,有研究人员利用液态金属的流动性完成了电路受损后的快速修复[46]。液态金属被封装在聚合脲甲醛(UF) 壳中,形成胶囊结构。利用超声可控制液态金属胶囊的具体尺寸,将大尺寸的液滴胶囊镶嵌于介电层内,将尺寸小于 10 μm 的胶囊作为愈合剂直接添加到导电金线上。当底部基板在拉伸过程中受到机械损伤导致薄膜破裂,其上的液态金属液滴也会破裂,释放内部的导电流体到受损部位,完成即时修复(图 7 - 8)。在 SEM 下可见液态金属液滴渗入裂纹处。另外,在四点弯曲测试中,使用惠斯通电桥对电路进行监控,将试样作为一个桥臂,有液态金属胶囊存在的金线可完成电路功能的恢复。然而,其余包括纯环氧树脂、玻璃珠夹杂物和固体镓胶囊等对照样品,均未观察到电导率的恢复,这充分说明了该修复方法的有效性。与此类似,研究人员近期报道了液态金属弹性体可自主电愈合的特性[47]。在弹性体受损坏后,内部的液滴会破裂而自发彼此相连,使得液态金属导电环路重新连接。

此外,添加了液态金属的弹性体可表现出极高的韧性,断裂能可显著增加 50 倍(图 7 - 9)[48]。对于各类柔性材料,韧性主要通过增加裂纹尖端附近的能量耗散实现。研究人员将掺 50％体积比的柔性弹性体材料拉伸 300％,用剪刀剪开一个缺口,并继续拉伸以测试材料的极端抗撕裂特性,实验发现,随着拉伸持续,裂纹变钝并最终消失。液态金属弹性材料表现出超韧特性,实验中测量的韧性可高达(33 500±4 300)J/m² ,远超其他弹性材料的韧性值。在固体填充物柔性弹性材料中,由于机械性能不匹配,应力会集中于颗粒与外部柔性框架的界面处,导致能量难以耗散。而液态金属添加剂的加入提供了材料增韧的新机理,可通过三个方面实现增韧:改变液滴的形状自适应裂纹运动,增加能量耗散和有效消除裂纹尖端。对液态金属聚合物复合材料拉伸可导致

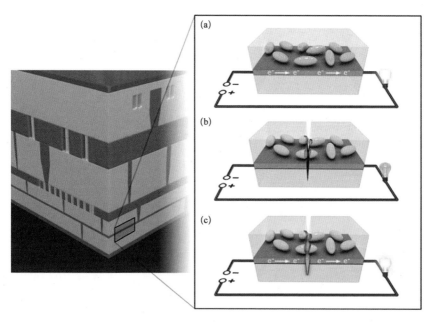

图 7‑8　由液态金属颗粒构成的多层微电子设备可在损伤后实现自修复功能[46]

（a）正常工作的电路；（b）受损的电路；（c）液态金属液滴破裂后完成线路修复。

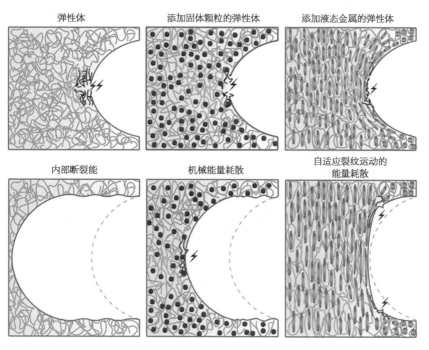

图 7‑9　与普通弹性体、添加固体颗粒的弹性体相比，
液态金属颗粒的添加使弹性体增韧[48]

内部液态金属发生形变,基于此,利用热致变色弹性体开发可实现触觉逻辑的复合材料[49]。通过压力触摸弹性体,即可诱导复合材料发生颜色变化,从而实现触觉识别与逻辑功能。

液态金属作为填充物除了具有非凡的流动性与电学性质外,高导热特性也是它的一大优势[50]。随着电子设备体积的减小与功耗的大幅增加,散热问题已经成为影响器件性能提升的限制因素。利用如导热硅脂等热界面材料来填充接触间隙可增强散热。传统的导热硅脂主要由硅油、环氧树脂等作为基体材料,添加高导热性填充物,常用的填充物主要包括金属颗粒与碳基材料等,例如金属纳米线、氧化铝、氮化硼、碳纳米管、石墨烯等。然而,这些填料往往需要通过表面改性以降低接触处的 Kaptiza 电阻,制备加工的复杂性与高填充剂量下材料结构的不稳定性增加了制备的困难。液态金属作为热界面材料,可直接降低接触界面的热接触电阻,制备方式简单,能在室温下完成各类导热硅脂的制备。硅油为无色透明液体,液态金属表面具有金属光泽,两者于室温混合后,液态金属材料可以液滴的形式分散于导热硅脂中,整体材料呈现为灰色。研究人员测试了液态金属复合导热硅脂的导热性、导电性、黏度和腐蚀性能,并观察了复合材料的微观形态。研究结果表明,液态金属填充物的添加有助于大幅度提高硅油的热导率。纯硅油的导热系数相当小,而当液态金属的体积分数为 81.8% 时,复合材料的导热系数可提升将近 20 倍[50]。据此,研究人员还利用接触温差试验平台验证了硅油复合材料优异的界面导热性能。

除了导热性能的限制,界面热阻在大功率设备的散热应用中也占据着重要的作用。以环氧树脂作为基质,微纳米液态金属液滴作为填料,可在体积分数为 85% 下获得热导率达 14 W/(m·K) 的热界面材料,在 65% 的体积分数下,获得极低的大约为 0.004 3 K/W 的热阻[51]。由于具有更低的界面热阻,65% 的体积分数液态金属液滴弹性体的散热性能要优于纯液态金属、85% 的体积分数液态金属液滴弹性体以及由 65% 和 85% 体积分数添加的硅油散热材料。另外,随着液态金属液滴尺寸的增加,热导率表现为先增加后减小的趋势。颗粒的尺寸减小,复合材料中颗粒与周围成分之间的界面热阻会增加,从而降低复合材料的导热系数,而当颗粒尺寸过大,液滴周围环氧树脂的平均表面厚度会急剧增加,也会阻挡液滴之间的热传导,降低弹性体的导热系数。将液态金属液滴添加进弹性体中可提高弹性体复合材料的导热性能,与形状记忆合金结合用于软体机器的制动器中可加速体系散热,以获得更高的制动速率[52]。

为进一步提升复合材料的导热性能,还可将具有高导热性能的微纳米材料与液态金属微纳米液滴联合使用以期获得更高的导热效果。研究人员发现在 PDMS 中添加石墨烯纳米片(GnPs)可将体系的导热系数提高最高 4.4 倍,当进一步添加液态金属液滴后,弹性体的导热系数可提高 5.6 倍[53]。添加石墨烯纳米材料会增加弹性体在固化前的黏度,影响其塑形效果、机械强度和柔性,液态金属液滴的添加则不会影响体系的黏度和拉伸性能。在另一项研究中,高导热填料选择芳纶纳米纤维和液态金属液滴,实验发现液态金属液滴可随机分布于有序的芳纶纳米纤维之间,并形成紧密的堆积结构,由此制备出的复合薄膜表现出优异的热学特性和稳定性,在高温和多次机械应变后仍能保持极好的热导率[54]。另外,不同导热材料由于机械属性、物性的不同会影响聚合物复合材料的整体性能,改善不同高导热材料的相互作用,在弹性复合材料中构建出高导热通路也可提升材料的导热性能。研究发现添加 Ag 壳包裹的 SiC 微颗粒可增强微粒与液态金属之间的润湿性,液态金属液滴可增强填充 SiC 颗粒之间的导热效果,降低颗粒之间的热阻,从而获得具有低电阻率和高导热率的导热材料[55]。

制备液体金属柔性可拉伸弹性体最常用的方法是机械搅拌混合。这种方式制备的液滴尺寸略大,形状不规则,可能会导致材料的各向异性。近期,研究人员报道了一种表面引发的原子转移自由基聚合的方式制备纳米液态金属弹性材料(图 7 - 10)[56]。通过使用聚甲基丙烯酸甲酯(PMMA)、聚甲基丙烯酸正丁酯(PBMA)、聚 2 -二甲氨基乙基甲基丙烯酸酯(PDMAEMA)和聚丙烯

图 7 - 10　纳米液态金属弹性体良好的机械性能[56]

酸正丁酯(PBA)等各类聚合物,实现液态金属纳米材料的稳定包裹以及柔性杂化。制备的液态金属纳米材料具备高度稳定性、良好的分散性以及可调控的机械与光学性能。对氧化膜酸处理,液态金属还可实现回收。另外,通过选择不同结晶和玻璃化转变温度的聚合物,结合液态金属材料的过冷特性,可实现更为广泛的应用。

摩擦纳米发电机可有效收集机械能,将机械能转化为电能可为柔性传感器、可穿戴智能设备供电。固体填料在长期的摩擦与拉伸中产生机械形变,应力集中于局部影响发电性能和使用寿命。通过改进摩擦发电介电层的电荷捕获能力可提高表面电荷密度,从而提高发电性能。将液态金属纳米液滴添加进聚合物材料中可提升材料的拉伸性能,改善介电特性,减少介电损耗[57]。有研究通过将液态金属液滴分散于高介电层中以调控材料的表面电荷密度,增强摩擦纳米发电的功率输出[58]。

以更小尺寸液态金属液滴为原料制备弹性体复合材料,还可显著改善材料的介电常数,降低击穿强度(图7-11)[59]。将液态金属液滴添加入弹性聚合物中可优化材料的弹性顺应性与应变极限值。作为介电弹性体,液态金属材料的添加会使材料的介电常数和机电耦合系数高很多。然而,大尺度的液滴填充(10 μm)会导致复合材料在介电击穿强度和应变极限两方面同时减弱,而小尺度的液滴填充(1 μm或100 nm)会使材料在20%掺杂量时仍然能保持较

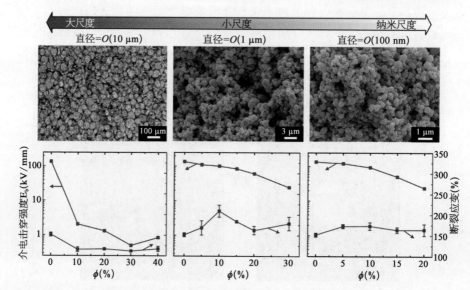

图7-11 不同尺度液态金属液滴填充弹性体的介电击穿性能与拉伸性能[59]

好的拉伸性与较高的击穿强度。小尺寸的填充物会降低内部电荷的强度，使电击穿场强度降低。复合弹性体优良的机械性能、增强的介电常数与稳定的击穿强度预计会使材料在柔性制动器、能量的储存与收集中起重要作用。利用液态金属液滴替代传统颗粒既能提高材料的整体电学、热学性质，同时不会降低复合材料本身的机械与变形能力。

液晶弹性体可作为人造机器的制动部件，当液晶取向被破坏时可发生材料形变。液晶弹性体可响应包括热、光、电等多种外部环境刺激，产生驱动效果。将液态金属液滴与液晶弹性体构成复合材料，可用于改善液晶弹性体固有导热性与导电性不足的缺陷，同时还可克服刚性填充物所带来的机械不相容问题，应用于柔性机器的传感与制动中，预计将极大提高现有机器人的性能，同时有助于激发一些新奇行为[60]。通过在液晶弹性体中添加不同尺度的液态金属微纳米材料，研究发现大尺度液态金属颗粒的添加可实现复合制动材料的较大应变，而小尺度液态金属颗粒的添加则可增强复合材料的硬度，在超过 300 kPa 的高载荷下也能保持结构完整。通过调控颗粒的尺寸可实现液晶弹性体制动应力和应变的有效调控[61]。

液态金属被分散成液滴后，由于表面氧化物与基质框架的阻隔，使液态金属复合材料往往表现出绝缘性能。在弹性体内形成稳定的功能性线路对于柔性可穿戴传感与软体机器等应用十分重要。烧结是制备电路的常见方法，通过处理纳米颗粒周围的表面氧化物以形成导电路线，从而在印刷电子设备中实现功能。传统的烧结方法有热烧结、激光烧结、微波烧结与光子烧结等[62]。激光烧结可被用来处理液态金属纳米涂料，该方法具有高兼容性、可拓展性、快速与自动化程度高等优点，研究者开发出一种自动化的喷涂与直接激光烧结相结合的方法，可实现柔性电路的快速制备。通过激光烧结平均直径为 58 nm 左右的液态金属颗粒，有助于实现更高分辨率的图案化印制（图 7 - 12）[63]。另外，受激光光源限制，该方法目前可实现 1 μm 的分辨率。通过调整激光的光斑尺寸，可望获得纳米级的电子电路。尤其是当液态金属纳米材料尺寸较小时（小于 70 nm），由于 Ga 的氧化反应消耗掉大量的 Ga，纳米颗粒的核心呈现固体，主要富含 In 元素，更适合通过热或光烧结的形式完成制备。

基于液态金属材料的特殊性质，一些新型的电路制备方式被陆续研发。首先是机械烧结法，可先制备液态金属纳米液滴，并分散在柔性基底上制备弹性电路，据此，研究人员首次提出一种可在室温下完成的烧结方式，命名为"机械烧结"[64]。主要原理是利用局部施加低压力使液态金属外膜层破裂，内部流

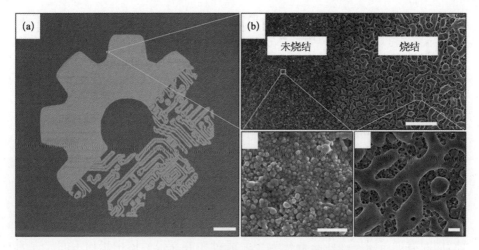

图 7 – 12　纳米液态金属激光烧结实现图案化印制[63]

(a) 激光烧结后的图案,标尺为 2 mm;(b) 未烧结与烧结过渡区域的扫描电镜图片,上标尺为 10 μm,下标尺为 1 μm。

体得以暴露,从而形成导线。在 SEM 下可观察到暴露出的液态流体。由于表面氧化作用,液态金属液滴的行为类似于弹性材料,当它受到超过临界表面应力,可表现出屈服与流动。另外,通过压缩过程中的双探头测量可在电学功能上检测到变化。基于此,研究人员展示了两种机械烧结模式:全局烧结,能够在毫米或更大尺度上烧结整个沉积物;局部选择性烧结,能够在 1 μm 或可能更小的沉积物内烧结。近期还有研究者提出利用蒸发烧结的方式制备柔性产品[65]。生物纳米原纤维(5~10 nm)能够在环境条件下通过蒸发诱导的液态金属液滴烧结成各种导电涂层,该方法还适用于各类具有可持续性与可降解属性的薄膜制备。

　　有趣的是,近期有研究人员发现温度变化可实现液态金属复合材料在导电与绝缘状态之间的可逆转换[66]。温控可逆的电过渡材料在传感器、半导体以及忆阻器等领域均具有重要应用价值。以往利用温控实现绝缘体和导体之间可逆转变的大多数转换材料是刚体材料,需要复杂的制造工艺。在柔性电子领域,液态金属高分子复合材料兼具大尺度应变(大约 680%)与电阻率变化,可在几秒钟内通过温度调节实现阻抗超过 4×10^9 倍的变化,这为可伸缩开关、半导体、温度传感器和电阻式随机存取存储器等众多应用提供了无限可能性。这里,液态金属聚合物复合材料的优势还在于导电与绝缘的调控方式是可逆的,当温度恢复到室温后,内部的液态金属液滴可回缩到原始结构,形成非导体绝缘结构。

7.4 液态金属与多种类纳米颗粒复合材料

通过将微纳米颗粒掺杂到液态金属内部,可实现复合材料的功能化,赋予材料更佳的热学、电学、磁学、光学特性,实现形状调控、密度调控、动能驱动等。金属 Cu 具有比液态金属更佳的热学与电学特性。研究人员发现在全 pH 范围内,液态金属可对 Cu 颗粒实现仿生细胞的吞噬行为[67]。通过利用溶解介质、电极化激发或牺牲金属等形式可调控材料从酸性、中性到碱性环境的胞吞行为,从而合成微粒复合材料。以上不同环境条件主要通过调控颗粒与液态金属间的润湿行为而引起颗粒的内化。液态金属液滴首先在粉末中滚涂获得被金属颗粒包裹的液态金属液滴。将液态金属液滴弹珠置于酸性溶液中可直接引起表面颗粒的吞噬与内化,同时伴随产气现象。在中性或碱性溶液中,需使用高于 2 V 的阴极极化电压来激发此种颗粒内化行为。在碱性溶液中,金属 Al 也可产生这样类似的电极电位。由此,引入 Al 等作为牺牲金属可刺激颗粒实现胞吞行为。通过将 Cu 颗粒机械掺杂入液态金属,材料的导电性可增加 80%,导热系数可增加 100%[68]。此外,微粒复合材料表现出明显的机械强度增强,从纯液态变为半液态/半固态,兼具一定的流动性与机械可塑性(图 7-13)。材料与基底的黏附性也随着掺杂量而增强。改性材料的可印刷特性、可变形与自愈合能

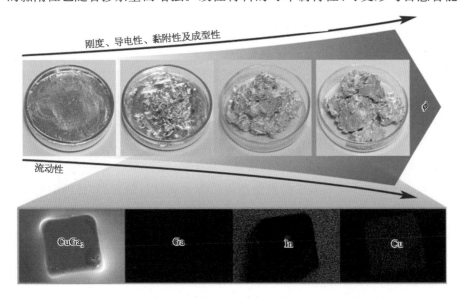

图 7-13 Cu 颗粒掺杂量对 Cu-液态金属复合材料的影响[68]

力在柔性电子、热界面材料等应用领域具有更为显著的优势[69]。

由于微电子行业的快速增长，芯片集成会遇到各类"热障"挑战。与气冷相比，液冷可将热量直接抽走，利用强制对流，水冷可将传热能力提升 10 倍。然而，水介质较低的导热性是一大限制因素。与水或其他有机溶剂相比，液态金属的导热性可提升数十倍以上。为了获得具有更高导热性能的终极冷却剂，可将高导热性纳米颗粒添加到液态金属流体中，在不影响其流动性的同时进一步提高复合功能材料的热学特性。2007 年，Liu 小组就提出通过掺杂碳纳米管[导热系数为 3 000 W/(m·K)]、Au[315 W/(m·K)]、Ag[427 W/(m·K)]、Cu[386 W/(m·K)]等来提升混合物的导热率[70]。将碳纳米管分散在 20% 的液态 Ga 中，导热率可增强到原来的 2.3 倍。到 2019 年，有研究者通过实验在流体中添加 W 微粒来改善热学特性，可将液态金属的热导率提升 2 倍以上[71]。

此外，吞噬磁性颗粒可赋予液态流体以磁性，便于非接触式、更直接、更简便地操控液态流体。利用机械搅拌氧化法、去氧化的内吞法可实现磁性液态金属复合材料的制备。磁性液态金属具有优良的黏附性与修复性能，作为导电浆料可实现磁控的图案化印刷、电磁屏蔽等功能。添加金属 Cd、磁结构转变材料等可赋予材料磁热效应，用于热管理与磁致冷中。这一部分已在第 6 章详细介绍，此处不再赘述。

液态金属的密度较高，是水的 5～6 倍，高密度限制了材料的应用场景。通过与低密度材料复合可有效降低密度。研究人员通过在液态金属材料中引入低密度玻璃微珠，开发了一种具有低密度、高延展性和刚度可控的液态金属的复合材料[72]。通过调控复合策略和材料配比，轻量化液态金属密度可降低到 2.01 g/cm³。玻璃微珠有中空的核壳结构，具有极低密度（图 7-14）。通过搅拌操作，借助液态金属材料与硅酸盐玻璃之间的黏附力，可实现轻质复合材料的制备。相同质量下，轻量化液态金属的体积大约是纯液态金属的 20 倍。由于极低的密度，材料可以轻易地被植物叶片托起。

通过调控中空玻璃微珠的种类和与液态金属材料的比例，材料的密度可进一步降低，轻量化液态金属的密度可在 0.448～2.01 g/cm³ 区间按需调控（图 7-15）。轻质液态金属复合材料具有优良的延展性，可在外力作用下制成小于 0.1 mm 厚度的片层结构。进一步通过折叠、重塑等制成折纸结构，可开发出三维复合材料。通过温度调节还可调控材料的刚度，利用厚度仅为 0.8 mm 的平板液态金属复合材料即可提供 15 倍于材料自身质量的支撑力。

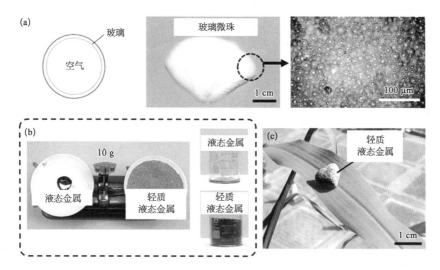

图 7-14　玻璃微珠制备轻量化液态金属复合材料[72]

（a）玻璃微珠的结构示意、真实图片与显微图片；（b）相同质量的液态金属和轻质液态金属的体积比较；（c）轻质液态金属放置于植物叶片上。

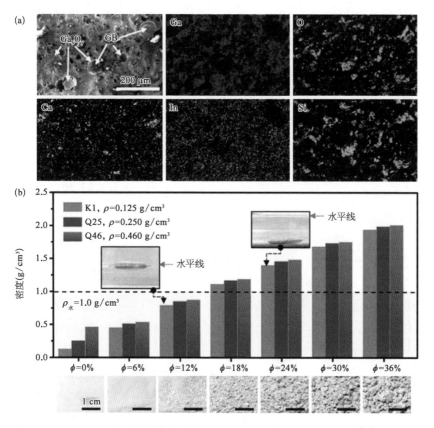

图 7-15　轻质液态金属的显微成像和复合材料的密度调控[72]

（a）轻质液态金属的 SEM 成像和 EDS 表征；（b）轻质液态金属的密度调控。

材料的低密度可使其适应于许多水上的应用场景。水可填充未封装的低密度液态金属的间隙而破坏材料结构,通过防水涂层封装可使材料适应水下应用。当材料直接与水接触时,位于玻璃珠表面的液态金属被洗掉,导致材料结构被破坏。对于稳定的轻质材料,玻璃微球之间液态金属液桥的压力可以描述为:

$$\Delta p = \gamma \left(\frac{1}{r_n} - \frac{1}{r_{tp}} \right) \tag{7.1}$$

其中,Δp 代表附加压力,γ 代表液体的表面张力,r_n 代表液桥的方位角,r_{tp} 代表液桥的半径。然而,当对轻质液态金属片材表面加水,平衡就会被破坏,由于水与硅良好的润湿性,水可以取代液态金属的位置,因此,γ 被替换为水的表面张力。毛细管力可通过以下等式计算:

$$F = \pi x^2 \Delta P - 2\pi x \gamma_{\text{LM-water}} \sin(\theta + \beta) \tag{7.2}$$

其中,x 代表水边的交叉范围,$\gamma_{\text{LM-water}}$ 代表水与液态金属之间的界面张力,θ 代表水在液态金属上的接触角,β 代表水在液态金属上的包含角。由于水的表面张力仅为液态金属的 $1/10$ 左右,等式计算的 F 将随着渗透过程的发展而减少,由此,削弱了玻璃微珠的内聚力,导致材料断裂。

因此,隔绝水与材料的直接接触尤为重要,通过防水膜材料的封装可为材料提供有力的防护作用。材料结构的破坏可影响整体导电性的变化,但当材料整体包裹封装材料后,电阻率的变化则不明显。研究者演示了轻质液态金属在水中的 3 种工作模式:在原始状态下,该组件显示出良好的浮力,即使被压入水中也可以再次实现漂浮、重悬;当封装材料被切割破裂,水会大量泄漏进来,组件迅速下沉到底部;通过注入少量的水可实现轻质液态金属组件在水中稳定的悬浮,这是一个通过挤压注入水来实现密度修改的过程,干燥后可再次悬浮(图 7 - 16)。

除了与玻璃材料复合,研究者还提出通过发泡的方法形成液态金属泡沫[73,74],中空结构的形成则有助于降低材料密度(0.6 g/cm^3),同时维持高导电性(10^5 S/m)[73]。在空气中搅拌液态金属使材料氧化,不仅增加体系黏度,还可同时复合其他如 Fe、Ni、Cu 等金属颗粒。将部分氧化的液态金属与水和金属颗粒进一步搅拌以形成均匀的液态金属复合材料。块状材料直接置于 65℃ 下加热,材料内部可产生大量气泡,迅速形成低密度液态金属泡沫(图 7 - 17)。

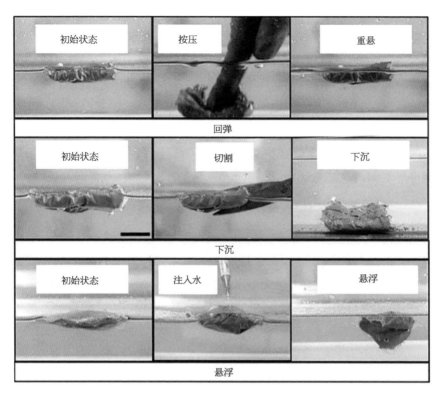

图 7 - 16 轻质液态金属在水下的回弹、下沉与悬浮状态[72]

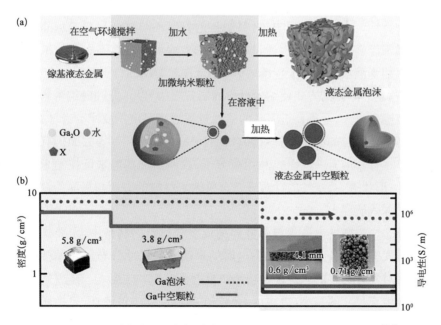

图 7 - 17 通过自发泡制备轻质液态金属泡沫和液态金属中空颗粒[73]

（a）自发泡制备轻质液态金属的示意；（b）液态金属泡沫和液态金属中空颗粒的密度和导电率。

液态金属泡沫的导电性良好,其中氧化物含量较低,在酸或碱溶液中溶解氧化物后,泡沫可以还原为纯液态金属。X射线光电子能谱(XPS)的结果表明,金属Ga在空气中搅拌后材料中存在Ga、Ga_2O与Ga_2O_3,证明材料经历了氧化过程。在金属发泡后,研究者发现在液态金属中的Ga_2O成分消失,新产物羟基氧化镓(GaOOH)出现,但含量较低[73]。在发泡过程中液态金属材料会经历两个化学反应:Ga_2O转换为Ga_2O_3,一部分Ga_2O_3转变为GaOOH,前者则可产生H_2。

$$Ga_2O + 2H_2O \longrightarrow 2H_2 \uparrow + Ga_2O_3 \tag{7.3}$$

在加热过程中从发泡管收集产生的气体,通过气相色谱法进一步检测,结果表明其中大量为H_2,因此,Ga_2O与H_2O反应产生H_2是金属发泡的机理。该金属泡沫被证明具有良好的电磁屏蔽效果,可以在8～12 GHz时表现出大约40 dB的电磁屏蔽效率。另外,在泡沫中添加磁性颗粒可以实现磁场下的集群行为。

7.5 纳米液态金属复合材料应用讨论

将液态金属与聚合物、金属颗粒等构成复合材料可以优化材料的物理、化学与生物特性。在实际应用中,材料制备的稳定性与复合材料的可靠性方面仍然会面临许多挑战。首先,通过机械力的方式可以将液态金属分散成不同尺度的微纳米液滴。相比于传统的Au纳米颗粒常用的自下而上的合成方式,这种机械、超声分散的方式使纳米材料的制备更为容易,但同时纳米颗粒的尺寸分布范围也更大,还需要进一步的筛选过程以满足应用要求。总体来说,在纳米液态金属颗粒的制备中针对颗粒的尺寸、分布与产率等方面仍有很大提升空间。尽管目前有一些研究利用高分子、表面活性剂等来调控纳米液态金属的尺寸、形状等,系统性的针对液态金属纳米材料的表面与界面的调控还需要更多的深入研究。

在液态金属微纳米液滴与弹性体构成复合材料的制备中,主要依靠机械搅拌的方式完成制备。其中,液态金属纳米液滴的尺寸分布与在弹性体内的分散度等对复合材料的稳定性与功能实现上会产生一定影响。随着纳米液态金属液滴填充尺寸的减小,更多的Ga会在制备过程中被消耗,包括通过氧化成为金属氧化物,从而影响了内部液态金属的构成比例(In含量更高),这种填充材料熔点的改变以及氧化物的存在所带来的机械性能的改变对复合材料的整体机械性能与物性的影响还需进一步明确。

在液态金属与其他纳米颗粒形成的复合材料中,由于液态金属具有一定的活泼性,会与其他金属材料形成金属键或金属间化合物,这也为材料的长期稳定应用带来一定的挑战。目前,已有研究利用有机或无机材料调控液态金属或金属颗粒物表面以提高复合材料的稳定性,针对复合材料中不同物质间的界面、机械、力学等特性对材料整体电学、热学、流变等物性和功能的影响还需进一步评估。

另外,液态金属复合材料的研发需要更具系统性。针对特定的应用场景,可以构建相应的数学模型,针对特定的功能设计复合材料的配比并预测材料的电学、热学、力学等功能效果。据此,有望实现大规模纳米液态金属复合材料的开发利用。

7.6　小结

液态金属具有优异的电学、热学和柔性等特质,在柔性电子、生物医学等领域展现出重要的应用前景。然而,针对特定的应用类型,液态金属材料还需面对来自材料本身的很多挑战。比如,流动性很好,但稳定性不足;材料本身的物性等还有提升空间。液态金属复合策略的提出一方面可强化液态金属自身的物理、化学以及生物学特性;另一方面可克服材料自身的缺陷,弥补不足。液态金属可以与多种微纳米金属、氧化物、高分子聚合物以及凝胶、弹性体等构成复合材料实现功能的强化。其中,液态金属可以充当独立微纳米颗粒个体、填充物与基液材料等。本章总结了纳米液态金属复合材料的 3 种复合策略:液态金属核壳结构材料、纳米液态金属与高分子等构成的复合材料,以及液态金属与多种类颗粒构成的复合材料。

在空气中,液态金属可在表面自发形成一层自限性的氧化物,进一步在表面修饰聚合物、生物分子、金属氧化物材料等可实现材料在光催化、重金属检测以及各种生物医学等方面的应用。微纳米液态金属液滴作为柔性复合材料的填充物可赋予材料更优的电学、热学性质。更为重要的是,液态金属的弹性模量很低,可以极大地降低填充物与外部基质框架的机械不适配性,在施加较大外部应力时,可改变自身形态以顺应外部应力改变,从而获得更佳的拉伸性、韧性与抗击穿性能。液态金属填充物极好的流动性还可赋予复合材料自修复能力,在出现机械损伤的情况下,内部流态的液态金属溢出可迅速实现功能恢复,由此极大延长了材料的使用寿命。弹性体中实现电路功能需要借助烧结技术,由于具有良好的流动性,机械应力改变就可以实现电路的导通与互联。另外,液态金属可以作为基液与各种金属纳米颗粒等构成复合材料。比如,添加纳米金属 Cu 可增强体系的导热、导电性能等;与磁性颗粒等形成复合材料后可以使材料用于磁驱动、磁印刷以及磁热等领域;与低密度材料复合可进一步降低体系密度,据此实现更广泛的应用。

参 考 文 献

[1] Liu J. Advanced liquid metal cooling for chip, device and system. Shanghai: Shanghai Science & Technology Press, 2020.

[2] Wang Q, Yu Y, Liu J. Preparations, characteristics and applications of the functional liquid metal materials. Advanced Engineering Materials, 2017, 5: 1700781.

[3] Chen S, Wang H Z, Zhao R Q, et al. Liquid metal composites. Matter, 2020, 2(6): 1446 - 1480.

[4] Sun X, Yuan B, Wang H, et al. Nano-biomedicine based on liquid metal particles and allied materials. Advanced NanoBiomed Research, 2021, 1(4): 2000086.

[5] Martin A, Kiarie W, Chang B, et al. Chameleon metals: autonomous nano-texturing and composition inversion on liquid metals surfaces. Angewandte Chemie International Edition, 2020, 59(1): 352 - 357.

[6] Wang D, Wang X, Rao W. Precise regulation of Ga-based liquid metal oxidation. Accounts of Materials Research, 2021, 2(11): 1093 - 1103.

[7] Gao Y, Liu J. Gallium-based thermal interface material with high compliance and wettability. Applied Physics A, 2012, 107(3): 701 - 708.

[8] Daeneke T, Khoshmanesh K, Mahmood N, et al. Liquid metals: fundamentals and applications in chemistry. Chemical Society Reviews, 2018, 47(11): 4073 - 4111.

[9] Joshipura I D, Persson K A, Truong V K, et al. Are contact angle measurements useful for oxide-coated liquid metals? Langmuir, 2021, 37(37): 10914 - 10923.

[10] Zavabeti A, Ou J Z, Carey B J, et al. A liquid metal reaction environment for the room-temperature synthesis of atomically thin metal oxides. Science, 2017, 358 (6361): 332 - 335.

[11] Zhang W, Naidu B S, Ou J Z, et al. Liquid metal/metal oxide frameworks with incorporated Ga_2O_3 for photocatalysis. ACS Applied Materials & Interfaces, 2015, 7 (3): 1943 - 1948.

[12] Tang X, Tang S Y, Sivan V, et al. Photochemically induced motion of liquid metal

marbles. Applied Physics Letters, 2013, 103(17): 174104.

[13] Sivan V, Tang S Y, OMullane A P, et al. Liquid metal marbles. Advanced Functional Materials, 2013, 23(2): 144 – 152.

[14] Zhang W, Ou J Z, Tang S Y, et al. Liquid metal/metal oxide frameworks. Advanced Functional Materials, 2014, 24(24): 3799 – 3807.

[15] Liang S, Wang C, Li F, et al. Supported Cu/W/Mo/Ni-liquid metal catalyst with core-shell structure for photocatalytic degradation. Catalysts, 2021, 11(11): 1419.

[16] Liang S, Rao W, Song K, et al. Fluorescent liquid metal as a transformable biomimetic chameleon. ACS Applied Materials & Interfaces, 2018, 10(2): 1589 - 1596.

[17] Chen Y, Liu Z, Zhu D, et al. Liquid metal droplets with high elasticity, mobility and mechanical robustness. Materials Horizons, 2017, 4(4): 591 – 597.

[18] Jeon J, Lee J, Chung S K, et al. Magnetic liquid metal marble: characterization of lyophobicity and magnetic manipulation for switching applications. Journal of Microelectromechanical Systems, 2016, 25(6): 1050 – 1057.

[19] Chen R, Xiong Q, Song R Z, et al. Magnetically controllable liquid metal marbles. Advanced Materials Interfaces, 2019, 6(20): 1901057.

[20] Zhang J, Guo R, Liu J. Self-propelled liquid metal motors steered by a magnetic or electrical field for drug delivery. Journal of Materials Chemistry B, 2016, 4(32): 5349 – 5357.

[21] Wang K, Hu J, Chen T, et al. Core-shell GaSn @ rGO nanoparticles as high-performance cathodes for room-temperature liquid metal batteries. Scripta Materialia, 2022, 217: 114792.

[22] Creighton M A, Yuen M C, Morris N J, et al. Graphene-based encapsulation of liquid metal particles. Nanoscale, 2020, 12(47): 23995 – 24005.

[23] Chambel A, Sanati A L, Lopes P A, et al. Laser writing of eutectic gallium-indium alloy graphene-oxide electrodes and semitransparent conductors. Advanced Materials Technologies, 2022, 7(5): 2101238.

[24] Liu Y, Zhang W, Wang H. Synthesis and application of core-shell liquid metal particles: a perspective of surface engineering. Materials Horizons, 2020, 8: 56 - 77.

[25] Akihisa Y, Yu M, Tomokazu I. Reversible size control of liquid-metal nanoparticles under ultrasonication. Angewandte Chemie, 2015, 54(43): 12809 – 12813.

[26] Lu Y, Hu Q, Lin Y, et al. Transformable liquid-metal nanomedicine. Nature Communications, 2015, 6: 10066.

[27] Chechetka S A, Yue Y, Xu Z, et al. Light-driven liquid metal nanotransformers for biomedical theranostics. Nature Communications, 2017, 8: 15432.

[28] Sun X, Guo R, Yuan B, et al. Low-temperature triggered shape transformation of liquid metal microdroplets. ACS Applied Materials & Interfaces, 2020, 12(34): 38386 – 38396.

[29] Lin Y, Liu Y, Genzer J, et al. Shape-transformable liquid metal nanoparticles in aqueous solution. Chemical Science, 2017, 8(5): 3832 – 3837.

[30] Lu Y, Lin Y, Chen Z, et al. Enhanced endosomal escape by light-fueled liquid-metal transformer. Nano Letters, 2017, 17(4): 2138.

[31] Zeng M, Li L, Zhu X, et al. A liquid metal reaction system for advanced material manufacturing. Accounts of Materials Research, 2021, 2(8): 669 – 680.

[32] Hoshyargar F, Crawford J, OMullane A P. Galvanic replacement of the liquid metal galinstan. Journal of the American Chemical Society, 2017, 139(4): 1464 – 1471.

[33] Zheng R, Peng Z, Fu Y, et al. A novel conductive core-shell particle based on liquid metal for fabricating real-time self-repairing flexible circuits. Advanced Functional Materials, 2020, 30(15): 1910524.

[34] Tang J, Zhao X, Li J, et al. Thin, porous, and conductive networks of metal nanoparticles through electrochemical welding on a liquid metal template. Advanced Materials Interfaces, 2018, 5(19): 1800406.

[35] Yao Y, Chen S, Ye J, et al. Self-assembled copper film-enabled liquid metal core-shell composite. ACS Applied Materials & Interfaces, 2021, 13(50): 60660 – 60671.

[36] Gao X, Fan X, Zhang J. Tunable plasmonic gallium nano liquid metal from facile and controllable synthesis. Materials Horizons, 2021, 8(12): 3315 – 3323.

[37] Oloye O, Tang C, Du A, et al. Galvanic replacement of liquid metal galinstan with Pt for the synthesis of electrocatalytically active nanomaterials. Nanoscale, 2019, 11(19): 9705 – 9715.

[38] Ghasemian M B, Mayyas M, Idrus-Saidi S A, et al. Self-limiting galvanic growth of MnO_2 monolayers on a liquid metal—applied to photocatalysis. Advanced Functional Materials, 2019, 29(36): 1901649.

[39] Ren L, Cheng N, Man X, et al. General programmable growth of hybrid core-shell nanostructures with liquid metal nanodroplets. Advanced Materials, 2021, 33(11): 2008024.

[40] Falchevskaya A S, Prilepskii A Y, Tsvetikova S A, et al. Facile synthesis of a library of hollow metallic particles through the galvanic replacement of liquid gallium. Chemistry of Materials, 2021, 33(5): 1571 – 1580.

[41] Wang Y, Gao Y N, Yue T N, et al. Liquid metal coated copper micro-particles to construct core-shell structure and multiple heterojunctions for high-efficiency microwave absorption. Journal of Colloid and Interface Science, 2022, 607: 210 – 218.

[42] Wang J, Cai G, Li S, et al. Printable superelastic conductors with extreme stretchability and robust cycling endurance enabled by liquid-metal particles. Advanced Materials, 2018, 30(16): 1706157.

[43] Ye Q, Wu Y, Qi Y, et al. Effects of liquid metal particles on performance of triboelectric nanogenerator with electrospun polyacrylonitrile fiber films. Nano Energy, 2019, 61: 381 – 388.

[44] Bartlett M D, Kazem N, Powell-Palm M J, et al. High thermal conductivity in soft elastomers with elongated liquid metal inclusions. Proceedings of the National Academy of Sciences, 2017, 114(9): 2143.

[45] Parida K, Thangavel G, Cai G, et al. Extremely stretchable and self-healing conductor based on thermoplastic elastomer for all-three-dimensional printed triboelectric nanogenerator. Nature Communications, 2019, 10(1): 2158.

[46] Blaiszik B J, Kramer S L B, Grady M E, et al. Autonomic restoration of electrical conductivity. Advanced Materials, 2012, 24(3): 398-401.

[47] Markvicka E J, Bartlett M D, Huang X, et al. An autonomously electrically self-healing liquid metal-elastomer composite for robust soft-matter robotics and electronics. Nature Materials, 2018, 17(7): 618-624.

[48] Kazem N, Bartlett M D, Majidi C. Extreme toughening of soft materials with liquid metal. Advanced Materials, 2018, 30(22): 1706594.

[49] Jin Y, Lin Y, Kiani A, et al. Materials tactile logic via innervated soft thermochromic elastomers. Nature Communications, 2019, 10(1): 4187.

[50] Mei S, Gao Y, Deng Z, et al. Thermally conductive and highly electrically resistive grease through homogeneously dispersing liquid metal droplets inside methyl silicone oil. Journal of Electronic Packaging, 2014, 136(1): 011009.

[51] Jia X, Liu B, Li S, et al. High-performance non-silicone thermal interface materials based on tunable size and polymorphic liquid metal inclusions. Journal of Materials Science, 2022, 57: 11026-11045.

[52] Huang X, Ren Z, Majidi C. Soft thermal actuators with embedded liquid metal microdroplets for improved heat management. 2020 3rd IEEE International Conference on Soft Robotics(RoboSoft) 2020: 367-372.

[53] Sargolzaeiaval Y, Ramesh V P, Neumann T V, et al. High thermal conductivity silicone elastomer doped with graphene nanoplatelets and eutectic gain liquid metal alloy. ECS Journal of Solid State Science and Technology, 2019, 8(6): 357-362.

[54] Jia L C, Jin Y F, Ren J W, et al. Highly thermally conductive liquid metal-based composites with superior thermostability for thermal management. Journal of Materials Chemistry C, 2021, 9(8): 2904-2911.

[55] Kong W, Wang Z, Casey N, et al. High thermal conductivity in multiphase liquid metal and silicon carbide soft composites. Advanced Materials Interfaces, 2021, 8(14): 2100069.

[56] Yan J, Malakooti M H, Lu Z, et al. Solution processable liquid metal nanodroplets by surface-initiated atom transfer radical polymerization. Nature Nanotechnology, 2019, 14: 684-690.

[57] Su Y, Sui G, Lan J, et al. A highly stretchable dielectric elastomer based on core-shell structured soft polymer-coated liquid-metal nanofillers. Chemical Communications, 2020, 56(78): 11625-11628.

［58］ Gao S, Wang R, Ma C, et al. Wearable high-dielectric-constant polymers with core-shell liquid metal inclusions for biomechanical energy harvesting and a self-powered user interface. Journal of Materials Chemistry A, 2019, 7(12): 7109 - 7117.

［59］ Pan C, Markvicka E J, Malakooti M H, et al. A liquid-metal-elastomer nanocomposite for stretchable dielectric materials. Advanced Materials, 2019, 31(23): 1900663.

［60］ Ford M J, Ambulo C P, Kent T A, et al. A multifunctional shape-morphing elastomer with liquid metal inclusions. Proceedings of the National Academy of Sciences of the United States of America, 2019, 116(43): 21438 - 21444.

［61］ Ford M J, Palaniswamy M, Ambulo C P, et al. Size of liquid metal particles influences actuation properties of a liquid crystal elastomer composite. Soft Matter, 2020, 16(25): 5878 - 5885.

［62］ Sun X, Wang X, Yuan B, et al. Liquid metal-enabled cybernetic electronics. Materials Today Physics, 2020, 14: 100245.

［63］ Liu S, Yuen M C, White E L, et al. Laser sintering of liquid metal nanoparticles for scalable manufacturing of soft and flexible electronics. ACS Applied Materials & Interfaces, 2018, 10(33): 28232 - 28241.

［64］ Boley J W, White E L, Kramer R K. Mechanically sintered gallium-indium nanoparticles. Advanced Materials, 2015, 27(14): 2355 - 2360.

［65］ Li X, Li M, Xu J, et al. Evaporation-induced sintering of liquid metal droplets with biological nanofibrils for flexible conductivity and responsive actuation. Nature Communications, 2019, 10(1): 3514.

［66］ Wang H, Yao Y, He Z, et al. A highly stretchable liquid metal polymer as reversible transitional insulator and conductor. Advanced Materials, 2019, 31(23): 1901337.

［67］ Tang J, Zhao X, Li J, et al. Liquid metal phagocytosis: intermetallic wetting induced particle internalization. Advanced Science, 2017, 4(5): 1700024.

［68］ Tang J, Zhao X, Li J, et al. Gallium-based liquid metal amalgams: transitional-state metallic mixtures(transm2ixes) with enhanced and tunable electrical, thermal, and mechanical properties. ACS Applied Materials & Interfaces, 2017, 9(41): 35977 - 35987.

［69］ Guo R, Wang H, Sun X, et al. Semiliquid metal enabled highly conductive wearable electronics for smart fabrics. ACS Applied Materials & Interfaces, 2019, 11(33): 30019 - 30027.

［70］ Ma KQ, Liu J. Nano liquid-metal fluid as ultimate coolant. Physics Letters A, 2007, 361(3): 252 - 256.

［71］ Kong W, Wang Z, Wang M, et al. Oxide-mediated formation of chemically stable tungsten-liquid metal mixtures for enhanced thermal interfaces. Advanced Materials, 2019, 31(44): 1904309.

［72］ Yuan B, Zhao C, Sun X, et al. Lightweight liquid metal entity. Advanced Functional Materials, 2020, 30(14): 1910709.

［73］ Zhang M，Liu L，Zhang C，et al. Self-foaming as a universal route for fabricating liquid metal foams and hollow particles. Advanced Materials Interfaces，2021，8(12)：2100432.

［74］ Gao J，Ye J，Chen S，et al. Liquid metal foaming via decomposition agents. ACS Applied Materials & Interfaces，2021，13(14)：17093－17103.

第8章
纳米液态金属生物医学材料

8.1 引言

液态金属作为生物材料具有悠久的应用历史。Hg 是公众视野里最常见的液态金属,目前已有研究证明,Hg 蒸气和海洋生物重金属沉积等 Hg 暴露对公众健康构成重大威胁。但 Hg 一旦形成合金,毒性会极大减弱,例如,在两个世纪前,Hg 与其他金属结合形成固体的汞齐就被用作牙科填充物,几乎没有任何明显的副作用[1]。另外,由 Na、K 构成的钠钾合金也属于液态金属生物材料,它们活泼性极高,在与空气中的水蒸气或与水溶液直接接触时可发生剧烈氧化反应并释放大量的热量。钠钾合金可作为新型的可注射式热籽,用于微创式肿瘤热消融[2]。氧化反应后的溶液还包含大量的 OH^-,可进一步强化肿瘤消融的效果。反应产生的金属离子产物包括 Na^+ 与 K^+,是人体体液的重要组成成分,不会对人体造成任何副作用。

近年来,包括纯镓、镓基和铋基的金属合金,在软机器人、赛博电子学、多功能材料、可注射电子学、医疗监测和疾病治疗等跨学科领域引起了广泛关注。此类材料不仅具有流动性与金属特性,与 Hg 相比,还具有基本上可忽略不计的低蒸气压、低毒性与生物安全性,这些特性使得液态金属在许多生物医学领域都展现出更为广阔的应用前景。利用镓或铋基金属流体材料近年来促成了一系列开创性研究,由此催生了液态金属生物材料学领域的形成和发展[3,4]。例如,研究人员利用熔点在 60℃ 左右的铋基可相变合金作为骨水泥植入生物材料,与传统高分子骨骼填充物相比,具有操作方便、相变速度快、方便取出等优点[5]。在神经修复中,液态镓铟锡合金可促进神经电信号传输和肌肉功能重建[6],液态金属还可嵌入植入电子的微通道中构成不同的神经导管传导模型,相应研究在国内外引起广泛的关注与大幅报道。由于熔点较低,具有良好的流动性、低黏度、室温可操作性,由此催生出可注射式液态金属生物材料与生物电子的新兴研究方向,具有广阔应用前景[7]。另外,材料还具有增强显影能力,被认为是 X 射线下的新型成像造影剂,可实现多尺度血管成像,甚至对末端血管也可呈现清晰的可视化[8]。材料作为注射式柔性电极,针对体内胃肠腔道等部位,可实现肿瘤的电化学治疗,具有良好的可控性与个性化治疗潜力[9]。将液态金属注射到微流体通道或弹性体中制成可拉伸的导线、连接器、天线和传感器,可用做运动监测和生理电信号检测的可穿戴设备。通过改善液态金属界面的润湿性,调控材料的高表面张力,从而可实现柔性电子材料在皮肤上的直接印刷,进行生物医学检测与健康监测[10]。基于液态金属的电子产品,包括可穿戴设备、体表贴片设备、仿生眼、可植入电子设备,柔性人机交互控制系统等将为健康监测提供更为准确的检测信号和诊断信息,预计将在下一代医疗保健系统中发挥重要作用。

镓基合金和铋基合金在柔性电子材料、软体机器技术等领域中被研究的最多,然而,由于铋基合金的熔点相对较高,高于人体体温,通常需要额外的加热过程才能将其转化为液态,增加了其在体内应用的复杂性。迄今为止,利用熔点低于体温的镓和镓基合金,探索其生物医学应用的研究工作占绝大多数。

将液态金属流体制造成纳米流体可极大地增加材料的比表面积,纳米材料的独特表面特性与小尺度效应可拓展出更多应用,与材料的表界面科学、纳米技术、纳米复合材料和催化等结合会为生物医学的多方面研究与应用带来更多可能。纳米材料的高表面积可为材料与细胞膜、蛋白质以及内含体等生物系统的相互作用提供更多靶向性与生物治疗的功能性。近几年,镓基液态金属纳米材料引起了生物医学领域的广泛关注,相关研究主要集中在微纳米材料的制造与功能化上,多种类可响应光、热、微波、磁场等多外场调控的微纳米材料被陆续开发出来,可用于药物精准递送、肿瘤治疗等领域。

8.2　液态金属纳米氧化层的生物医学材料特性

液态金属纳米颗粒会自发形成核壳结构。在空气中,镓基液态金属倾向于在表面形成薄薄的氧化层皮肤,厚度为几纳米,构成物质主要是无定型或结晶状态的 Ga_2O_3(图 8 - 1)[11,12]。氧化物在液态金属表面以一种自限性薄膜的形式呈现,可防止内部金属进一步氧化。表面氧化物的导电性与液态金属本身不同,同时可为内部的液态金属提供一定的机械刚度。它的存在有利于材料进一步黏附于其他基材上[12]，包括纸、树叶或动物皮肤等，剥离下来则可应用在二维材料的增材制造上。到目前为止，有许多研究侧重于液态金属界面与材料润湿特性的调控，例如研发新一代导电油墨材料，对基质材料的表面拓扑结构加以改性，开发选择黏附性印刷技术，改善材料与其他非黏性表面的润湿性并实现电子打印等。尽管 Ga 的表面张力(700 mN/m)大约是水的 10 倍，但表面的氧化物可以降低表面能并将液态金属塑造成非球体形式，甚至将表面张力降低到极低。也正是由于氧化层的存在，液态金属墨水滴出时会带着一个尾巴的形状。氧化物的存在维持了材料的相对稳定性。氧化物可以分散液态金属液滴防止它们聚集，在酸性或碱性溶液中，利用氧化物的去除也可实现液态金属微纳米材料的回收和再利用。液态金属纳米材料在生物体内的降解行为与氧化膜的关系也是密不可分的。

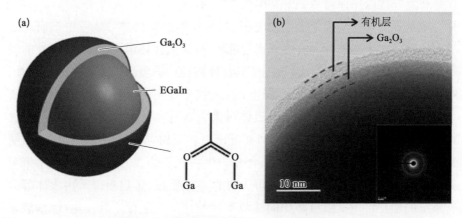

图 8-1　液态金属纳米颗粒的核壳结构[11,14]

(a) 液态金属纳米生物材料的核壳结构示意；(b) SEM 下液态金属表面的核壳结构。

在超声处理或剪切力下可使液态金属分散成微纳米颗粒[13]。通常，纳米液态金属颗粒主要由氧化物壳与液态金属柔性内核组成。在扫描电子显微镜(SEM)下可以观察到 EGaInSn 纳米颗粒表面存在的 Ga_2O_3 薄膜[14]。然而，氧化物薄膜很容易被破坏，这会使这些微小的颗粒再次聚集而形成一个大液滴。为了增强这些纳米颗粒的稳定性，进一步可利用有机聚合物、无机材料等对微粒表面进行化学工程化修饰。改性的液态金属表面通常是在氧化物层外形成具有可调节厚度的包裹层。表面的修饰方法可以通过化学交联或物理吸附等方式实现，最终形成具有更高稳定性、大比表面积、多功能修饰位点以及可响应外部多种类刺激的纳米材料。

镓基液态金属的特点是熔点低。而过冷行为会进一步降低材料的结晶温度。据报道,EGaInSn 纳米颗粒的结晶温度约为 $-140℃$[14]。在另一项研究中,直径为 3~15 nm 的 Ga 颗粒会在 $-183.15℃$ 的超低温下发生极端过冷[15],液态金属的过冷特性可极大扩展其应用范围。

8.3　纳米液态金属生物医学材料安全性与可降解特性

8.3.1　纳米液态金属材料的生物安全性

Ga 的化合物与 Ga 的共轭物在核医学和肿瘤学中的应用要比流体态镓基液态金属材料更早,主要用于疾病诊断和药物递送平台的开发。[67]Ga 由于具有更长的半衰期,被认为是比 [68]Ge/[68]Ga 更优的可以与 γ 相机匹配并实现定位的放射性同位素[16]。$Ga(NO_3)_3$ 是美国食品和药物管理局(FDA)批准的用于肿瘤治疗的镓化合物,可治疗高钙血症、代谢性骨病与微生物感染等疾病[17]。镓基偶联物,例如 Ga-药物偶联物、Ga-配体偶联物和 Ga-多糖偶联物,被应用于精准药物递送、生物成像、生物传感与治疗等方面[18]。

在液态金属中,与 Hg、钠钾合金相比,Ga 与其合金的显著特点是毒性低。近期的研究评估了合金材料在溶液环境中以及纳米颗粒材料在动物体内的毒性情况。在水溶液环境中,EGaIn 液滴的元素分析结果表明,镓离子会比铟离子先释放到溶液中,而铟离子只有在搅拌下才会缓慢溶解,其浓度远低于镓离子的浓度[19]。研究表明从液滴中释放到溶液环境中金属离子的浓度与材料暴露的表面积和机械处理的程度(如超声)有关。将未经过超声机械处理的溶液与 HeLa 细胞、脂肪干细胞、皮肤成纤维细胞等分别共同培养,细胞的代谢活性与对照组没有表现出明显差异。近年来,陆续有很多研究报道了经过化学修饰的 EGaIn 与镓铟复合材料,如镓基液滴、液态金属骨水泥或液态金属杂化物的细胞毒性,研究结果均表明材料对细胞没有明显的毒性[20]。当将液态金属制成纳米颗粒时,材料的表面积会进一步扩大,这反过来会增加金属离子的释放量。细胞培养液中镓、铟离子的释放物可能对细胞生长起一定作用,而材料表面的化学修饰则可影响材料与溶液的相互作用,提高纳米材料的生物相容性。

在体荧光成像实验中,静脉注射的液态金属纳米颗粒会在肿瘤内迅速积累[21]。通过电感耦合等离子体质谱(ICP-MS)可检测动物重要脏器中的 Ga 含量。像大多数纳米颗粒一样,液态金属纳米颗粒也会在肝脏和脾脏中积聚,另外,在肺中也可检测到少量聚集,约 72 h 后则可观测到明显的清除现象[22]。而不同研究表明液态金属纳米颗粒的表面修饰以及通过调控材料尺寸等会影响材料在生物体内的分布。对重要器官进行 H&E 染色,器官切片研究结果表明,纳米材料不会对重要器官造成任何结构损伤。可表征肝、肾功能的重要标志物,如丙氨酸转氨酶(ALT)、碱性磷酸酶(ALP)、天冬氨酸转氨酶(AST)和尿素等指标与对照组相比未见明显异常[23]。注射纳米材料的小鼠体重与血常规等指标也与对照组无异。

8.3.2 纳米液态金属材料的可降解性

将镓基液态金属尺寸缩小为纳米,具有核壳结构的材料可负载抗肿瘤药物实现药物的靶向递送。然而,对于大多数无机固体颗粒,在生理环境中的代谢与降解行为是材料在生物医学中的重要问题。近期研究报道了镓基液态金属的可生物降解行为。在弱酸性生物缓冲液中,液态金属纳米材料可作为药物载体,将负载在表面的药物快速释放到周围溶液环境中[23]。在 pH 为 5 的弱酸性溶液中,约 72% 的抗肿瘤化学药物可以被快速释放到周围的溶液中。同时,在共聚焦显微镜下也可观察到抗肿瘤药物多柔比星(DOX)在细胞酸性核内体的释放。材料在酸性环境下所导致的药物释放行为与纳米材料的微观构象变化有关,在透射电子显微镜、光学显微镜下可见纳米颗粒表现出形变、融合和降解行为:外部聚合物的壳与内部液态金属同时出现融合行为。研究者利用光透射率的变化和镓离子浓度的变化来评估该降解过程,结果显示,镓离子与降解产物在溶液中可见明显增加,证明了液态金属可被降解为镓离子。

水凝胶与液态金属颗粒构成复合材料可作为瞬态电子材料[24]。由聚乙烯醇(PVA)和液态金属纳米颗粒构成的皮肤电子传感器也表现出可溶解的能力。在大约 3 天后,由于水凝胶网络破裂和液态金属氧化物壳的破坏,液态金属微粒复合物所构成的传感器可发生降解。在另一项研究中,液态金属液滴与碳纳米纤维组成的导电双层膜在 15 天内可在土壤环境中发生生物降解[25]。

8.4 纳米液态金属尺寸及形状的调控

8.4.1 纳米液态金属生物材料的合成

液态金属纳米材料的制造包括自下而上和自上而下的合成路线。自下而上的过程通常涉及从镓前体生长镓纳米粒子或从分子水平进行热蒸发和沉积等过程。此类方法可形成较小粒径的纳米材料,材料的均一度也可以较好控制。对于大多数固体颗粒,多采用自下而上的方法进行合成,一般方法比较复杂、耗时长且产率较低。相比之下,自上而下的制备方法可利用物理力,如剪切力、超声、物理模具或流动聚焦注射等形式,将流体分裂成小尺寸的液滴,粒径尺寸从纳米到毫米不等[26]。这类方法的优势是可短时间内产生大量的液态金属纳米生物材料,无需高温处理或复杂的控制条件。在这些方法中,超声处理是液态金属纳米颗粒自上而下路线中最常用的方法,可生产出尺寸分布极宽的纳米产物。此外,自上而下的路线更有利于制备生产具有多种成分包括二元、三元、多金属合金甚至混合材料的纳米粒子,而不仅限于单一元素的纳米材料。在生物医学应用中,液态金属纳米生物材料需要进一步表面工程化、功能化修饰以提高颗粒整体的生物相容性、生物稳定性及在体靶向能力。

8.4.2　纳米液态金属生物材料的尺寸和形状控制

超声处理作为一种简便的一步制造方法,可将液态金属分散成纳米颗粒以制备生物医用功能材料。在超声波下,小分子、聚合物或蛋白质可通过如静电吸附、生物共轭或聚合等相互作用包裹液态金属表面[27]。通过优化超声处理过程,筛选化学表面活性剂等方式可制备具有功能配体修饰的且能够与特定生物部分结合的液态金属纳米材料以实现生物医学功能。不同形状的纳米颗粒通常具有差异化的光热特性、生物分布和细胞摄取能力,可通过材料-细胞的相互作用影响治疗效果。在超声空化过程中,液态金属纳米颗粒在其表面生成氧化物。然而,氧化物修饰不足以保证这些纳米颗粒的稳定性。具有硫醇末端的自组装单层(SAM)配体,经由金属与界面硫原子间的相互作用,可用于改善润湿行为并通过硫醇自组装增强稳定性[28]。研究表明巯基会与氧竞争液态金属的表面位点,进一步保护纳米颗粒免受氧化。另有一项研究表明,硫醇末端的官能化将通过 Cabrera - Mott 氧化物生长机制调节氧化物生长[29]。适量的 O_2 对于防止颗粒发生聚集是必要的,然而,对于 O_2 最佳浓度的控制剂量仍不十分明晰。也有研究采用乳化技术来稳定纳米颗粒,如利用表面活性剂聚乙烯吡咯烷酮(PVP),但它没有表现出氧化的抑制作用。不同的自组装单层配体可以改变表面应变,有助于将材料颗粒尺寸缩小到纳米级,但含硫醇表面活性剂包裹的颗粒表面更脆,在机械力作用下更易破裂。

采用不同的溶剂或表面活性剂也可影响纳米颗粒的分布尺寸、产率和分散性。对于具有更多碳原子的硫醇类表面活性剂,如巯基十八烷,已被证实可提高纳米颗粒的产率[29]。除了硫醇基团,其他锚定基团,如胺、儿茶酚、羟基、醚和羧酸都可以用来制备和稳定纳米颗粒。对于这些纳米颗粒的分解、聚合之间的平衡调控可以实现材料尺寸的可逆调节[30]。其中,研究表明周围的酸性环境与温度对液态金属纳米颗粒表面氧化膜的形成具有重要作用,而其他因素,如超声功率强度、超声时间和反应温度等都可影响材料的最终尺寸。

在水溶液中,Ga_2O_3 可以与水分子反应生成 GaOOH,发生相变并诱导材料从纳米球到纳米棒的形状转变(图 8 - 2)[31]。而 GaOOH 被证明与放射增敏中活性氧(ROS)的产生有关。液态金属纳米颗粒可以制备成球形、米粒形和棒形等不同的形状[22,32]。几种带正电荷的表面活性剂,如西曲溴铵或溶菌酶,可在加热时促进材料形状的变形过程,其中,In 纳米颗粒可以作为副产品实现脱合金化。除了加热水浴方法外,激光照射和 ROS 的产生也可引起材料的形变[33]。另一方面,由于液态金属的流体性质,通过模具或过滤器等塑形方法也可被用来制备不同形状的微纳米生物材料。

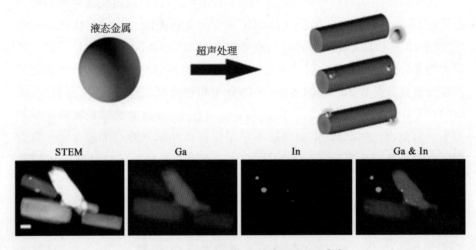

图 8 - 2　液态金属从球状转变为棒状[31]

8.4.3　纳米液态金属生物材料的功能化修饰策略

由于高表面张力和氧化物的存在,液态金属的表界面调控仍具有很大挑战性。前期的研究工作大都集中在材料润湿性和黏附性的研究。各类金属颗粒、SAM、表面活性剂、化合物、聚合物以及蛋白质等均可对材料表面改性，改变材料表面的纹理微观形态，并实现材料在电、热、机械以及生物特性等方面的功能强化。金属颗粒，如 Cu、Mg、Fe、Fe_2O_3、Ag、W 或半导体颗粒，可以掺入液态金属中或黏附于液态金属颗粒的表面以强化其生物医用功能。

例如，在液态金属纳米颗粒表面修饰纳米草可改变材料表面形态，利用表面增强拉曼散射（SERS）活性位点进行分子检测[34]。除了物理或化学的干预方法外，还可通过温度调节对表面结构、粗糙度和成分进行自主纹理调节。研究结果显示，材料在加热下可表现出两层表面纹理，内层可通过膨胀诱导扩散限制氧化（EDO）覆盖整个表面形成相对均匀的结构，而外层则可通过在热机械断裂渗漏和氧化（TFO）作用下形成可修饰的纳米级纹理外观[35]。然而，高温下液态金属颗粒的体积膨胀容易引起断裂和泄漏，从而破坏材料的功能。通过控制加热条件，研究人员可实现在表面上生长出具有可调控的纳米球和纤毛状纳米线等氧化物，形成变色龙表面[36]。

迄今为止，液态金属纳米颗粒的表面装饰效果很大程度上取决于修饰的材料类型。具体来说，表面的修饰材料通过与金属或表面氧化物间形成化学键或以静电吸附的相互作用方式，可制备出具有良好分散特性的纳米生物材料或胶体。例如，在水溶液中，液态金属颗粒可以与水反应并产生棒状物质，形成沉淀。研究人员通过增强聚合物与材料表面的黏附反应来克服氧化反应的副作用，以增强材料的长期稳定性。在一项研究中，采用聚多巴胺借助原位触发自聚合反应来封装液态金属纳米颗粒，表面改性后，纳米粒子保留了光响应特性（图 8 - 3）[37]。其他碳基、硅基或金属基材料也可对材料进行表面工程改性，以增强生物稳定性和生物效能。

利用表面介孔 SiO_2 或二氧化锆（ZrO_2）涂层修饰可在不影响光热特性的情况下表现出更稳定的性能（图 8 - 4）[38]。此外，还可调节修饰层厚度，其壳厚度可以从几纳米到几十纳米尺度变化调节。ZrO_2 封装不会显著影响液态金属纳米颗粒的刚性，空心 ZrO_2 的杨氏模量为 1 548.3 MPa，而带有 ZrO_2 封装的纳米液态金属的硬度则更软，杨氏模量约为 357.3 MPa。材料的机械强度会影响纳米颗粒在细胞中的累积，直接影响材料的生物治疗效果。液态金属纳米材料具有明显的低杨氏模量，可能会改变材料在细胞甚至分子水平上与生物体的相互作用模式与作用效果。

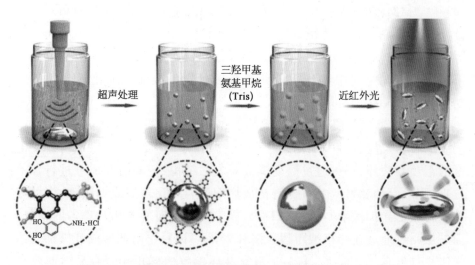

图 8 - 3　利用聚多巴胺对液态金属材料改性用于光热治疗[37]

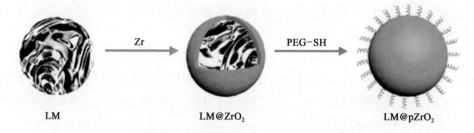

图 8 - 4　利用 ZrO₂ 对液态金属纳米材料进行表面修饰[38]

为实现材料在柔性电子和生物医学中的应用,纳米颗粒在产量、稳定性、小尺寸、分布均度与高纯度等方面的性能还需进一步改善。研究者提出多种解决方案,包括开发动态温度控制系统,筛选如拉丝聚乙二醇(bPEG),不同链长的脂肪族羧酸盐,膦酸,烷氧基硅烷配体、梳状聚合物等新型大分子或配体等[39,40]。最近,研究者成功地采用原子转移自由基聚合(ATRP)将功能聚合物接枝到液态金属纳米颗粒表面,以实现热塑性弹性体功能[41]。利用原子转移自由基聚合可进一步开发二嵌段共聚物,以增强纳米材料在更窄尺寸范围内的分布[42]。一项研究报告还表明,在纳米颗粒表面设计双层结构有望克服沉积物的形成以增强材料稳定性(图 8 - 5)[43]。向溶液中添加疏水聚合物(POMA)和甲苯,甲苯-POMA 乳液会在超声处理下与已经形成的液态金属纳米颗粒发生反应,从而实现第二层包裹层。甲苯蒸发后,液态金属纳米颗粒在生物缓冲液中可稳定超过 60 天。在此过程中,POMA 涂层也有望通过与液态金属纳米颗粒的电荷相互作用来增强稳定性。液态金属的表面极其复杂,其成分由金属、氧化物、电子甚至镓离子共同组成,其中关于电子和金属离子所发挥作用的研究还比较少。关于这些功能性和稳定良好的纳米粒子的界面行为,其物理和化学作用机制也仍不十分清楚。对这些主题的进一步研究将有助于加深对液态金属纳米生物材料科学的了解,并为设计纳米生物材料提供优化方法。

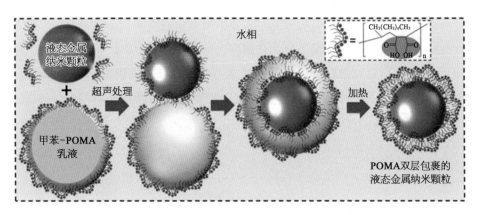

图 8-5　双层膜包裹的液态金属纳米颗粒[43]

8.5　纳米液态金属生物材料的外场响应特性

液态金属纳米颗粒具有多功能特性,可在多种外部能量,如电、磁、热、激光和机械力等刺激下产生独特的响应特性。对于固体颗粒而言,一旦制造完成,材料的形状就基本固定了。由于具有柔性内核,液态金属颗粒可通过多种途径实现变形。液态金属纳米材料的可变形性这一基本特性是其区别于其他固态颗粒的明显特征与优势。

对于溶液中流体态的液态金属,可以实现从球形到不同构象之间的大尺度形状转换,反过来,也可通过电刺激或 CuSO₄、NaOH 等化学溶液实现可逆形变[44]。材料在电场下可实现表面积 100 倍左右的剧烈形变[12]。尤其是具有荧光纳米粒子覆盖的液态金属微液滴可形成类仿生的颜色结构,通过电场作用瞬间失去仿生颜色,表现为类伪装行为[45]。在石墨上的液态金属机器也可表现出可调结构色的表面行为,液态金属表面的彩虹色外观在仿生、伪装等军事功能中显示出巨大潜力[46]。液态金属颗粒的形变特性在柔性电子、自愈材料以及生物医学领域中有着广泛应用,具体包括可增强导电性、协同药物输送、相变过程的刚度调节、光热治疗、肿瘤的强化机械杀伤和抗菌治疗作用等。

正如前文所提到的,弱酸性环境可诱发液态金属纳米颗粒发生降解。其他化学表面活性剂,如带正电荷的分子不仅有助于在溶液中稳定这些纳米液态金属,而且可将其形状由球形转变为棒状。石墨烯量子点(GQD)和药物分子修饰材料表面,用激光可触发液态金属纳米颗粒转变为空心纳米棒,直接导致细胞核内体破裂,同时实现药物在细胞内的控制释放(图 8-6)[33]。除了热和激光之外,最近还发现低温也可引起液态金属颗粒的超快速、剧烈变形[47]。该过程中的液固相变被证明可产生强大的机械应力而破坏周围的固体冰晶,可用来强化肿瘤的冷冻消融效果。

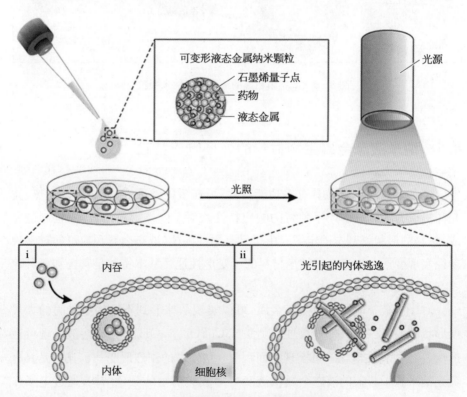

图 8-6　光控液态金属变形引起内体逃逸[33]

8.6　纳米液态金属材料的生物医学应用

8.6.1　生物医学检测

Au、Ag 纳米颗粒表面等离子体共振(SPR)范围可从可见光扩展到红外区域。与 Au、Ag 纳米粒子的光吸收特性有所不同,Ga 纳米粒子表现出从紫外光到可见光区域的更广泛吸收[48]。镓基等离子体有可能替代这些贵金属纳米粒子,同时扩展在紫外等离子体共振中的应用,具体可包括表面增强拉曼光谱(SERS)、荧光光谱和 DNA 检测等。

Ga 纳米颗粒阵列可通过分子束外延、热蒸发等技术在固体基板上制造合成[49]。纳米颗粒的直径可通过沉积时间来控制,材料表面上自发形成的氧化层则有助于维持材料相对稳定的光学响应,可在几个月内都保持稳定状态。液态金属纳米颗粒的紫外等离子体共振具有可调性,具体可通过改变颗粒的尺寸、氧化物的厚度来调节。研究人员通过实验观察发现,纳米颗粒可表现出消光效率(Q_{ext})的红移,这与表面氧化物的增加直接相关[50]。另外,这些沉积的纳米粒子还表现出拉曼光谱增强的特性,拉曼增强因子可超过 $10^{7[51]}$。在另一项工作中,研究人员提出了一种简便、低成本的改性方法制备可增强拉曼光谱基底,其中液态金属纳米颗粒的表面被改性为棒状纳米草形态(图 8-7)[34]。制造的基底具有良好的稳定性、一定的灵敏性和较低的检测极限,可用于检测分子和生物分子。

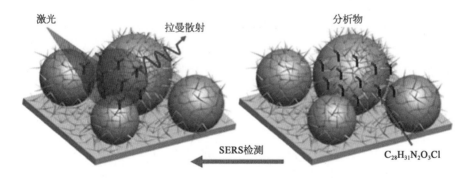

图 8-7　纳米草修饰的液态金属颗粒用于拉曼检测[34]

此外,液态金属纳米颗粒还可用来获取周围环境的变化,能检测与疾病相关的 DNA、单核苷酸多态性(SNP)和特定基因突变(图 8-8)[52]。从 SEM 中可观察到,沉积在 Si 基板上后,Ga 纳米颗粒的表面修饰 5′端六甲硫醇 DNA 捕获探针可用于定位序列。在极化手性(PRH)下,周围的变化可通过赝介电函数(the pseudodielectric function)的能量转移反映出来。测量结果显示出线性相关性,检测范围从 10 pmol 至 3 nmol,检测限为 6 pmol,检测性能优于微摩尔范围内的大多数检测系统。另外,这种无标记检测技术不需要溶液中包含杂交抑制子,在检测消化系统疾病和胃癌的 DNA 合成序列方面性能优异。

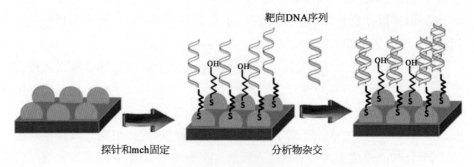

图 8 - 8   液态金属纳米颗粒用于 DNA 检测[52]

将液态金属纳米颗粒与弹性体、微流体通道及可拉伸基材相结合,可进一步实现运动监测、医疗检测、可穿戴设备和植入设备的功能增强。这些嵌入式液态金属颗粒可赋予材料更好的柔性,可以舒适地附着在人体皮肤上以实现精确的信号记录。另外,这些复合材料可作为感知微弱变形的电阻式或电容式传感器,用于人机交互或运动障碍等的疾病检测。

8.6.2   药物递送

在碱性溶液中,液态金属液滴表面可形成双电层,驱动微流体通道中的溶剂或药物。为实现精准递送,药物可通过表面氧化物提供的黏附力加载到液态金属液滴的表面,同时运动驱动可利用电场或磁场加以调节。最近,研究人员开发了一种具有跳跃、爬升与旋转功能的液态金属液滴机器,包括三个舱室,可响应外部驱动,能够保持适当的姿态并完成药物输运[53]。但这种液滴机器的尺寸相对较大。

由于液态金属纳米颗粒的尺寸效应与纳米特性,有效表面积可提供更多功能位点协助药物装载,药物可通过功能聚合物或无机高分子包裹来完成装载。通常,药物的缓释可通过液态金属纳米颗粒在形变、溶液酸碱性变化、近红外激光等外部刺激下实现。例如,有研究使用高分子材料硫醇化(2-羟丙基)-β-环糊精(MUA-CD)来稳定液态金属纳米颗粒,防止沉降并提供功能性载药结构。另外,材料表面还可进一步修饰透明质酸以定位肿瘤细胞膜上的 CD44 受体。随着这些纳米颗粒在肿瘤部位的聚集和降解,负载的药物可被释放到低 pH 值的肿瘤部位(图 8-9)[23]。

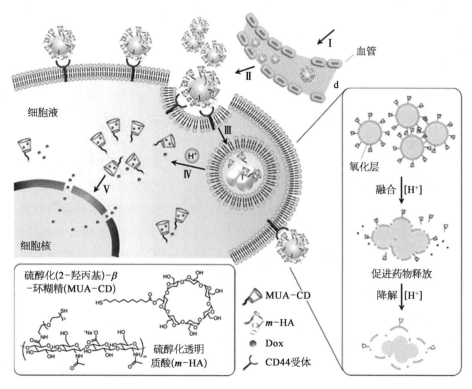

图 8-9 液态金属纳米颗粒在肿瘤内实现药物释放[23]

液态金属纳米颗粒和抗癌药物也可封装在纳米胶囊结构中,利用近红外激光触发材料形变并实现可控的药物输送[54]。然而,液态金属纳米颗粒在激光照射后会降低光热性能。有研究提出改进策略,通过介孔 SiO₂ 涂层设计以制备更加稳定的液态金属纳米颗粒,材料的结构稳定性和光热性能都可增强[55]。利用硅烷化方法来装饰液态金属纳米颗粒的表面可为进一步的功能化修饰提供更多的可能性,有助于药物递送和治疗诊断平台的开发[56]。

光动力治疗靶向组织递送光敏剂,在特定波长的照射下可激活靶组织产生 ROS 等细胞毒性活性物质,实现肿瘤治疗。有研究报道通过表面化学工程,可将具有生物靶向和生物稳定性效果的透明质酸和 FDA 批准的光敏剂苯并卟啉衍生物(BPD)通过羧基与液态金属表面氧化物以共价结合的方式修饰到纳米材料表面,实现光敏剂的药物装载和肿瘤定位,该纳米材料被证明具有良好的生物相容性,可提升细胞内的 ROS 水平[57]。研究结果表明,靶向修饰可提高细胞摄取率,对异种移植的胰腺癌小鼠也可产生较好的肿瘤生长抑制疗效。

8.6.3 产热与强化传热

液态金属纳米颗粒在肿瘤治疗方面可应用于热疗、增强内体逃逸、肿瘤饥饿治疗与多种协同疗法等。热物理疗法具有微创性、感染率低、治疗效果显著等优点,在热物理疗法中引入纳米材料可极大地推动该领域的快速发展。纳米科技结合材料物理、化学与生物等多方性能,不仅能够实现可控热量的产生与传递、适形化的热消融调节、药物输送,还可实现生物成像能力,具有极大优势。纳米颗粒可作为热籽,响应外部刺激在生物体特定部位产生一定的热量,结合材料的热学特性可增强热的局部能量传递。液态金属纳米颗粒的流体性和优异的导热性可实现最大效率的热传递,减少热损伤,同时强化肿瘤治疗,在热物理疗法中极具价值。

肿瘤靶向热疗往往需要在肿瘤部位特异性地提高温度,同时保持周围正常组织的温度不变。为实现这一目的,可利用液态金属纳米颗粒通过光热、光动力、微波以及磁热等多途径实现局部热能的产生。液态金属纳米颗粒具有从紫外、可见光区域一直到红外区域的光吸光能力。而红外激光可穿透人体一定深度,作为一种非侵入性的肿瘤治疗方法应用广泛。在近红外激光下,液态金属纳米材料表现出极好的光热性能(图 8-10)[22]。与 Au 纳米粒子相比,它的光热转换效率要高得多。另外,纳米颗粒的形状也会影响材料的光热特性。通过超声可产生液态金属纳米球颗粒,通过控制材料表面的羟基氧化镓(GaOOH),以调控液态金属纳米材料的形状,产生棒状生物材料。研究结果表明 Ga 纳米棒具有更佳的光热性能、光热转换效率及肿瘤杀伤效果。尽管对纳米液态金属修饰的材料多种多样,在其他研究中也得到了类似的结果[32]。

光热特性还可用于调控药物递送、肿瘤消融等,作为抗血管生成抑制剂,甚至可用于人类干细胞的冷冻保存以及细胞膜离子通道的控制调节。通过

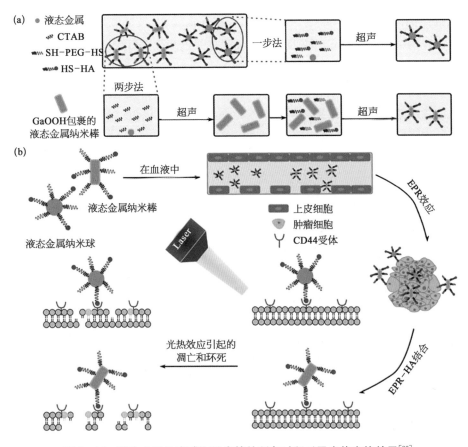

图 8-10　液态金属纳米球和纳米棒的制备过程以及在体光热效果[22]

(a) 液态金属纳米球和纳米棒的制备过程示意；(b) 液态金属纳米球和纳米棒的在体光热治疗示意。

SiO_2 材料表面修饰，液态金属纳米颗粒的光稳定性明显增强，表面硅烷醇改性还允许材料进一步靶向结合特定生物分子用于红外二区的肿瘤热疗[58]。有研究表明，通过在液态金属纳米材料表面原位还原出金属 Pt，Pt 壳包裹的液态金属纳米材料被证明具有更加稳定的光热特性和红外二区的高光热转换能力[59]。另外，由于 Pt 存在丰富的活性催化位点，该材料还表现出类芬顿 (Fenton) 催化作用，可将 H_2O_2 转换为 ROS 实现化学动力治疗。

液态金属纳米粒子在微波下可诱导产生 ROS，包括·OH 和·O_2，可用于协同微波热疗和微波动力疗法[60]。近期有研究通过原位还原法，在液态金属纳米表面修饰有化学反应动力效应的 Cu^+，具有谷胱甘肽清除能力的 Cu^{2+} 以及金属 Cu，可形成一个稳定的核壳球形 Cu 池[61]。其中，谷胱甘肽可为肿瘤细胞提供保障作用,Cu^{2+}则可以有效清除谷胱甘肽,破坏肿瘤的自我保护机制,Cu^+可提供类Fenton的反应活性,可有效产生·OH,用以提高化学动力疗法效果。液态金属纳米材料可作为微波增敏剂,在微波下产生ROS,实现微波动力治疗。在液态金属颗粒中加载离子液体,能够实现微波加热性能,增强微波热疗效果。研究结果表明该液态金属纳米材料具有良好的生物安全性和生物相容性,在化学动力疗法、微波热疗法和微波动力学疗法下可对肿瘤生长产生明显的抑制作用。

液态金属微纳米材料制成柔性电子,可以实现高分辨率的图案化技术。通过微尺度沉积技术,有学者制备出了$5\ \mu m$厚的薄层果蝇加热器。该微加热器具有良好的透气性和柔性,可以对果蝇腹部提供均匀的微加热,实现热激活肠内分泌细胞的局部异位表达[62]。产生激素的肠内分泌细胞功能障碍与许多肠道疾病都有关。一般说来,肠内分泌细胞的异位表达可通过不同驱动因素实现,例如,借助温度诱导的方法,可实现高温表达、低温抑制。实验中,通过在果蝇腹部贴附一个$1\ mm^2$的微加热器,可使果蝇腹部的局部温度达到30℃。当对果蝇加热12 h后,解剖果蝇并进行免疫染色,肠内分泌细胞可以与绿色荧光蛋白共定位,仅特异性地在肠道中表达,即便大脑中也存在内分泌细胞的特定驱动因素,由于没有加热处理,发现脑内并没有异位表达的情况。该研究中的液态金属柔性微加热器具有良好的拉伸性、顺应性和精确的温度调控能力,提供了一种无创的热激活异位表达手段。

尽管液态金属不具有磁性,有良好导电性的液态金属材料能够在交变磁场(AMF)下产生涡流效应(图8-11)[63]。采用感应加热的方式克服空间的限

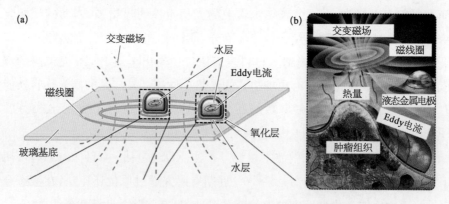

图8-11 液态金属材料可在交变磁场下产热用于肿瘤治疗[63,64]

(a) 液态金属材料可在交变磁场下产生涡流的示意;(b) 液态金属生物材料用于磁热肿瘤治疗的示意。

制,可实现对深部肿瘤的高温消融。交变磁场可实现新型生物电磁学治疗、多部位肿瘤的同期治疗[64]。一般来说,传统的大颗粒固体金属生物材料难以用于生物医学治疗,使用超声或剪切力的制造方法可产生微米或亚毫米尺度的液态金属颗粒,可通过注射形式用于肿瘤电磁学治疗中。近期研究还表明,具有更大直径的液态金属生物材料能提供更好的加热效率[65]。

与传统纳米颗粒相比,液态金属颗粒具有高光热转换效率、可注射性和可协同治疗等特性。特别的是,材料还可被诱导产生形变。除了光热杀伤机制外,高温还可诱导形状转变,同时借助机械力破坏内体[33]。与热疗相比,冷冻消融也属于热物理疗法,需要局部低温能量的传输。当液滴被分散成微尺度时,液态金属复合材料可以极大保留高热学特性。对其热导率测量,发现热导率是去离子水的 15 倍,可用于肿瘤低温能量传递(图 8 - 12)[66]。

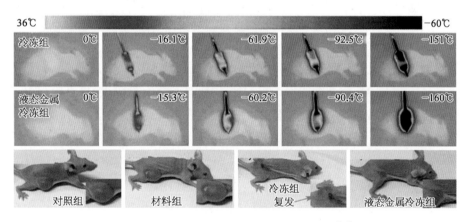

图 8 - 12　液态金属材料用于强化低温治疗[66]

8.6.4　其他肿瘤治疗

将液态金属液滴与酶、GQD、水凝胶材料等结合,可在肿瘤中实现机械破坏、饥饿疗法、化疗、血管内栓塞,甚至免疫疗法等协同效应。近期,液态金属微液滴在冷冻后被发现可产生奇异变形现象,主要是由于材料在双流体溶液中可产生多重相变,剧烈的形变可对肿瘤施加机械力破坏作用,从而强化肿瘤治疗(图 8 - 13)[66]。

血液负责为组织和器官提供氧气和营养物质,在肿瘤的发生发展中尤为重要。栓塞疗法主要通过堵塞肿瘤大血管,切断养分供应而抑制肿瘤生长。常用的栓塞材料主要有金属线圈、微球和水凝胶[67]。有研究者提出利用液态

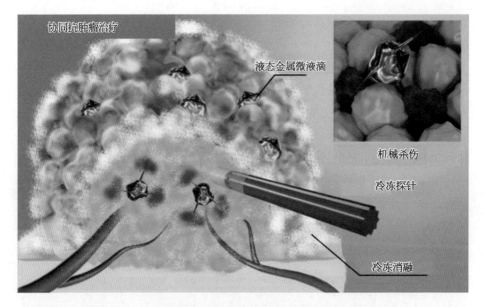

图 8 - 13   液态金属微液滴用于机械力强化低温冷冻消融[66]

金属材料作为新型栓塞剂实现肿瘤治疗,由于材料具有低黏度,可直接利用注射器将材料打入血管实现血管栓塞[68]。对于液态金属纳米材料,可在激光下出现形变和聚集现象,结合材料的药物递送能力,可实现液态金属颗粒血管栓塞与药物递送的联合疗法[69]。通过体外血管栓塞模型,液态金属纳米材料表现出较好的栓塞效果,进一步证明了该方法作为血管栓塞治疗的潜力。另外,研究人员设计了一种可注射且不透射线的液态金属/海藻酸钙(LM/CA)水凝胶(图 8 - 14)[70]。制备的水凝胶复合材料具有良好的柔韧性、顺应性、高可塑性以及从液体到固体的快速相变等特点,可实现兔静脉的即时栓塞。水凝胶

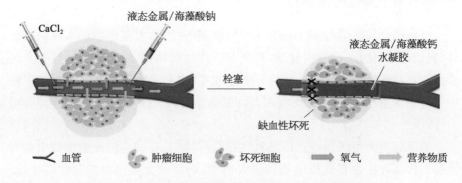

图 8 - 14   液态金属水凝胶复合材料用于肿瘤栓塞治疗[70]

复合材料还发挥了液态金属颗粒的优势,赋予材料计算机断层扫描(CT)和 X 射线的成像能力,可用于设计具有诊断和治疗效果的生物材料。

由于微纳米技术和诊疗技术的快速发展,液态金属与微球、纳米材料等结合可开发出多功能的液态金属诊疗剂。研究人员将磁性液态金属纳米材料和抗肿瘤化学药物加载到海藻酸钙微球上,可同时实现栓塞治疗、光热治疗、光动力治疗、CT、磁共振成像(MRI)(图 8 - 15)[71]。海藻酸钙微球可作为药物和纳米材料的载体实现化疗和肿瘤栓塞疗法,磁性液态金属纳米材料可实现光热治疗和光动力治疗,同时可作为 CT 和 MRI 的增敏剂。该微球被证明不仅具有稳定的球形形态、极好的生物相容性和血管栓塞效果,在体的动物实验还表明该微球可以实现 100% 的肿瘤生长抑制效果。

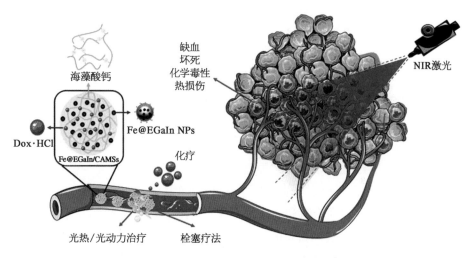

图 8 - 15 多功能液态金属诊疗剂的示意[71]

由于免疫系统的强大功能,免疫疗法已成为一种重要的肿瘤治疗方法,成功激活免疫反应对肿瘤治疗至关重要。有效的方法是开发肿瘤纳米疫苗,它可增强免疫细胞的摄取和抗原呈递。最近,研究者报道了一种由表面包裹肿瘤细胞膜的液态金属纳米颗粒组成的肿瘤纳米疫苗(图 8 - 16)[72]。在激光照射下,引发的局部炎症可招募抗原呈递细胞并增强肿瘤对抗原的摄取。体内实验表明,树突状细胞(DC)可被激活以提供如 IL - 6 和 TNF - α 等抗肿瘤免疫因子。另外,纳米疫苗还显示出对小鼠乳腺肿瘤的抑制作用。这种液态金属纳米颗粒介导的纳米疫苗提供了一种新的免疫反应激活方法,有望用于临床肿瘤的治疗。

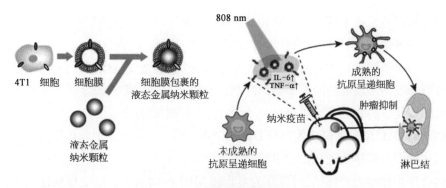

图 8‑16　液态金属纳米疫苗[72]

8.6.5　成像

液态金属纳米颗粒作为新一代纳米材料，具有良好的生物医学成像能力[73]。液态金属材料可以在 X 射线、CT、光声（PA）断层扫描和 MRI 等多种模式下成像（图 8‑17）。受外部光能控制，液态金属纳米胶囊可用于开发具有时空调节特性的 X 射线造影剂[54]。激光照射后在溶液和各种器官中可观察到增强的 X 射线信号。原理主要是这些纳米粒子在光照后可实现变形与累积。这些纳米胶囊也可用作光声造影剂，研究发现，纳米胶囊可实现比 Au 纳米棒（Au‑NR）更强的光声信号，而且光声信号与液态金属纳米颗粒的浓度呈线性相关性。此外，具有表皮生长因子受体（EGFR）抗体的功能化纳米胶囊，可定位肿瘤区域并作为诊断和治疗剂。通过在纳米材料表面功能化还原氧化石墨烯纳米片，不仅可提高材料的光热转换效果，光声效果甚至可提升 5 倍[74]。最近，Ga 颗粒还被证明会影响 T2 MRI 效应并介导 CT‑MRI 双模态成像[66]。

8.6.6　抗菌应用

抗生素滥用为药物的耐药性带来巨大挑战，开发有效的抗菌方法仍然是亟待解决的重要科学问题。一种可行的解决方案是干扰细菌的代谢系统。Ga 被认为是可以欺骗病原体的理想候选元素，因为它的原子半径与 Fe 几乎相同[75]。Fe 是细菌的 DNA 合成、氧化应激、电子传输等重要代谢过程的关键组成部分。Ga 可取代 Fe，却不能参与细菌所需的正常代谢过程，由此可实现抗菌作用。有研究在小鼠模型和人类囊性纤维化（CF）痰液中评估了 Ga 的有效性[76]。结果表明，Ga 可以干预 Fe 相关酶的活性，可让人类囊性纤维化患者的肺部感染有所缓解。

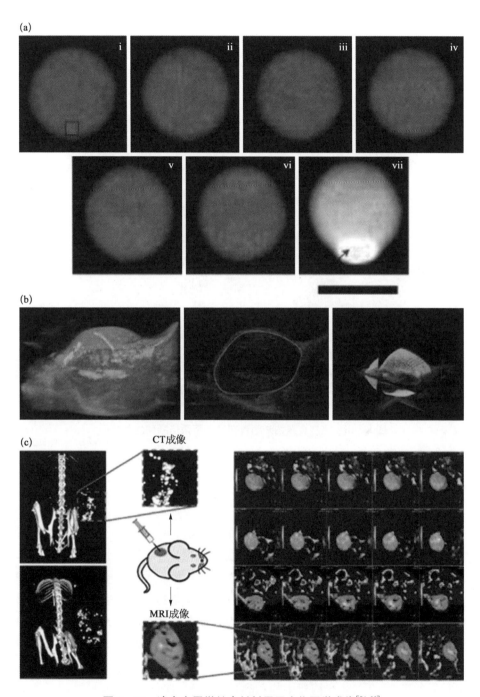

图 8-17　液态金属微纳米材料用于生物医学成像[54,66]

（a）液态金属微纳米材料用于 X 射线成像；（b）液态金属微纳米材料用于光声成像；（c）液态金属微纳米材料用于 CT 与 MRI 双模态成像。

在另一项研究中,由生物活性羟基磷灰石纳米棒和 Ga 纳米球制成的 Ga 复合材料被用作新型抗菌材料,可对铜绿假单胞菌产生优良抗菌作用,较低的细胞毒性也有利于感染性疾病的治疗[77]。除了镓离子的明显作用外,复合材料的抗菌机制仍然模糊不清。Ga 纳米颗粒、氧化物壳、镓离子等组分均可能有助于抑制细菌生长。最近的研究还表明,镓离子诱导的 ROS 可以对抗菌行为起协同作用[78]。另外,利用液态金属液滴的磁响应特性,可形成锐利的纳米锋边缘,有助于破坏细菌细胞和细菌生物膜(图 8 - 18)[79]。

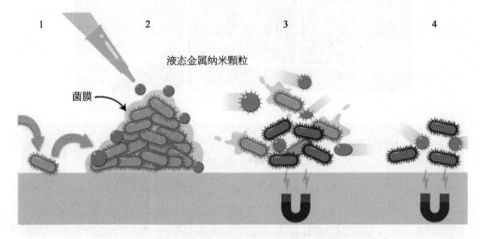

图 8 - 18　液态金属纳米颗粒在磁场下杀伤细菌的示意[79]

8.7　纳米液态金属材料的生物医学应用问题

对液态金属、氧化物与功能化的表面修饰物间相互作用的深刻理解,将有助于提高纳米材料的产率与均一性。目前已经提出了几种改性方法实现纳米材料的窄带分布,提高材料的均一性和产量。这些聚合物、非金属材料和液态金属在界面上相互作用的机制仍然不完全清楚,尤其是关于表面氧化物的影响。尽管 Ga_2O_3 具有局限性,但超声处理是制备生物医学纳米粒子的主要方法,由于表面积增加,会大量加速氧化物的形成。表面的 Ga_2O_3 被认为是一种半导体材料,为二维材料合成以及表面张力、双电层和材料电导率的调节提供了重要的机会。因此,在构建生物相容性加热剂、催化剂、自愈材料和柔性电子元件时,纳米颗粒的电导率和热导率会受到表面氧化物的影响。此外,氧化物壳的非晶结构可提供一定的机械强度,进一步提高材料刚性,直径几十纳米的聚合物封装也可增加纳米颗粒的刚度。氧化物和聚合物能在多大程度上提高材料的模量还存在很大的不确定性。由于这些纳米颗粒的大面积暴露,在材料稳定性方面也将面临挑战。进一步的研究可集中在大规模生产、均匀分布和长期储存抗氧化等问题上。

液态金属纳米颗粒可用于生物传热的相关研究。此类生物医学纳米材料的物理特性,包括导电性、导热性、刚度等研究仍然比较缺乏。纳米材料表面的 Ga_2O_3 被认为是一种半导体材料,在溶液中,其在界面空间周围可产生镓离子,这可能使情况更加复杂。液态金属纳米材料的界面是一个由氧化物、镓离子和电子组成的复杂体系,其物理、化学和生物学特性仍有待于揭示。镓离子被认为具有一定的治疗效果。对于液态金属纳米颗粒,镓离子能够在高温下从液态金属中释放出来,这可能是使用液态金属纳米颗粒的一个好处,然而,此方面的治疗效果尚未得到系统评价。到目前为止,液态金属本身作为成像对比剂表现出极大潜力,成像效果一般与浓度有关。在不降低性能的情况下减少应用量是非常必要的。提高材料灵敏度以实现多样化的成像平台还有许多工作可做。到目前为止,核心的复合材料还相对有限,需要开发多样化的液态金属多功能纳米材料,以构建具有重要生物医学应用价值的,可提供丰富治疗、成像和疾病诊断的微纳米生物医药平台。

8.8　小结

在生物医学领域,纳米液态金属具有颇多优势。首先,材料具有良好的柔性、生物安全性与可降解性。与 Hg 形成鲜明对比,液态金属的蒸气压很低,Ga 及镓基合金在不同的尺寸、状态的生物毒性很低。与传统的刚性纳米材料不同,纳米液态金属具有柔性内核可以显著改变材料-生物体相互作用模式,在生物体内可协同表现出融合、降解特性。基于内核的流体特性,纳米液态金属颗粒可以在各种外部刺激下产生变形行为,由此催生出包括药物递送、肿瘤治疗等多样应用。

纳米液态金属自发与氧化膜构成初级核壳结构,表面可进一步修饰构成壳结构,改性处理能避免材料的聚集,调控纳米材料尺寸、形状,赋予材料更好的生物安全性和应用稳定性。作为新一代智能材料,液态金属可与外部环境作用,响应外部多类型包括电场、磁场、声场、光场与化学物质等刺激,进一步实现从疾病诊断到疾病治疗的各类生物医学应用场景。此外,液态金属纳米材料的柔性特质赋予材料自上而下的制备方式,可快速制备出大量不同尺度的微纳米颗粒。在生物医学应用方面,纳米液态金属可用于生物医学 DNA 片段检测;作为药物载体,结合生物靶向技术可实现体内的药物输运;作为微纳米流体,结合高导热特性,可用于调控肿瘤局部的热量与温度;尤其与肿瘤免疫技术结合,纳米液态金属颗粒可诱导生物体内的免疫反应;基于液态金属纳米材料还开发了多种类的抗菌技术。

参 考 文 献

［1］ Bates M N. Mercury amalgam dental fillings: an epidemiologic assessment. International Journal of Hygiene and Environmental Health, 2006, 209(4): 309 - 316.

［2］ Rao W, Liu J. Injectable liquid alkali alloy based tumor thermal ablation therapy. Minimally Invasive Therapy and Allied Technologies, 2009, 1: 30 - 35.

［3］ Yi L, Liu J. Liquid metal biomaterials: a newly emerging area to tackle modern biomedical challenges. International Materials Reviews, 2017, 62(7): 415 - 440.

［4］ Liu J, Yi L. Liquid metal biomaterials: principles and applications. Springer, 2018.

［5］ Yi L, Jin C, Wang L, et al. Liquid-solid phase transition alloy as reversible and rapid molding bone cement. Biomaterials, 2014, 35(37): 9789 - 9801.

［6］ Zhang J, Sheng L, Jin C, et al. Liquid metal as connecting or functional recovery channel for the transected sciatic nerve. eprint arXiv: 1404.5931, 2014.

［7］ Sun X, Yuan B, Sheng L, et al. Liquid metal enabled injectable biomedical technologies and applications. Applied Materials Today, 2020, 20: 100722.

［8］ Wang Q, Yu Y, Pan K, et al. Liquid metal angiography for mega contrast X-ray visualization of vascular network in reconstructing in-vitro organ anatomy. IEEE Transactions on Biomedical Engineering, 2014, 61(7): 2161.

［9］ Sun X, Yuan B, Rao W, et al. Amorphous liquid metal electrodes enabled conformable electrochemical therapy of tumors. Biomaterials, 2017, 146: 156 - 167.

［10］ Guo R, Sun X, Yao S, et al. Semi-liquid-metal-(Ni-EGaIn)-based ultraconformable electronic tattoo. Advanced Materials Technologies, 2019, 4(8): 1900183.

［11］ Tevis I D, Newcomb L B, Thuo M. Synthesis of liquid core-shell particles and solid patchy multicomponent particles by shearing liquids into complex particles(SLICE). Langmuir, 2014, 30(47): 14308 - 14313.

［12］ Gao Y, Liu J. Gallium-based thermal interface material with high compliance and wettability. Applied Physics A, 2012, 107(3): 701 - 708.

［13］ Zhang M, Yao S, Rao W, et al. Transformable soft liquid metal micro/nanomaterials. Materials Science and Engineering: R: Reports, 2019, 138: 1 - 35.

[14] Ren L，Zhuang J，Casillas G，et al. Nanodroplets for stretchable superconducting circuits. Advanced Functional Materials，2016，26(44)：8111 - 8118.

[15] Parravicini G B，Stella A，Ghigna P，et al. Extreme undercooling(down to 90 K) of liquid metal nanoparticles. Applied Physics Letters，2006，89(3)：033123.

[16] Kostakoglu L，Leonard J P，Kuji I，et al. Comparison of fluorine-18 fluorodeoxyglucose positron emission tomography and Ga - 67 scintigraphy in evaluation of lymphoma. Cancer，2002，94(4)：879 - 888.

[17] Chitambar C R. Medical applications and toxicities of gallium compounds. International Journal of Environmental Research and Public Health，2010，7(5)：2337 - 2361.

[18] Kulkarni S，Pandey A，Mutalik S. Liquid metal based theranostic nanoplatforms：application in cancer therapy，imaging and biosensing. Nanomedicine：Nanotechnology，Biology and Medicine，2020，26：102175.

[19] Kim J H，Kim S，So J H，et al. Cytotoxicity of gallium-indium liquid metal in an aqueous environment. ACS Applied Materials & Interfaces，2018，10(20)：17448 - 17454.

[20] Sun X，Yuan B，Wang H，et al. Nano-biomedicine based on liquid metal particles and allied materials. Advanced NanoBiomed Research，2021，1(4)：2000086.

[21] Hu J J，Liu M D，Gao F，et al. Photo-controlled liquid metal nanoparticle-enzyme for starvation/photothermal therapy of tumor by win-win cooperation. Biomaterials，2019，217：119303.

[22] Sun X，Sun M，Liu M，et al. Shape tunable gallium nanorods mediated tumor enhanced ablation through near-infrared photothermal therapy. Nanoscale，2019，11(6)：2655 - 2667.

[23] Lu Y，Hu Q，Lin Y，et al. Transformable liquid-metal nanomedicine. Nature Communications，2015，6：10066.

[24] Liao M，Liao H，Ye J，et al. Polyvinyl alcohol-stabilized liquid metal hydrogel for wearable transient epidermal sensors. ACS Applied Materials & Interfaces，2019，11(50)：47358 - 47364.

[25] Li X，Li M，Xu J，et al. Evaporation-induced sintering of liquid metal droplets with biological nanofibrils for flexible conductivity and responsive actuation. Nature Communications，2019，10(1)：3514.

[26] Song H，Kim T，Kang S，et al. Ga-based liquid metal micro/nanoparticles：recent advances and applications. Small，2020，16(12)：1903391.

[27] Liu Y，Zhang W，Wang H. Synthesis and application of core-shell liquid metal particles：a perspective of surface engineering. Materials Horizons，2020，(8)：56 - 77.

[28] Hohman J N，Kim M，Wadsworth G A，et al. Directing substrate morphology via self-assembly：ligand-mediated scission of gallium-indium microspheres to the nanoscale. Nano Letters，2011，11(12)：5104.

［29］ Farrell Z J, Tabor C. Control of gallium oxide growth on liquid metal eutectic gallium/indium nanoparticles via thiolation. Langmuir, 2018, 34(1): 234 - 240.

［30］ Akihisa Y, Yu M, Tomokazu I. Reversible size control of liquid-metal nanoparticles under ultrasonication. Angewandte Chemie, 2015, 54(43): 12809 - 12813.

［31］ Lin Y, Liu Y, Genzer J, et al. Shape-transformable liquid metal nanoparticles in aqueous solution. Chemical Science, 2017, 8(5): 3832 - 3837.

［32］ Yan J, Zhang X, Liu Y, et al. Shape-controlled synthesis of liquid metal nanodroplets for photothermal therapy. Nano Research, 2019, 12: 1313 1320.

［33］ Lu Y, Lin Y, Chen Z, et al. Enhanced endosomal escape by light-fueled liquid-metal transformer. Nano Letters, 2017, 17(4): 2138 - 2145.

［34］ Chen X, Chen Q, Wu D, et al. Sonochemical and mechanical stirring synthesis of liquid metal nanograss structures for low-cost SERS substrates. Journal of Raman Spectroscopy, 2018, 49(8): 1301 - 1310.

［35］ Cutinho J, Chang B S, Oyola-Reynoso S, et al. Autonomous thermal-oxidative composition inversion and texture tuning of liquid metal surfaces. ACS Nano, 2018, 12(5): 4744 - 4753.

［36］ Martin A, Kiarie W, Chang B, et al. Chameleon metals: autonomous nano-texturing and composition inversion on liquid metals surfaces. Angewandte Chemie International Edition, 2020, 59(1): 352 - 357.

［37］ Gan T, Shang W, Handschuh-Wang S, et al. Light-induced shape morphing of liquid metal nanodroplets enabled by polydopamine coating. Small, 2019, 15(9): 1804838.

［38］ Xia N, Li N, Rao W, et al. Multifunctional and flexible ZrO_2-coated EGaIn nanoparticles for photothermal therapy. Nanoscale, 2019, 11(21): 10183 - 10189.

［39］ Farrell Z J, Reger N, Anderson I, et al. Route to universally tailorable room-temperature liquid metal colloids via phosphonic acid functionalization. The Journal of Physical Chemistry C, 2018, 122(46): 26393 - 26400.

［40］ Xu B, Chang G, Li R. A versatile approach for preparing stable and high concentration liquid metal nanoparticles on a large scale. Journal of Dispersion Science and Technology, 2021, 42(12): 1756 - 1765.

［41］ Yan J, Malakooti M H, Lu Z, et al. Solution processable liquid metal nanodroplets by surface-initiated atom transfer radical polymerization. Nature Nanotechnology, 2019, 14: 684 - 690.

［42］ Wei Q, Sun M, Wang Z, et al. Surface engineering of liquid metal nanodroplets by attachable diblock copolymers. ACS Nano, 2020, 14(8): 9884 - 9893.

［43］ Lin Y, Genzer J, Li W, et al. Sonication-enabled rapid production of stable liquid metal nanoparticles grafted with poly(1-octadecene-alt-maleic anhydride) in aqueous solutions. Nanoscale, 2018, 10(42): 19871 - 19878.

［44］ Chen S, Yang X, Cui Y, et al. Self-growing and serpentine locomotion of liquid metal induced by copper ions. ACS Applied Materials & Interfaces, 2018, 10(27): 22889 - 22895.

[45] Liang S, Rao W, Song K, et al. Fluorescent liquid metal as a transformable biomimetic chameleon. ACS Applied Materials & Interfaces, 2018, 10(2): 1589 - 1596.

[46] Hou Y, Chang H, Song K, et al. Coloration of liquid-metal soft robots: from silver-white to iridescent. ACS Applied Materials & Interfaces, 2018, 10(48): 41627 - 41636.

[47] Sun X, Guo R, Yuan B, et al. Low-temperature triggered shape transformation of liquid metal microdroplets. ACS Applied Materials & Interfaces, 2020, 12(34): 38386 - 38396.

[48] Reineck P, Lin Y, Gibson B C, et al. UV plasmonic properties of colloidal liquid-metal eutectic gallium-indium alloy nanoparticles. Scientific Reports, 2019, 9(1): 5345.

[49] Yarema M, Worle M, Rossell M D, et al. Monodisperse colloidal gallium nanoparticles: synthesis, low temperature crystallization, surface plasmon resonance and Li-ion storage. Journal of the American Chemical Society, 2014, 136(35): 12422 - 12430.

[50] Gomez S C, Redondo-Cubero A, Palomares F J, et al. Tunable plasmonic resonance of gallium nanoparticles by thermal oxidation at low temperatures. Nanotechnology, 2017, 28(40): 405705.

[51] Yang Y, Callahan J M, Kim T H, et al. Ultraviolet nanoplasmonics: a demonstration of surface-enhanced raman spectroscopy, fluorescence, and photodegradation using gallium nanoparticles. Nano Letters, 2013, 13(6): 2837 - 2841.

[52] Marin A G, Mendiola T G, Bernabeu C N, et al. Gallium plasmonic nanoparticles for label-free DNA and single nucleotide polymorphism sensing. Nanoscale, 2016, 8(18): 9842 - 9851.

[53] Li F, Shu J, Zhang L, et al. Liquid metal droplet robot. Applied Materials Today, 2020, 19: 100597.

[54] Chechetka S A, Yue Y, Xu Z, et al. Light-driven liquid metal nanotransformers for biomedical theranostics. Nature Communications, 2017, 8: 15432

[55] Hu J J, Liu M D, Chen Y, et al. Immobilized liquid metal nanoparticles with improved stability and photothermal performance for combinational therapy of tumor. Biomaterials, 2019, 207: 76 - 88.

[56] Farrell Z J, Thrasher C J, Flynn A E, et al. Silanized liquid-metal nanoparticles for responsive electronics. ACS Applied Nano Materials, 2020, 3(7): 6297 - 6303.

[57] Hafiz S S, Xavierselvan M, Gokalp S, et al. Eutectic gallium-indium nanoparticles for photodynamic therapy of pancreatic cancer. ACS Applied Nano Materials, 2022, 5(5): 6125 - 6139.

[58] Zhu P, Gao S, Lin H, et al. Inorganic nanoshell-stabilized liquid metal for targeted photonanomedicine in nir-ii biowindow. Nano Letters, 2019, 19(3): 2128 - 2137.

[59] Yang N, Gong F, Zhou Y, et al. A general in-situ reduction method to prepare core-shell liquid-metal/metal nanoparticles for photothermally enhanced catalytic cancer therapy. Biomaterials, 2021, 277: 121125.

[60] Wu Q, Xia N, Long D, et al. Dual-functional supernanoparticles with microwave dynamic therapy and microwave thermal therapy. Nano Letters, 2019, 19(8): 5277 - 5286.

[61] Yu Y, Wu Q, Niu M, et al. A core-shell liquid metal — Cu nanoparticle with glutathione consumption via an in situ replacement strategy for tumor combination treatment of chemodynamic, microwave dynamic and microwave thermal therapy. Biomaterials Science, 2022, 13(10): 3503 - 3513.

[62] Wang B, Gao J, Jiang J, et al. Liquid metal microscale deposition enabled high resolution and density epidermal microheater for localized ectopic expression in drosophila. Advanced Materials Technologies, 2022, 7(3): 2100903.

[63] Yu Y, Miyako E. Alternating-magnetic-field-mediated wireless manipulations of a liquid metal for therapeutic bioengineering. iScience, 2018, 3: 134 - 148.

[64] Wang X, Fan L, Zhang J, et al. Printed conformable liquid metal e-skin-enabled spatiotemporally controlled bioelectromagnetics for wireless multisite tumor therapy. Advanced Functional Materials, 2019, 29(51): 1907063.

[65] Yang N, Li W, Gong F, et al. Injectable nonmagnetic liquid metal for eddy-thermal ablation of tumors under alternating magnetic field. Small Methods, 2020, 4(9): 2000147.

[66] Sun X, Cui B, Yuan B, et al. Liquid metal microparticles phase change medicated mechanical destruction for enhanced tumor cryoablation and dual-mode imaging. Advanced Functional Materials, 2020, 30(39): 2003359.

[67] Zhou F, Chen L, An Q, et al. Novel hydrogel material as a potential embolic agent in embolization treatments. Scientific Reports, 2016, 6(1): 32145.

[68] Wang Q, Yu Y, Liu J. Delivery of liquid metal to the target vessels as vascular embolic agent to starve diseased tissues or tumors to death. Physics, arXiv: Medical Physics, 2014.

[69] Kim D, Hwang J, Choi Y, et al. Effective delivery of anti-cancer drug molecules with shape transforming liquid metal particles. Cancers, 2019, 11(11): 1666.

[70] Fan L, Sun X, Wang X, et al. NIR laser-responsive liquid metal-loaded polymeric hydrogels for controlled release of doxorubicin. Rsc Advances, 2019, 23(9): 13026 - 13032.

[71] Wang D, Wu Q, Guo R, et al. Magnetic liquid metal loaded nano-in-micro spheres as fully flexible theranostic agents for SMART embolization. Nanoscale, 2021, 13(19): 8817 - 8836.

[72] Zhang Y, Liu M D, Li C X, et al. Tumor cell membrane-coated liquid metal nanovaccine for tumor prevention. Chinese Journal of Chemistry, 2020, 38(6): 595 - 600.

[73] Gao W, Wang Y, Wang Q, et al. Liquid metal biomaterials for biomedical imaging. Journal of Materials Chemistry B, 2022, 10(6): 829 - 842.

[74] Zhang Y, Guo Z, Zhu H, et al. Synthesis of liquid gallium@reduced graphene oxide core-shell nanoparticles with enhanced photoacoustic and photothermal performance. Journal of the American Chemical Society, 2022, 144(15): 6779 - 6790.

[75] Chitambar C R, Narasimhan J. Targeting iron-dependent DNA synthesis with gallium and transferrin-gallium. Pathobiology, 1991, 59(1): 3 - 10.

[76] Goss C H, Kaneko Y, Khuu L, et al. Gallium disrupts bacterial iron metabolism and has therapeutic effects in mice and humans with lung infections. Science Translational Medicine, 2018, 10(460): eaat7520.

[77] Kurtjak M, Vukomanovic M, Kramer L, et al. Biocompatible nano-gallium/ hydroxyapatite nanocomposite with antimicrobial activity. Journal of Materials Science: Materials in Medicine, 2016, 27(11): 170.

[78] Li L, Chang H, Yong N, et al. Superior antibacterial activity of gallium based liquid metals due to Ga^{3+} induced intracellular ROS generation. Journal of Materials Chemistry B, 2021, 9(1): 85 - 93.

[79] Elbourne A, Cheeseman S, Atkin P, et al. Antibacterial liquid metals: biofilm treatment via magnetic activation. ACS Nano, 2020, 14(1): 802 - 817.

第9章
纳米液态金属二维材料

9.1 引言

在21世纪初,石墨烯的成功制备开启了科学家对二维材料的探索之路。二维材料主要指三维空间中有一个维度处于纳米尺寸范围的材料。厚度仅为单层或几层原子厚度的纳米片与纳米薄膜等均属于二维材料。当材料的尺寸降低维度后,材料的力学、电学、表面化学、活性等与传统宏观材料表现出明显的不同[1,2]。二维材料的载流子受到空间限制,具有宏观量子隧道效应,在电子转移效率、比表面积、掺杂灵敏度等方面远高于传统材料,在光电信息、电催化、能量存储、生物医学传感等领域具有潜力[3,4]。石墨烯作为典型的二维材料,具有大比表面积、良好的机械强度、高载流子迁移率与高热导率,在能量转换、能量存储、光电子信息等领域潜力巨大[5]。继石墨烯后,更多的二维金属化合物、氧化物等陆续被成功制备,相继涌现出多种制备方法,如物理气相沉积方法、化学气相沉积法、液相剥离与机械剥离法。

事实上,通过快捷方式制造电子和半导体一直是整个电子行业雄心勃勃的目标。2012年,Liu小组系统地提出了一种全新策略,通过引入由低熔点液态金属或其合金制成的电子墨水,实现电子器件(包括半导体材料)的直接书写或打印[6],其核心原理还包括对所印制液态金属电子图案予以化学处理,从而原位实现半导体。在其文章中,作者们特别阐述了几种液态金属印刷半导体的典型方法,如氧化、氮化和更多化学改性途径,以及借助外部能量(如激光、微波或等离子体等)辅助实现离子注入等,由此可形成不同类型的半导体,如液态金属氧化物(Ga_2O_3、In_2O_3 等)、GaN、Ga_2S_3、$AgGaS_2$、GaSe、GaAs 等。该篇论文明确指出,即使是一个集成电路,包含所有必要的电子元件和匹配的半导体,也可以通过打印方式实现。这一可望改变电子制造程式的技术被命名为梦之墨——DREAM Ink（Direct Writing of Electronics based on Alloy and Metal Ink，基于合金和金属油墨的电子直写技术）。自 2014 年以来，一系列在此基础上研发的商用液态金属打印机以及由此制造的电子产品逐渐得到产业转化应用[7]。近年来，随着世界各地越来越多实验室的涌入，液态金属印刷电子领域逐步进入快速发展阶段。

应该指出的是，可以通过液态金属印刷出来的潜在半导体种类较多。在众多候选者中，Ga_2O_3 是最容易在室温环境中实现印刷的。这是因为液态金属表面可自发形成自限性纳米级氧化膜，由此为二维金属氧化物、高性能功能器件的制备提供了新途径。液态金属表面的氧化物与液态金属本身的黏附力较弱，因而可连续剥离而实现大尺度、原子级金属氧化物薄膜的制备。利用这种方法，各类金属氧化物，如 Ga_2O_3、Bi_2O_3、SnO_2 与 SnO 等可实现高质量制备[8-10]。另外，液态金属还可与其他金属形成合金，为制备混合金属氧化物、过渡金属氧化物、后过渡金属氧化物与稀土金属氧化物等提供可能，极大丰富了可制备二维材料的种类。例如，可以在铟锡（In‑Sn）合金表面剥离金属氧化物，获得大尺度的铟锡氧化物（ITOs）薄膜[11]；通过将铪（Hf）、Al、钆（Gd）与液态金属合金化的方式，可制备出 HfO_2、Al_2O_3 与 Gd_2O_3[12]。利用氧化物的堆叠方法还可制备出异质结构。基于剥离技术再结合化学处理方法，各类晶圆级镓化合物薄膜包括 $GaPO_4$、GaN 和 GaS 等亦可实现成功制备[9,13,14]。

晶圆级高质量金属化合物半导体的制备有助于后续功能器件的开发和应用。比如，利用二维材料的宽带隙范围可应用于光电子领域，包括光纤通信、光伏发电与发光二极管等[15]；利用二维材料的短沟道有望解决小尺寸晶体管的漏电挑战；二维薄膜材料具有极佳柔性，预计在生物医学柔性电子领域发挥重要作用。目前，基于液态金属二维氧化物薄膜材料的印刷特性，材料可应用于光学与电子领域，作为可印刷式薄膜晶体管、光电检测器与柔性传感器等[16-18]。

9.2　纳米液态金属二维材料的制备

2004 年，英国两位物理学家利用胶带反复剥离的方法制备了石墨烯[19]。然而，这种机械剥离方式所获得的材料形状不规则，尺寸也略小，不适合大规模应用。化学气相沉积可用来制备大面积二维薄膜材料，但目前这类方法需要在 SiO_2 等刚性衬底上生长合成，合成时间长，温度高，无法实现在柔性聚合物衬底上的直接制备,限制了二维材料的柔性化应用[20]。

暴露于 O_2 环境时,在液态金属表面可迅速形成氧化物,氧化物的生长过程遵循 Cabrera - Mott 动力学模型,氧化物的厚度随着氧化时间的延长增加[21]。随着氧化物的积累,氧化的速率会减慢,当氧化物的厚度达到几个纳米的临界厚度时,氧化物的生长表现出明显的抑制特性,钝化的液态金属表面会阻碍其进一步氧化。将该氧化物与母体液态金属分离即可获得二维金属氧化物材料。另外,该自限性氧化物二维薄膜材料具有很多优点:超薄层(一般厚度小于 5 nm),厚度均一性好,横向具有超大尺寸,制备方式简单。

目前已经开发出多种分离液态金属表面氧化物的方法,例如,接触剥离法、挤压剥离法、碰撞法和气泡法等[22]。一般来说,只要基板材料的表层光滑,二维材料可以从母体液态金属表面转移到基底材料表面。接触剥离法主要通过基底材料轻轻触碰液态金属液滴,利用氧化物与基底间的强黏附力将氧化物转移至基底表面(图 9 - 1)[12]。对于熔点高于室温的液态金属,需要对液态金属液滴与基底材料进行加热处理,防止基板温度过低,在氧化物转移过程中出现金属低温凝固的现象[23]。挤压剥离法通过挤压在两个基板间的液态金属液滴,从而实现氧化物扩散并均匀分布于两个基板表面[24]。值得注意的是,在挤压过程中液滴可能变形,表面氧化物出现破损,形成裂缝,此时,新暴露的母体液态金属可在 O_2 存在下立即填充缝隙,从而保证二维氧化物材料的完整性。挤压后,母体液态金属由于具有高表面张力,形成球形液滴,也可很容易地清除掉。

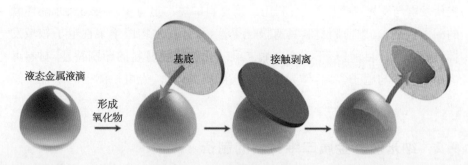

液态金属液滴　形成氧化物　基底　接触剥离

图 9 - 1　接触剥离法示意[12]

近期,Lin 等提出利用碰撞的方式将金属氧化物从液态金属表面剥离的新方法,并实现晶圆级金属氧化物半导体的制备[25]。将液态金属液滴吸入注射器中,在距离晶圆衬底一定高度挤压注射器,挤出液滴,可实现液滴在重力加速度下与衬底的碰撞(图 9 - 2)。碰撞后,液态金属表面的金属氧化膜与衬底接触的黏附力会大于其与液滴之间的作用力,随后擦除即可去除液态金属,而金属氧化物膜由于与基底存在很强的范德华力,不会在擦除的过程中从基底脱落,从而实现二维氧化物的制备。值得注意的是,对晶圆衬底的加热可有助于其上金属氧化膜的有序化结晶,有助于高精度、高性能的二维薄膜的制备。液态金属液滴与基底碰撞会经历接触与扩散两个阶段。控制液滴滴落高度可影响这两个过程,当液滴从较低高度滴下时(0.5 cm),液滴与晶圆衬底接触速度很低,接触角一般大于 100°,由于撞击力小,所形成的接触面积也较小,制备的二维薄膜尺寸小;当液滴滴落高度提升时(4 cm),碰撞中会表现出明显的扩散过程,液滴与衬底的接触角减小至小于 90°,可获得更大尺寸的二维薄膜[图 9 - 2(c)]。

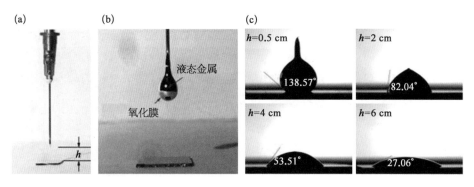

图 9 - 2　碰撞法制备氧化物薄膜[25]

(a) 碰撞法的实验装置;(b) 液态金属从注射器中挤出的图片;(c) 从不同高度降落的液态金属液滴与衬底接触的图片。

在 0.5 cm 的滴落高度,原子力显微镜(AFM)下可见形成的金属氧化物膜不完整,有破损痕迹[图 9 - 3(a)]。这主要是因为滴落高度较低,液滴在离开注射器时就可与晶圆衬底接触,随后的液滴挤压与注射器抽离过程都可引入外力,影响金属氧化膜的形态与结构,造成了膜结构的破裂。而滴落高度较高时,虽然形成的二维薄膜尺寸更大,但更强的冲击力与大面积的扩散也可损坏已形成的膜结构。当滴落高度在 2 cm 时,所形成膜结构的裂纹最少,膜的平整度最高。

选取金属镓制备二维 Ga_2O_3 材料。将液态金属 Ga 去除后,可在光镜下观察到 Ga_2O_3 薄膜清晰的轮廓[图 9 - 3(b)]。在扫描电子显微镜(SEM)下,空气退火处理的 Ga_2O_3 薄膜具有平整、均匀、连续的表面,大尺度连续化薄膜将有助于晶圆级二维半导体器件的功能实现[图 9 - 3(c)]。研究人员发现,加热晶圆基底有利于多晶氧化物薄膜的形成,也可促进液滴表面氧化膜的自然氧化,让二维薄膜厚度增加。实验表明 60℃处理条件生成的二维金属氧化物厚度不到 3 nm,而处理温度超过 120℃后,氧化物厚度可达到 4～8 nm[26]。然而,当晶圆衬底温度超过 150℃后,氧化膜的均匀度会有所下降。

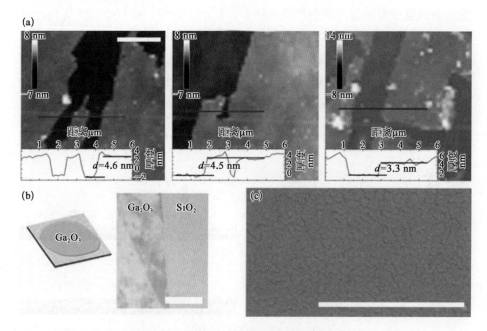

图 9 - 3 碰撞法制备氧化物薄膜的表征[25]

(a) 从不同高度滴落制备的氧化膜在 AFM 下的图片,从左至右代表从 0.5 cm、2 cm、4 cm 高度处滴落;
(b) 二维氧化物薄膜的光学图像;(c) 二维氧化物薄膜的 SEM 图像。

在 X 射线衍射(XRD)下,在 2θ 为 31.692°、35.178° 与 64.666° 三处可见明显的峰值,对应于单斜晶 β - Ga_2O_3 相(JCPDS 41 - 1103),表明氧化膜具有较好的晶体质量(图 9 - 4)。另外,二维薄膜材料中包含部分峰可对应金属 Ga 相,表明材料中有少量金属元素的残留,微量的金属 Ga 残留不会对二维薄膜性能产生显著影响。

气泡法通过向液态金属中吹空气可在溶液中产生大量二维氧化物薄片材料,适用于高产量二维产品的催化和储能等应用。将液态金属浸没于溶剂中,向底部液态金属注入空气,在液态金属与空气的界面处即可迅速形成二维氧化物。气泡离开母体液态金属,二维氧化物材料即可被带到上层溶液,随着气泡破裂,二维材料可形成胶体悬液(图 9 - 5)[12]。对熔点超过 100℃的高熔点

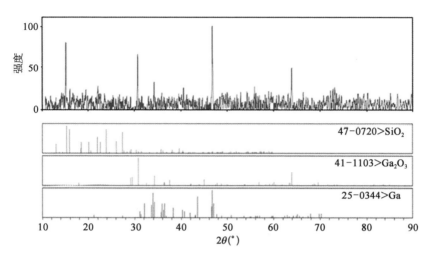

图 9‑4　二维 Ga₂O₃ 薄膜的 XRD 实验结果[25]

液态金属合金,利用气泡法在水基溶液中显然不适用,可替换上层溶液为醇溶液或利用熔盐等作为分散剂,获得氧化物二维材料。比如,针对锡铋(Sn‑Bi)双金属合金(熔点 139℃),可在上层添加二甘醇分散剂,同时将油温设置成180℃以保证体系稳定。利用该方式可制备出大规模量产的二维锡氧化物(SnO_x)材料,用于高效电催化 CO_2 的化学反应[27,28]。

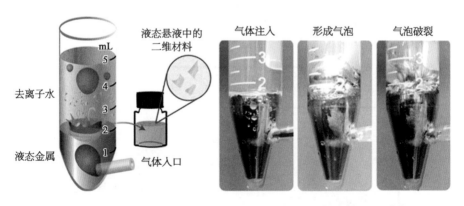

图 9‑5　气泡法制备液态金属二维材料的示意(左)与实物图(右)[12]

　　除了单质液态金属,可通过上述方法实现氧化物二维材料的分离,通过与液态金属形成合金或以金属溶解到液态金属的形式,可在液态金属表面分离出更为广泛的二维金属氧化物薄膜材料。对于液态金属合金,在不同金属元素存在下,表面会选择性氧化。基于热力学定律,更活泼的金属会优先在表面形成氧化物。例如，由于 Ga 的活泼性更高，在 EGaIn 或 EGaInSn 表面主要生成 Ga_2O_3 薄膜。如果金属具有相似的活泼性，则以混合氧化物的形式在液态金属表面形成。因此，可通过向液态金属中添加活泼金属的形式来调控合金的组成成分，以形成多种类二维金属氧化物材料。例如，分别将少量 Hf、Al 和 Gd 等金属添加到液态金属中，利用金属活泼性的差异，由于以上金属氧化物的吉布斯能减少都比金属 Ga 大，氧化物会优先形成于液态金属表面，利用此种方法可成功制备过渡金属氧化物 HfO_2，后过渡金属氧化物 Al_2O_3 以及稀土金属氧化物 Gd_2O_3（图 9 - 6）[12]。随后可通过接触剥离法或气泡法等将氧化物分离出来。经过检测，这些氧化物的厚度都不到 3 nm。对于多元合金，也按照热力学定律和吉布斯自由能的大小形成表面氧化层。在 In - Sn 合金中，表面氧化物会同时含有 In、Sn 金属元素，可形成 ITOs[11]。由于 Sn 在 In_2O_3 的溶解度，三元物质 ITOs 会比单纯的 In_2O_3 和 SnO_2 更加稳定，由此可剥离出仅有几个原子厚度的晶圆级别 ITO 片。该二维单层 ITO 被证明具有极好的导电性和透明度，可用于开发电容式触摸屏。

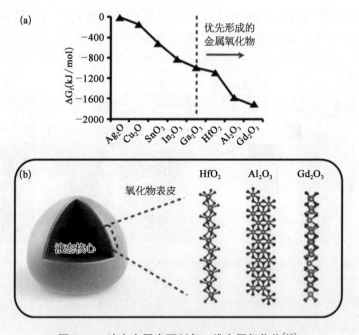

图 9 - 6　液态金属表面制备二维金属氧化物[12]

(a) 一些金属氧化物的吉布斯自由能，虚线右侧的氧化物会优先在液态金属表面形成；(b) 液态金属液滴的截面图，液态金属表面形成金属氧化物的示意。

一般来说,若在液态金属中添加的金属材料活泼性不及液态金属时,表面氧化物以液态金属氧化物占据主导。近期有研究通过在液态金属中添加金属钴(Co),利用去除 Ga_2O_3 的方式,获得了弱活泼金属氧化物——氧化钴(CoO)[29]。在气泡法装置中,即便添加了 Co,上层水溶液中所获得的椭圆形球状颗粒主要为 Ga_2O_3 材料,通过加入 HCl,改变上层溶液的 pH,Ga_2O_3 可有效溶解在酸性溶液中,将上层溶液中的材料获取分析可得大量的薄纳米片结构,单片长度约为 200 nm,厚度在 $1\sim4.5$ nm,拉曼光谱和 X 射线光电子能谱(XPS)证明该材料为 CoO。类似地,将金属钛(Ti)与 Ga 形成合金,由于 Ga 与 Ti 的活泼性相当,可产生两种氧化物,利用 HCl 可将 Ga_2O_3 溶解,滤膜过滤后即可获得二维二氧化钛(TiO_2)纳米片[30]。

另外,与以 Ga 为代表的自限性氧化物生长不同,其他液态金属如 Sn、Bi 等表现出不同的氧化行为,氧化物可以在合适的 O_2 条件下不断增长堆叠,表现为非自限性氧化物生长模式。在这种情况下,可通过控制 O_2 环境和反应时间调控氧化物的厚度。金属 Sn 在空气中立即形成单层 SnO 片层,进一步氧化则可形成 SnO_2、Sn_2O_3 或 Sn_3O_4 等,氧化物的构成和厚度不同会导致材料颜色的改变[31]。通过控制反应时间可控制反应物生成的组分、颜色和形态。Bi 与 Sn 的界面行为类似,可通过控制液态金属附近的 O_2 含量制备薄层 Bi_2O_3 纳米材料[23]。

除制备二维金属氧化物薄膜外,利用剥离下的液态金属氧化物作为前体,还可由此通过后处理的方式形成其他二维金属化合物,例如 $GaPO_4$、GaS、Ga_2S_3 以及 GaN 等。Ga 具有化学惰性,直接硫化成 GaS 需要超过 900℃的高温处理,同时需利用有毒气体 H_2S。近期,有研究者利用 Ga_2O_3 作为前体二维材料,经过连续化学处理可降低反应温度,实现大面积、图案化二维 GaS 薄膜的制备[14]。首先对 SiO_2/Si 衬底用全氟癸基三乙氧基硅烷(FDTES)进行选择处理,处理后的区域对 Ga_2O_3 的润湿性变差,从而可获得图案化的 Ga_2O_3 二维材料。随后通过 HCl 蒸汽处理,生成更具反应性的 $GaCl_3$,$GaCl_3$ 的硫化条件为较低温 300℃下与 S 蒸气反应,从而实现 GaS 的图案化制备。在另一项研究中,通过高温氨解反应,可将 Ga_2O_3 转变为 GaN[24]。反应后所获得的 GaN 形态不变,厚度为 1.3 nm,颜色和对比度与 Ga_2O_3 相比发生了变化,表明 GaN 产物得以成功生成。类似地,以 Bi_2O_3 为前体,可制备出 Bi_2S_3[32];以 In_2O_3 作为前体,可以制备出超薄高度结晶的 InN、In_2S_3 和氧硫化物($In_2O_{3-x}S_x$)[24,33,34]。

9.3 纳米液态金属二维材料直接印刷

将二维氧化物薄膜直接印刷在基底上可扩大二维材料的尺寸,同时减少液态金属的残留,直接将二维材料印刷在不同基底可获得具有更高清洁度和平整度的二维材料,有利于提升材料的可扩展性和转印制备的兼容性。将液态 Ga 液滴附着在胶带上,通过控制胶带与聚二甲基硅氧烷(PDMS)基底触碰、挤压和滑动,可将液滴表面产生的 Ga_2O_3 层连续吸附于 PDMS 表面[35]。值得注意的是,由于液固界面的黏附力较弱,Ga 液滴可基本被胶带全部带走,减少了母体液态金属的残留。随后,通过控制 PDMS 与目标基底接触,可将二维 Ga_2O_3 转移到 Si、SiO_2、Al_2O_3 等表面。

当金属熔点高于室温,可通过加热刮印法制备熔点略高的二维金属氧化物材料,通过直接刮擦法还可在特定衬底上完成大尺度二维材料的印刷,Li 等由此建立了液态金属印刷制备大面积二维半导体及光电探测器的方法[36]。将 Ga、In、Sn 等低熔点金属单质直接放置在加热平台上让金属融化,表面形成氧化膜,随后通过刮擦印刷的处理,让金属铺平整个基底,并去除掉金属单质(图 9-7)。对于刮擦无法完全去除的少量残留金属单质,可通过浸入热乙醇溶液或化学清洗的方式予以清除。以金属单质 Ga、In 与 Sn 等为原料,可通过刮擦直接印刷的方式制备出大尺度连续的金属氧化物薄膜。另外,此种方法对基底的适应性也较宽泛,除了 SiO_2/Si 衬底外,玻璃、石英等基底也可成功

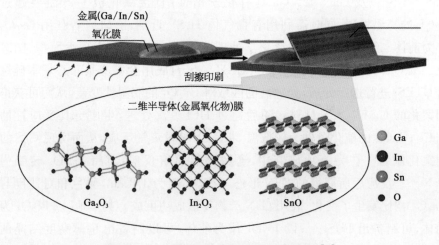

图 9-7 加热刮印法制备二维半导体薄膜[36]

制备出大尺度的二维膜材料。

　　在光学显微镜下，可以看到横向尺寸大于几个厘米的氧化物薄膜可经由刮印法成功制备。氧化物薄膜形态均匀、完整，没有破损。在 AFM 下，可测量出 Ga_2O_3、In_2O_3、SnO 薄膜的厚度均在 3～4 nm 范围内（图 9 - 8）。

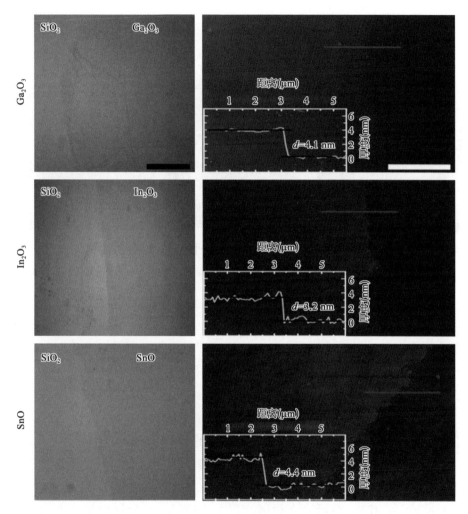

图 9 - 8　Ga_2O_3、In_2O_3 与 SnO 薄膜的光学图像（左）与 AFM 图像（右）[36]

　　在 XPS 下，对 Ga 氧化物薄膜进行检测，Ga 3d、Ga 2p 的峰值分别位于 21.4 eV、1 117.56 eV 和 1 144.44 eV 处，表明材料的存在形式为 Ga_2O_3，而不掺杂其他价态的金属 Ga。In 氧化物的 XPS 谱在 In $3d_{3/2}$ 和 In $3d_{5/2}$ 的两个峰值分别位于 452.13 eV 和 444.63 eV 处，表明 In 以三价态的形式存在。Sn 氧化物的 XPS 谱在 Sn $3d_{3/2}$ 和 Sn $3d_{5/2}$ 的两个峰值分别位于 494.48 eV、486.08 eV 处,表明薄膜为 SnO 材料。

利用高分辨率透射电子显微镜(HRTEM),可以测量薄膜的晶格特征。Ga_2O_3 晶格间距为 0.46 nm,与 Ga_2O_3(201)平面的晶格间距值一致。从 In_2O_3 的 HRTEM 和电子衍射图案(SAED)可以看到,有两个晶格间距分别为 0.25 nm 与 0.28 nm,分别对应 In_2O_3(400)面和 In_2O_3(222)平面的晶格间距。对于 SnO,晶格间距为 0.26 nm,符合 SnO 的(110)平面的晶格间距(图 9-9)。

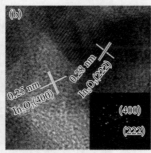

图 9-9 几种氧化物的 HRTEM 表征[36]

(a) Ga_2O_3 薄膜的 HRTEM 表征;(b) In_2O_3 薄膜的 HRTEM 表征;(c) SnO 薄膜的 HRTEM 表征。

在 XRD 测试下,可进一步检测膜的结晶与纯度。对 Ga_2O_3 薄膜分析,可见 2θ 谱在 18.83°、38.1°的峰可对应于 Ga_2O_3(201)、(402)的峰,证明了薄膜为 $\beta-Ga_2O_3$ 相。对 In_2O_3 膜分析,可见在 21.50°、30.58°、35.47°、51.04°和 60.68° 处存在 5 个峰,这些峰值可以与 In_2O_3(211)、(222)、(400)、(440)和(622)的晶面峰相对应,表明了 In_2O_3 薄膜的高纯度与结晶度[37]。对于 SnO 膜进行分析,在 29.8°、33.3°和 37.0°处有 3 个峰值与 SnO(101)、(110)和(002)的峰匹配良好,表明此方法制备的 SnO 薄膜具有良好的结晶质量与纯度。

利用二维氧化物剥离和转移技术,通过基板多次接触可对二维材料进行厚度控制以满足应用需求,将合成的二维氧化物材料堆叠起来,则可形成大面积异质结[38]。比如,有研究先利用液态 In 和液态 Sn 分别形成二维氧化物 In_2O_3 和 SnO,再依次转移到 SiO_2/Si 衬底上,使二维材料形成大面积重叠区域,以此形成 SnO/In_2O_3 异质结构(图 9-10)[39]。在光学显微镜和透射电子显微镜(TEM)下,可见两层膜形成了堆叠结构。进一步,在 HRTEM 和相应的选区电子衍射(SAED)下可分析异质结的晶体结构。在 HETEM 下可见两个晶格间距,一个为 0.27 nm,对应于 In_2O_3 的(321)平面;另一个为 0.298 nm,

对应于 SnO 的(101)平面。相应的 SAED 模式进一步证实了二维异质结的形成。另外,通过 AFM 测量二维材料的厚度,该异质结由 1 nm 厚的 SnO 二维材料和 4.5 nm 厚的 In_2O_3 二维材料组成,整体厚度约为 5.5 nm。原子级别的 p 型 SnO 和 n 型 In_2O_3 组成的异质结具有电流整流特性,针对紫外光的高灵敏度和极快的光响应时间,可作为光电探测设备应用。

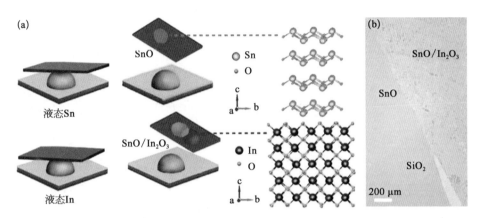

图 9-10 用液态 Sn、液态 In 表面剥离、转移的二维氧化物制备异质结[39]

(a) 多次接触剥离法制备异质结的示意;(b) 二维 SnO/In_2O_3 异质结的光学图片。

另外,通过滚涂的方式也可实现直接二维氧化物的印刷。碲(Te)的熔点在 452℃,然而,二氧化碲 β-TeO_2 却仅能在低于 350℃ 的情况下生成。通过将 Te 与 Se 混合,可极大降低材料的熔点至 200℃ 以下。通过加热液滴,即可在液滴表面生成具有更大吉布斯还原能的 TeO_2,此时,通过玻璃棒辅助滚涂的方式,即可将表面氧化物通过范德华力大面积地黏附在基底上[40]。

9.4 纳米液态金属二维材料电学、光学特性

氧化物薄膜在 SiO_2-Si 晶圆衬底上将会影响整体结构的电学性质。将 Ag 电极覆盖于二维 Ga_2O_3 上,对 SiO_2-Si 结构进行击穿测试(图 9-11)。在没有二维薄膜材料时,SiO_2-Si 结构的击穿电压测试为(335.7 ± 61.9)V,即(6.7 ± 1.2)mV/cm,与理论值相符[41]。

SiO_2-Si 结构上的电容理论值可以通过以下公式计算:

$$C_{ox} = \varepsilon_o \varepsilon_{ox} / t_{ox} \qquad (9.1)$$

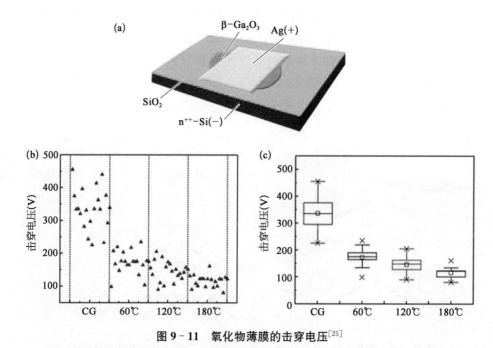

图 9-11　氧化物薄膜的击穿电压[25]

（a）击穿电压测试实验装置示意；（b）不同处理条件下氧化膜的击穿电压散点图；（c）不同处理条件下氧化膜的击穿电压统计箱形图。

实验中，SiO_2-Si 结构所测得的实际电容值为 $(6.06\pm0.19)\times10^{-9}$ F/cm²，与理论值相差不大。在电极间加入 Ga_2O_3 二维薄膜后，击穿电压表现为显著降低。随着膜处理温度的升高，膜厚度增加，可进一步降低击穿电压。在180℃处理条件下击穿电压仅为 (115.7 ± 17.6) V。施加正向电压时，电流可迅速增加，而施加反向电压时，电流很小，表现为类似二极管的伏安特性。

另一方面，由于二维薄膜材料的加入，SiO_2-Si 结构作为电介层的相对介电常数可受影响，导致 SiO_2-Si 结构的实际电容值减小（图 9-12）。比如，在180℃处理条件下的电容值为 $(4.40\pm0.19)\times10^{-9}$ F/cm²。另外，薄膜材料制备方式的差异可能会对材料的性能有所影响。研究者还系统探索了通过刮擦方式所获得的二维薄膜材料的电学与光学特性。

在光学方面，二维薄膜材料可表现出光吸收特性。对光吸收的检测中，研究者发现 Ga_2O_3 薄膜可在小于 250 nm 的紫外区域表现出窄带的、有选择性的强光吸收能力，同时在 260~800 nm 范围内光吸收基本为 0（图 9-13）。对于 In_2O_3 薄膜，材料在小于 400 nm 的紫外光区域显示出吸收能力，在 400~500 nm 范围的紫光与蓝光区域也显示出一定的吸收能力。总体来说，In_2O_3

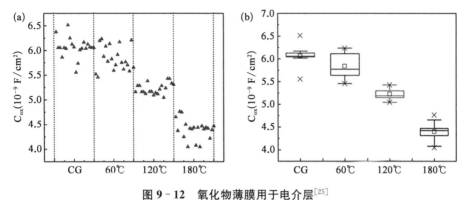

图 9-12 氧化物薄膜用于电介层[25]

（a）氧化物作为电层的电容值散点图；（b）氧化物作为电层的电容值统计箱形图。

薄膜的光吸收特异性比 Ga_2O_3 薄膜略差。而 SnO 薄膜的光吸收能力较弱，光吸收区域扩展到 320 nm 以外，超出 UVB 区域。对比来说，Ga_2O_3 薄膜在短波紫外线区域表现出显著的吸收能力，可作为紫外探测材料。

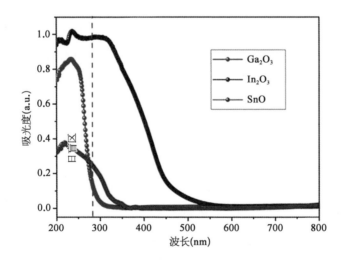

图 9-13 二维薄膜材料 Ga_2O_3、In_2O_3 和 SnO 的吸收光谱[36]

由于 Ga_2O_3 属于带隙半导体材料，可以通过光学带隙（Tauc 图）来评估材料的电子带隙[42]。通过公式拟合，可得到带隙能量 E_g 值（图 9-14）。

$$(\alpha h\upsilon)^2 = C \cdot (h\upsilon - E_g) \tag{9.2}$$

上述公式中，α 代表线性吸收系数，h 代表普朗克常数，υ 代表光子频率，C 代表常数。针对实验数据中的 Tauc 图，拟合 $(\alpha h\upsilon)^2$（Y 轴）与光子能量 $h\upsilon$（X

轴)之间的线性区域,可计算得到 E_g 值。根据实验数据,得到 Ga_2O_3 薄膜的带隙约为 4.8 eV,这与双层 Ga_2O_3 的间接跃迁相一致,进一步证明了膜的均匀性。In_2O_3 薄膜的带隙约为 3.1 eV,SnO 薄膜的电子带隙约为 3.7 eV,都与已知的电子带隙值相符。

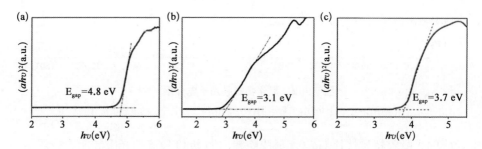

图 9‑14　印刷的二维薄膜材料的电子能带表征[36]

(a) Ga_2O_3 的电子能带表征;(b) In_2O_3 的电子能带表征;(c) SnO 的电子能带表征。

对于半导体功能器件,半导体与导体之间的接触特性对器件的功能起决定性作用。电子亲和力可表征电子从自由空间落到半导体导带底部时释放的能量,是衡量此类接触特性的重要参数,可直接反应器件的性能。通过紫外光电子能谱(UPS)测试可获得该参数,测试在微波紫外线光源内的超高真空环境中进行。另外,功函数表示电子从材料逃逸到自由空间所需的最小能量。从紫外光电子能谱中可通过线性拟合与 X 轴的交点获得价带的截止区域和边缘区域(图 9‑15)。对 Ga_2O_3 薄膜来说,E_{onset} 为 6.49 eV,E_{cutoff} 为 22.5 eV。根据价带最大值(VBM)公式:

$$VBM = 21.22 - (E_{cutoff} - E_{onset}) \qquad(9.3)$$

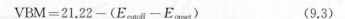

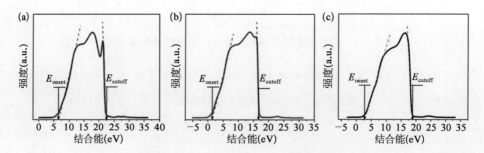

图 9‑15　二维薄膜材料的 UPS 光谱[36]

(a) Ga_2O_3 的 UPS 光谱;(b) In_2O_3 的 UPS 光谱;(c) SnO 的 UPS 光谱。

可得 VBM 为 5.21 eV。拟合后,可获得 In_2O_3 薄膜的 VBM 为 6.03 eV,SnO 薄膜的 VBM 为 5.23 eV。

对于电子亲和力,可通过公式计算获得:

$$\chi = \Phi - (E_c - E_F) \tag{9.4}$$

其中,χ 代表半导体材料的电子亲和力,E_c 代表导带能级,E_F 代表费米能级,Φ 代表半导体的功函数,数值上与 E_g 一致,表征电子从材料逃逸到自由空间所需的最小能量。通过计算可得,Ga_2O_3 的电子亲和力为 3.5 eV,略小于整体 $\beta\text{-}Ga_2O_3$ 的电子亲和力(通常约为 4 ± 0.05 eV[43]),In_2O_3 的电子亲和力为 2.9 eV,SnO 的电子亲和力为 3.5 eV。

肖特基莫特模型(功函数模型)可用于计算已知电子亲和力情况下的肖特基势垒高度[44]

$$\Phi_B = E_G - (\Phi_M - \chi) \tag{9.5}$$

其中,Φ_B 代表肖特基势垒高度,E_G 代表带隙,χ 代表 Ga_2O_3 的电子亲和力,Φ_M 代表金属电极功函数,可根据测量使用的电极决定。此处,电极为 Ag,Φ_M 为 4.2 eV。对 Ga_2O_3 薄膜,根据半导体薄膜与电极的不同,可计算肖特基势垒高度为 4.1 eV,反向推算 Ga_2O_3 的带隙值为 4.8 eV,与理论值相符合,表明二维材料的较高薄膜质量。综合材料的光吸收特性、带隙、VBM、电子亲和力等光电学性能,该刮擦直接印刷方法获得的 Ga_2O_3 二维薄膜具有很高的质量与纯度,非常适合作为波长低于 280 nm,可被大气臭氧层吸收的日盲紫外光电传感器[45]。

9.5　纳米液态金属二维材料半导体特性

二维材料可制备为薄膜晶体管(TFT)器件,有利于发展低功耗器件。尤其是二维材料的高比表面积与化学吸附特性有助于开发具有高灵敏度的传感器。液态金属薄膜半导体器件的开发处于初始阶段,尽管制备方式简便,但目前器件的最终性能,如开关比、迁移率等难以满足实际应用要求,仍受到巨大的挑战。场效应晶体管(FET)是电子、光电器件的基本组成部分。近期,有学者基于前期直接印刷 Ga_2O_3 薄膜半导体制备 FET,利用重掺杂的 n 型 Si 作为公共背栅极,SiO_2 层作为栅介质。将纳米 Ag 沉积在有 Ga_2O_3 膜的氧化硅层上制备 Ag 电极,作为晶体管的源极和漏极(图 9-16)。

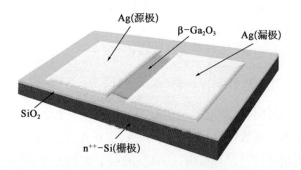

图 9 - 16 基于直接印刷法制备场效应管的方案示意[25]

研究人员对所印刷的 FET 进行性能表征与分析。β - Ga$_2$O$_3$ 和 SiO$_2$ 的理论带隙值分别为 4.9 eV 和 1.12 eV，价带偏移（ΔEVB）值可确定为 3.73 eV。β - Ga$_2$O$_3$ 的 $E_F - E_C$ 值估计为 0.06 eV，与理论一致。当源漏电压（V_{DS}）为 1 V 时，p 型 β - Ga$_2$O$_3$ - FET 的传输特性中可见导通电流密度为 2.5 μA，栅极电压（V_G）为 −10 V，平均开关比为 10^4。从典型的 β - Ga$_2$O$_3$ - FET 的输出特性 I_{DS} - V_{DS} 曲线中，在低 V_{DS} 时显示出轻微的非线性行为，这表明肖特基势垒较小。当施加高漏极电压时，该器件中的漏极电流饱和（图 9 - 17）。

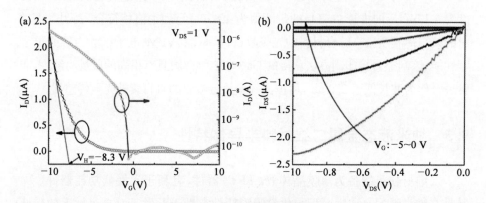

图 9 - 17 场效应管的特性[25]

（a）场效应管的传输特性；（b）场效应管的输出特性。

使用以下公式，通过平行板模型计算 β - Ga$_2$O$_3$ 中的有效器件迁移率：

$$\mu = (L_{ch} g_m)/(W C_{ox} V_{DS}) \tag{9.6}$$

其中，L_{ch} 和 W 分别代表 FET 中的沟道长度和宽度。C_{ox} 代表每单位面积的栅极电容。计算得出，单个设备最高可显示出 21.3 cm^2/(V · s) 的迁移率，沟道宽度标准化的峰值跨导（g_m）为 1.4 μS，开关比为 7×10^4。同时，为了验证此种方法所制备器件的稳定性，研究者测量了 80 个单独的 p 型 β-Ga_2O_3 FET，研究结果显示器件的开关比与迁移率都处于较窄的范围分布，绝大多数 β-Ga_2O_3 FET 器件的开关比可以达到 $10^3 \sim 10^4$，迁移率分布在 5～10 $cm^2/(V \cdot s)$ 范围内，证明设备性能比较稳定（图 9-18）。

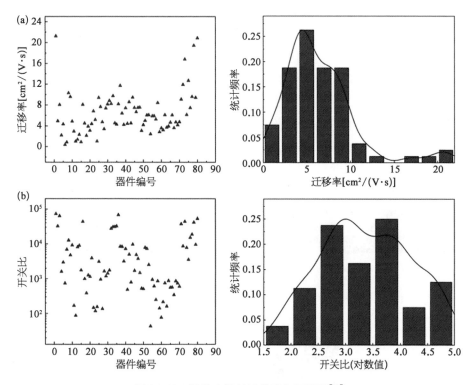

图 9-18 场效应管的迁移率与开关比[25]

（a）场效应管的迁移率与统计结果；（b）场效应管的开关比与统计结果。

光电传感器利用半导体材料的内光电效应，可在一定的电压偏置下实现光探测。通过在 p 型 Si 上印刷 n 型 Ga_2O_3，可用于制造全印刷式日盲型紫外光电传感器。p-n 结型光电传感器由具有相反导电类型的半导体结构组成，器件的工作机制主要依赖于半导体结的光伏效应。器件中两种不同的半导体具有各自的功函数，在两种材料接触后，材料之间会发生电荷转移，最终使得在结界面上费米能级达到一致，形成 p-n 结。比如，将 Ga_2O_3/Si 可构成 p-n 异质结结构，根据 Ga_2O_3（3.5 eV）和 Si（4.05 eV）之间的电子亲和力差异，ΔECB 可估计为 0.55 eV。在光照下，基于 p-n 结的光生伏特效应形成光电流。由于 p-n 结的存在,这种光电传感器同时也是光电二极管,可表现出明显的整流特性。

用以衡量光电传感器性能的主要参数包括暗电流、光电流、光暗比、光谱响应度、量子效率、响应速度和探测度。暗电流为工作偏压下,无光照时通过光电传感器的电流。光电流是器件在同等偏压、光照下产生的电流。光暗比是在相同电压下光电流与暗电流的比值。对于光电传感器而言,光暗比即为器件的信噪比。在实际器件制备过程中,需要综合关注半导体薄膜的质量以及器件的各方面性能,以使制备的器件具有进一步投入应用的价值。

利用光致抗蚀剂(PR),经过湿法蚀刻处理去除一半区域的 SiO_2 以暴露出 p^{++} Si。将 Ga_2O_3 二维薄膜直接印刷在 SiO_2/p^{++} Si 上,沉积的 Ga_2O_3 中的一端与 p^{++} Si 形成 p-n 异质结,另一端被 SiO_2 完全隔离。最后,通过印刷 Ag 电极完成了 Ga_2O_3/Si 异质结光电传感器的制备(图 9-19)。

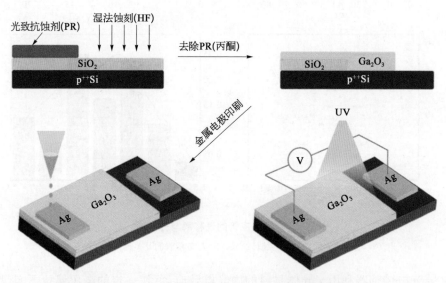

图 9-19 Ga_2O_3/Si 异质结光电传感器的制备示意[36]

为了深入了解 Ga_2O_3/Si 异质结在改善光电性能中的关键作用,结合安德森模型,可研究光电传感器的工作机理[44],在黑暗环境和紫外线照射下,与 Ga_2O_3/Si 异质结相关的能带图如图 9-20 所示[36]。由于 Ga_2O_3 的带隙宽度为 4.8 eV,Ga_2O_3 薄膜的载流子浓度明显小于 p-Si 的载流子浓度,因此形成了 p-n 结。为了分析 $Ga_2O_3/p-Si$ 异质结的光电机制,使用安德森模型来解释 $Ga_2O_3/p-Si$ 异质结的能带图并确定导带偏移(ΔECB)和价带偏移

（ΔEVB）值。

根据 Ga₂O₃（3.5 eV）和 Si（4.05 eV）之间的电子亲和力差异，估计 ΔECB 为 0.55 eV。基于 Ga₂O₃ 和 Si 的 4.8 eV 和 1.12 eV 的带隙，ΔEVB 值计算为 3.68 eV。考虑所有的值，结形成之前和之后的 Ga₂O₃ 和 Si 的能带图分别如图 9－20(a)、(b)所示。当 Ga₂O₃ 上施加正电压时，由于 Ga₂O₃ 的阻抗远大于 Si 的阻抗，因此几乎所有电压都施加到 Ga₂O₃。当用 254 nm 紫外光照射 Ga₂O₃－p－Si 异质结时，其光子能量足以激发 Ga₂O₃ 的载流子，在结区中产生电场，与电离结区中的其他原子碰撞，获得雪崩倍增效应，电子可以很容易地转移到 p－Si 中以获得高光电流和高响应性。因此，在受到 254 nm 的紫外光照射后，Ga₂O₃/Si 异质结的光电流会随着施加的电压呈指数增加[图 9－20(c)]。

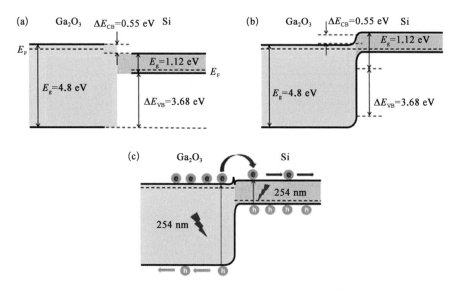

图 9－20　n 型 Ga₂O₃ 和 p⁺⁺ Si 异质结构的能带图[36]

（a）异质结产生前的能带图；（b）异质结产生后的能带图；（c）在 254 nm 光照下的载流子移动情况。

然而，在 365 nm 处的紫外线能量不足以激发 Ga₂O₃ 价带中的电子，所以不会发生电流增益现象。因此，异质结光电传感器具有日盲紫外探测特性[36]。对印刷完成的 Ga₂O₃/Si 异质结器件进行电和光电性能的检测。在 254 nm 的外部紫外光源照射下，反向电流比施加的正向电流小，证明结势垒的存在。在 10 V 偏压附近，光电流约为 8.1 μA，而暗电流则极小（图 9－21）。低暗电流和高光电流与暗电流比值表明该检测器的信噪比较高。而 Ga₂O₃/Si 异质结对 365 nm 的光源照射下，光电流与暗电流大小相近，表明器件对 365 nm 波长无明显响应。综上,该检测器在 365 nm 处没有明显的光响应,证明了打印材料的高质量以及 Ga_2O_3 和 Si 之间的出色结合,结果表明 Ga_2O_3/Si 异质结是日盲的。

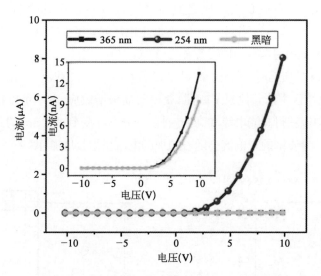

图 9 - 21　Ga_2O_3/Si 异质结传感器的 I - U 特性[36]

为定量评估光电传感器的性能,光谱响应度(R)与外量子效率(EQE)可共同反映光电传感器的信号转换能力[43,46]。R 为光电流与光电传感器上的入射光功率之比。其表达式为:

$$R = (I_\lambda - I_d)/P_\lambda S \tag{9.7}$$

其中,I_λ 代表光电流,I_d 代表暗电流,P_λ 代表光强度,S 代表有效照明面积。EQE 也是一个重要参数:

$$EQE(\eta) = hcR_\lambda/q\lambda \tag{9.8}$$

其中,h 代表普朗克常数,c 代表光速,R_λ 代表对特定的紫外线波长的响应度,q 代表电子的电荷(1.6×10^{-19} C),λ 代表入射紫外线的波长。其中,实验中光强度为 $100\ \mu W/cm^2$,有效照明面积为 $0.18\ mm^2$,入射紫外线的波长为 254 nm。器件在 254 nm 处的峰值响应度约为 44.6 A/W。在 10 V 偏压下,EQE 值为 2.2×10^4%,这表明光电传感器和紫外光源耦合良好(图 9 - 22),可用于紫外线检测[47]。与 R 的变化趋势类似,在正向偏置电压下 EQE 随着电压的增加而增强,表明光电检测器具有很大的增益[48]。

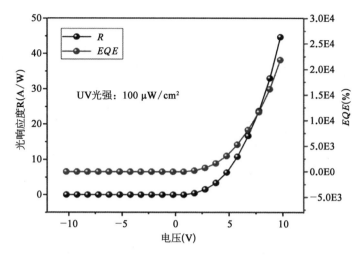

图 9－22　紫外光响应度、外量子效率与电压的关系[36]

　　在评估光电传感器时，响应时间在需要快速光响应的应用中是重要的参数。可通过打开、关闭外部光源来评估光电传感器随时间变化的光电流情况[36]。在 10 V 的正向偏置电压下记录随时间变化的光学响应，利用激光照射前后 20 s 的时间分辨的光电流（V＝0 和 10 V），研究光衰减时间（τ_{decay}）。在照明条件下，电流从 0.6 nA 瞬时提高到 8.1 μA，并在关闭光源时迅速衰减至 0.8 nA［图 9－23(a)］。响应速度是光电传感器的另一个关键标准，反映了光生载流子的有效提取能力。响应速度代表了传感器对瞬态光照的最短响应时间。施加光照瞬间，光电流上升，用上升时间 τ_r 表示上升沿响应速度。移除光照瞬间，光电流下降（也称弛豫），对应时间 τ_d 表示下降沿响应速度。研究者用 26 nm 飞秒脉冲激光和示波器进一步研究了仪器的时间分辨响应［图 9－23(b)］。瞬态响应曲线通过指数方程拟合，如下所示：

$$I = I_0 + Ae^{-t/\tau} \tag{9.9}$$

其中，I_0 代表稳定状态下的光电流，A 代表常数，t 代表时间，τ 代表弛豫时间。τ_r 和 τ_d 分别表示时间常数的上升沿和下降沿。拟合实验数据后，τ_r 为 0.2 ms，τ_d 为 2 ms，响应速度很快［图 9－23(c)］。快速衰减的过程可能是由于带到带的过渡，而降低的速度主要由于阱中包含的过渡带[49]。

　　探测度为传感器最小可探测的信号范围，代表着传感器从噪声中探测光信号的能力，是光电传感器的最重要特征之一，也是最关键的参数之一[50]。高

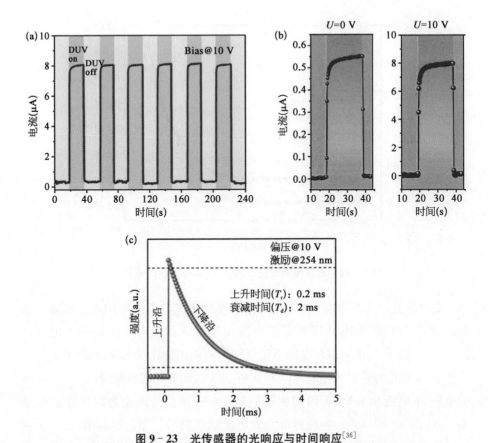

图 9-23　光传感器的光响应与时间响应[36]

(a) 光检测器的开关切换;(b) 激光下光电流的时间分辨率;(c) 光检测器的时间响应。

性能的光电传感器需要具有较强的探测度,具体可以由以下公式算出:

$$D^* = R_\lambda / \sqrt{2qI_d/S} \tag{9.10}$$

由于 Ga_2O_3/Si 异质结器件具有较低暗电流和较高的响应度,$R_{254} = 44.6\,A/W$,$I_d = 4.6 \times 10^{-5}\,\mu A$,因此可以计算得到,$Ga_2O_3/Si$ 异质结构光电传感器的 D^* 值为 $3.45 \times 10^{13}\,cm\,Hz^{1/2}/W$(琼斯),说明光电传感器具有探测微弱信号的能力。研究者总结了各种光强度下的响应度和检测度[36],显示出全印刷的 Ga_2O_3/Si 光电传感器具有优秀的紫外光响应性和探测性(图 9-24)。

印刷制造的 Ga_2O_3 光电传感器的一些关键参数优于基于 Ga_2O_3、PEDOTs/Ga_2O_3、石墨烯/β-Ga_2O_3 以及一些由 AlGaN、MgZnO 和 ZnO 等制成的器件[51-56]。

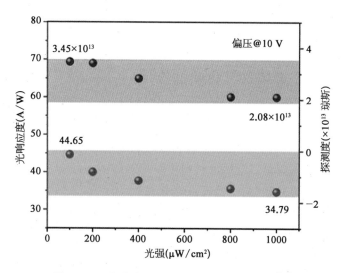

图 9-24　光响应度、光检测率与光强的关系[36]

除了二维金属氧化物半导体材料外,金属硫化物也属于重要的半导体成员。尤其,近期硫氧化物半导体被证明具有独特的电学和光电效应。但目前二维硫氧化物材料的制备主要通过气相沉积技术,不仅成本高,难度大,而且难以达成对晶体生长的精确控制。近期,有研究团队利用 In 材料先诱导生成大尺寸、超薄 In_2O_3 纳米片,再通过低温湿化学反应合成二维硫氧化铟半导体[34]。将获得的硫氧化铟用于制造 FET,电流-电压(I-U)曲线可以看到制造的晶体管表现出 n 型半导体行为,室温的电子迁移率平均约为(20.4 ± 6.3)$cm^2/(V \cdot s)$,最高可达 44 $cm^2/(V \cdot s)$。与二维 In_2O_3 材料相比,硫掺杂的硫氧化铟半导体的电子迁移率可增强 270%。作为光电探测器,在 285 nm 波长、强度为 2 mW/cm^2 的光照下,基于二维 $In_2O_{3-x}S_x$ 的探测器的光响应度约为 3.4×10^3 A/W,光电探测率约为 2.18×10^{13} 琼斯,该光响应性要比许多商业光电探测器的性能高出 3 个数量级。另一项研究中,将 In_2S_3 薄膜材料用于 FET 中,可表现出 58 $cm^2/(V \cdot s)$ 的高电子迁移率和接近 10^4 的开/关比[33]。将 Zn 作为掺杂剂掺入 In_2O_3 菱面体晶体骨架可制备超薄透明导电氧化物(TCO),结果表明该材料可维持超过 98% 的高透光率,同时电子迁移率可提升至高达 87 $cm^2/(V \cdot s)$[57]。

基于液态金属的全印刷方法,具有快速制备二维大尺度薄膜的强大优势,对于构建大型复杂的光电系统十分重要。另外,此工艺无需高温过程,在如

PI、PDMS 等柔性聚合物基板上印刷半导体膜来制备柔性器件也是可行的，有望扩展到柔性光电系统、柔性光电传感等应用中。

9.6 纳米液态金属二维材料的应用

除了上文介绍的液态金属辅助制备的二维材料在场效应管、光电探测等方面的应用外，还可用于压电响应材料和气体传感。压电材料可实现电能和机械力的转换。尤其是二维压电材料可以感知周围的震动、弯曲等机械位移，并将机械能转换为电能，为小型设备供电。

$GaPO_4$ 具有更高的热稳定性和高压电系数，不会以分层结构结晶，难以通过传统技术获得。利用 Ga_2O_3 作为前体，可制备出高质量、大尺度的二维 $GaPO_4$ 薄膜，利用压电响应力显微镜（PFM）测得晶胞厚度的 $GaPO_4$ 的垂直压电系数为 7.5 ± 0.8 pm/V，与密度泛函理论（DFT）模拟计算的结果相近[13]。另外，尽管 Pb 基压电材料锆钛酸铅具有优异的压电性能，但 Pb 的毒性较高，可以通过减少 Pb 的使用量来降低对环境和健康所造成的危害。利用液态金属制备出的 PbO 单层纳米片，所获得的单层 PbO 具有 29.6 pm/V 的垂直压电系数和 3.9 pm/V 的横向压电系数[58]。通过检测嵌入器件中的 PbO 所产生的电压以表征其实际压电性能，实验中，将 PbO 单层薄膜印刷到光滑的云母盘上，在薄膜上沉积两个宽度为 2 mm、间距为 40 μm 的 Au/Cr 方形电极。用冲击器头以大约 3 Hz 的频率敲击设备表面，可将交变力施加到 PbO 片上。由 PbO 薄膜和双电极所构成的器件可响应外部力的施加和移除，产生电压的上升和下降。在没有单层 PbO 下，器件没有显示任何的输出电压；在有单层 PbO 下，器件显示出大约 100 mV 的输出电压（图 9-25）。

在柔性材料上构建压电器件可使压电材料获得更为广泛的应用，例如柔性触摸屏、柔性显示器等。近期，有研究团队利用液态金属印刷技术，直接在柔性基底上制备出了二维 ITO。ITO 是一种透明氧化物导体，沉积的薄膜一般具有陶瓷性质，质脆，难以与柔性电子产品兼容。由于液态金属的熔点低，可与耐高温聚合物如聚酰亚胺兼容，因此可以实现在柔性基底的直接印刷[11]。对在聚酰亚胺上的二维 ITO 反复机械弯曲，结果显示经过 3 000 次的机械弯曲循环，薄膜的电阻增加不到 3.5%，表明薄膜具有良好的柔韧性和电学稳定性（图 9-26）。

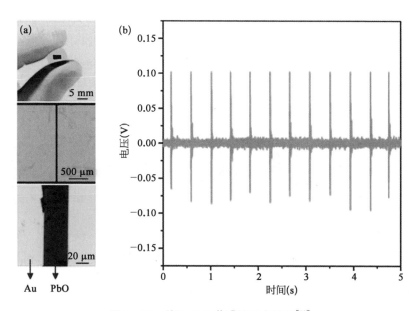

图 9 - 25 单层 PbO 薄膜的压电性能[58]

（a）双电极检测设备的光学图片；（b）双电极 PbO 设备在 3 Hz 下的电压输出响应。

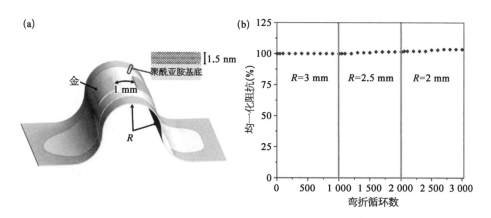

图 9 - 26 印刷在聚酰亚胺基底上的二维 ITO 材料[11]

（a）阻抗检测设备的示意；（b）在重复弯折下的阻抗变化。

　　随后利用沉积在单个玻璃基板两侧的 2 cm 大的印刷单层 ITO 构成三明治结构，可制成透明电容式触摸屏。4 个 Au 电极以方形排列沉积在触摸屏的正面，而单个电极固定在背面。当在前电极和后电极之间施加交流信号时，两个 ITO 片充当平板电容器，玻璃基板充当电介质。当手指或金属针等导电物体靠近设备正面时，设备的电容会发生变化，从而可以进行触摸检测(图 9 - 27)。

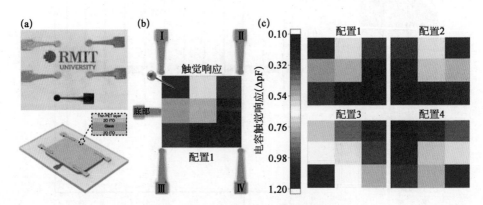

图 9 - 27　二维 ITO 用于电容触屏[11]

(a) 设备的图片(上)和示意(下)；(b) 触屏模式的示意，正面 4 个电极间被分为 3×3 的区域，通过金属针触碰表面检测触屏的效果；(c) 不同配置下电容触屏的效果。

　　由于二维材料具有高比表面积，可制成表面吸附气态物质的半导体材料，作为气体传感器[59]。一般来说，基于如三硫化钽(TaS_3)或三硒化二铟(In_2Se_3)等硫属化物的二维材料可作为氮氧化物的传感材料，并表现出高灵敏度。近期，有研究团队开发出了基于 Ga_2S_3 二维材料的气体传感器。由于 NO_2 分子可充当电子供体，可将电子转移到二维 Ga_2S_3 上，由此，可表现出电阻变化[60]。经过表面吸附，该器件表现出良好的 NO_2 气体检测性能，可检测到浓度为 10.7×10^{-6} 的 NO_2。在高温(150℃)下运行时，传感器的最快响应和恢复时间分别为 215 s 和 185 s。

　　基于纳米液态金属二维材料的研究目前主要集中在相关材料的制备上，许多研究还处于初始阶段。液态金属独特的表面氧化物为二维材料的制备开辟了新方案。具有良好电学性能与柔顺性，还可根据需要制备出系列液态金属合金与复合材料。通过机械剥离、撞击黏附、气泡法等方式，可有效实现多种类二维氧化物半导体前体材料的制备。尽管二维材料作为柔性功能器件与检测器具有高灵敏度等优势，然而目前针对二维材料的实际应用还有相当长的距离。

9.7　小结

相比宏观材料,二维材料在电子转移效率、比表面积等多方面都表现出优异性能,制成柔性半导体器件在可穿戴智能设备以及生物医学检测等方面具有很大潜力。相比传统化学气相沉积等二维材料的制备方法,液态金属表面可自发形成纳米级氧化物,是天然的半导体材料,开发剥离技术有望实现大尺度二维材料的高效制备,为半导体传感器等功能器件的制备奠定基础。本章介绍了几种纳米液态金属二维材料的制备技术。利用液态金属氧化物与基底的黏附性强于其与内部液态金属的黏附性,从而实现纳米级别 Ga_2O_3、In_2O_3 与 SnO 薄膜的成功制备。另外,近期针对液态金属二维薄膜的光电性能的分析,也填补了该方向的不足。通过光吸收能谱与 UPS 谱图,可计算得到二维氧化物膜的带隙能量值与电子亲和力等指标,为材料的后续应用奠定基础。基于印刷的氧化物薄膜,还可实现 TFT 的制备。另外,通过对 3 种液态金属氧化物二维薄膜进行筛选,发现 Ga_2O_3 薄膜可在日盲区表现出优异的单吸收特性,可实现基于 Ga_2O_3 薄膜开发具有快速光响应与感光度的日盲传感器。除了光电传感器外,二维薄膜在压电与气体传感等方面也表现出巨大的潜力。

-------------------------------- 参 考 文 献 --------------------------------

［1］Akinwande D, Huyghebaert C, Wang C H, et al. Graphene and two-dimensional materials for silicon technology. Nature, 2019, 573(7775): 507 - 518.

［2］Xu M, Liang T, Shi M, et al. Graphene-like two-dimensional materials. Chemical Reviews, 2013, 113(5): 3766 - 3798.

［3］Carey B J, Ou J Z, Clark R M, et al. Wafer-scale two-dimensional semiconductors from printed oxide skin of liquid metals. Nature Communications, 2017, 8(1): 14482.

［4］Mailly-Giacchetti B, Hsu A, Wang H, et al. PH sensing properties of graphene solution-gated field-effect transistors. Journal of Applied Physics, 2013, 114(8): 084505.

［5］Butler S Z, Hollen S M, Cao L, et al. Progress, challenges, and opportunities in two-dimensional materials beyond graphene. ACS Nano, 2013, 7(4): 2898 - 2926.

［6］Zhang Q, Zheng Y, Liu J. Direct writing of electronics based on alloy and metal (DREAM) ink: a newly emerging area and its impact on energy, environment and health sciences. Frontiers in Energy, 2012, 6(4): 311 - 340.

[7] 刘静,王倩. 液态金属印刷电子学. 上海：上海科学技术出版社,2019.

[8] Cooke J, Ghadbeigi L, Sun R, et al. Synthesis and characterization of large-area nanometer-thin β - Ga_2O_3 films from oxide printing of liquid metal gallium. physica status solidi(a), 2020, 217(10): 1901007.

[9] Syed N, Zavabeti A, Messalea K A, et al. Wafer-sized ultrathin gallium and indium nitride nanosheets through the ammonolysis of liquid metal derived oxides. Journal of the American Chemical Society, 2019, 141(1): 104 - 108.

[10] Daeneke T, Atkin P, Orrell-Trigg R, et al. Wafer-scale synthesis of semiconducting SnO monolayers from interfacial oxide layers of metallic liquid tin. ACS Nano, 2017, 11(11): 10974 - 10983.

[11] Datta RS, Syed N, Zavabeti A, et al. Flexible two-dimensional indium tin oxide fabricated using a liquid metal printing technique. Nature Electronics, 2020, 3(1): 51 - 58.

[12] Zavabeti A, Ou J Z, Carey B J, et al. A liquid metal reaction environment for the room-temperature synthesis of atomically thin metal oxides. Science, 2017, 358 (6361): 332.

[13] Syed N, Zavabeti A, Ou J Z, et al. Printing two-dimensional gallium phosphate out of liquid metal. Nature Communications, 2018, 9(1): 3618.

[14] Li Q, Du B D, Gao J Y, et al. Room-temperature printing of ultrathin quasi-2D GaN semiconductor via liquid metal gallium surface confined nitridation reaction. Advanced Materials Technologies, 2022, 5(7): 2054 - 2085.

[15] Castellanos-Gomez A. Why all the fuss about 2D semiconductors? Nature Photonics, 2016, 10(4): 202 - 204.

[16] Hamlin A B, Ye Y, Huddy J E, et al. 2D transistors rapidly printed from the crystalline oxide skin of molten indium. npj 2D Materials and Applications, 2022, 6 (1): 16.

[17] Zou Z, Liang J, Zhang X, et al. Liquid-metal-assisted growth of vertical GaSe/MoS_2 p - n heterojunctions for sensitive self-driven photodetectors. ACS Nano, 2021, 15 (6): 10039 - 10047.

[18] Zhang X, Li J, Ma Z, et al. Design and integration of a layered MoS_2/GaN van der waals heterostructure for wide spectral detection and enhanced photoresponse. ACS Applied Materials & Interfaces, 2020, 12(42): 47721 - 47728.

[19] Novoselov K S, Geim A K, Morozov S V, et al. Electric field effect in atomically thin carbon films. Science, 2004, 306(5696): 666 - 669.

[20] Kang K, Xie S, Huang L, et al. High-mobility three-atom-thick semiconducting films with wafer-scale homogeneity. Nature, 2015, 520(7549): 656 - 660.

[21] Cabrera N, Mott N F. Theory of the oxidation of metals. Reports on Progress in Physics, 1949, 12(1): 163 - 184.

[22] Aukarasereenont P, Goff A, Nguyen C K, et al. Liquid metals: an ideal platform for the synthesis of two-dimensional materials. Chemical Society Reviews, 2022, 51(4): 1253 – 1276.

[23] Messalea K A, Carey B J, Jannat A, et al. Bi_2O_3 monolayers from elemental liquid bismuth. Nanoscale, 2018, 10(33): 15615 – 15623.

[24] Syed N, Zavabeti A, Messalea K A, et al. Wafer-sized ultrathin gallium and indium nitride nanosheets through the ammonolysis of liquid metal derived oxides. Journal of the American Chemical Society, 2019, 141(1): 104 – 108.

[25] Lin J, Li Q, Liu T Y, et al. Printing of quasi-2D semiconducting β – Ga_2O_3 in constructing electronic devices via room-temperature liquid metal oxide skin. Physica Status Solidi(RRL) — Rapid Research Letters, 2019, 13(9): 1900271.

[26] Zeng M, Xiao Y, Liu J, et al. Exploring two-dimensional materials toward the next-generation circuits: from monomer design to assembly control. Chemical Reviews, 2018, 118(13): 6236 – 6296.

[27] Yuan T, Hu Z, Zhao Y, et al. Two-dimensional amorphous SnOx from liquid metal: mass production, phase transfer, and electrocatalytic CO_2 reduction toward formic acid. Nano Letters, 2020, 20(4): 2916 – 2922.

[28] Hu Z, Yuan T, Li H, et al. Two-dimensional oxide derived from high-temperature liquid metals via bubble templating. Nano Research, 2021, 14(12): 4795 – 4801.

[29] Crawford J, Cowman A, OMullane A P. Synthesis of 2D cobalt oxide nanosheets using a room temperature liquid metal. Rsc Advances, 2020, 10(49): 29181 – 29186.

[30] Alkathiri T, Dhar N, Jannat A, et al. Atomically thin TiO_2 nanosheets synthesized using liquid metal chemistry. Chemical Communications, 2020, 56(36): 4914 – 4917.

[31] Atkin P, Orrell-Trigg R, Zavabeti A, et al. Evolution of 2D tin oxides on the surface of molten tin. Chemical Communications, 2018, 54(17): 2102 – 2105.

[32] Messalea K A, Zavabeti A, Mohiuddin M, et al. Two-step synthesis of large-area 2D Bi_2S_3 nanosheets featuring high in-plane anisotropy. Advanced Materials Interfaces, 2020, 7(22): 2001131.

[33] Jannat A, Yao Q, Zavabeti A, et al. Ordered-vacancy-enabled indium sulphide printed in wafer-scale with enhanced electron mobility. Materials Horizons, 2020, 7(3): 827 – 834.

[34] Nguyen C K, Low M X, Zavabeti A, et al. Ultrathin oxysulfide semiconductors from liquid metal: a wet chemical approach. Journal of Materials Chemistry C, 2021, 9 (35): 11815 – 11826.

[35] Li J, Zhang X, Yang B, et al. Template approach to large-area non-layered Ga-group two-dimensional crystals from printed skin of liquid gallium. Chemistry of Materials, 2021, 33(12): 4568 – 4577.

[36] Li Q, Lin J, Liu T Y, et al. Gas-mediated liquid metal printing toward large-scale 2D semiconductors and ultraviolet photodetector. npj 2D Materials and Applications,

2021, 5(1): 36.

[37] Gao M, Gui L. Development of a fast thermal response microfluidic system using liquid metal. Journal of Micromechanics and Microengineering, 2016, 26(7): 075005.

[38] Wurdack M, Yun T, Estrecho E, et al. Ultrathin Ga_2O_3 glass: a large-scale passivation and protection material for monolayer WS_2. Advanced Materials, 2021, 33 (3): 2005732.

[39] Alsaif MMYA, Kuriakose S, Walia S, et al. 2D SnO/In_2O_3 van der waals heterostructure photodetector based on printed oxide skin of liquid metals. Advanced Materials Interfaces, 2019, 6(7): 1900007.

[40] Zavabeti A, Aukarasereenont P, Tuohey H, et al. High-mobility p-type semiconducting two-dimensional $\beta - TeO_2$. Nature Electronics, 2021, 4(4): 277 – 283.

[41] Harari E. Dielectric breakdown in electrically stressed thin films of thermal SiO_2. Journal of Applied Physics, 1978, 49(4): 2478 – 2489.

[42] Guo D, Guo Q, Chen Z, et al. Review of Ga_2O_3-based optoelectronic devices. Materials Today Physics, 2019, 11: 100157.

[43] Zhou C, Raju S, Li B, et al. Self-driven metal-semiconductor-metal WSe_2 photodetector with asymmetric contact geometries. Advanced Functional Materials, 2018, 28(45): 1802954.

[44] Colinge J P, Colinge C A. Physics of semiconductor devices. Springer Science & Business Media, 2005.

[45] Sang L, Liao M, Sumiya M. A comprehensive review of semiconductor ultraviolet photodetectors: from thin film to one-dimensional nanostructures. Sensors, 2013, 13 (8): 10482 – 10518.

[46] Chen Y, Lu Y, Liao M, et al. 3D solar-blind Ga_2O_3 photodetector array realized via origami method. Advanced Functional Materials, 2019, 29(50): 1906040.

[47] Zhu H, Shan C X, Wang L K, et al. Metal-oxide-semiconductor-structured MgZnO ultraviolet photodetector with high internal gain. The Journal of Physical Chemistry C, 2010, 114(15): 7169 – 7172.

[48] Hu G C, Shan C X, Zhang N, et al. High gain Ga_2O_3 solar-blind photodetectors realized via a carrier multiplication process. Optics Express, 2015, 23(10): 13554 – 13561.

[49] Li Y, Tokizono T, Liao M, et al. Efficient assembly of bridged $\beta - Ga_2O_3$ nanowires for solar-blind photodetection. Advanced Functional Materials, 2010, 20(22): 3972 – 3978.

[50] Chen H, Yu P, Zhang Z, et al. Ultrasensitive self-powered solar-blind deep-ultraviolet photodetector based on all-solid-state polyaniline/MgZnO bilayer. Small, 2016, 12(42): 5809 – 5816.

[51] Suzuki R, Nakagomi S, Kokubun Y, et al. Enhancement of responsivity in solar-blind

β – Ga₂O₃ photodiodes with a Au schottky contact fabricated on single crystal substrates by annealing. Applied Physics Letters，2009，94(22)：222102.

[52] Wang H，Chen H，Li L，et al. High responsivity and high rejection ratio of self-powered solar-blind ultraviolet photodetector based on PEDOT：PSS/β – Ga₂O₃ organic/inorganic p – n junction. The Journal of Physical Chemistry Letters，2019，10 (21)：6850 – 6856.

[53] Lin R，Zheng W，Zhang D，et al. High-performance graphene/β – Ga₂O₃ heterojunction deep-ultraviolet photodetector with hot-electron excited carrier multiplication. ACS Applied Materials & Interfaces，2018，10(26)：22419 – 22426.

[54] Jiang K，Sun X，Zhang Z H，et al. Polarization-enhanced AlGaN solar-blind ultraviolet detectors. Photonics Research，2020，8(7)：1243 – 1252.

[55] Li Y，Kuang D，Gao Y，et al. Titania：graphdiyne nanocomposites for high-performance deep ultraviolet photodetectors based on mixed-phase MgZnO. Journal of Alloys and Compounds，2020，825：153882.

[56] Liu Y，Song Z，Yuan S，et al. Enhanced ultra-violet photodetection based on a heterojunction consisted of ZnO nanowires and single-layer graphene on silicon substrate. Electronic Materials Letters，2020，16(1)：81 – 88.

[57] Jannat A，Syed N，Xu K，et al. Printable single-unit-cell-thick transparent zinc-doped indium oxides with efficient electron transport properties. ACS Nano，2021，15(3)：4045 – 4053.

[58] Ghasemian M B，Zavabeti A，Abbasi R，et al. Ultra-thin lead oxide piezoelectric layers for reduced environmental contamination using a liquid metal-based process. Journal of Materials Chemistry A，2020，8(37)：19434 – 19443.

[59] Li Z，Yao Z，Haidry A A，et al. Recent advances of atomically thin 2D heterostructures in sensing applications. Nano Today，2021，40：101287.

[60] Alsaif MMYA，Pillai N，Kuriakose S，et al. Atomically thin Ga₂S₃ from skin of liquid metals for electrical，optical，and sensing applications. ACS Applied Nano Materials，2019，2(7)：4665 – 4672.

第10章
纳米液态金属材料展望

10.1 引言

　　纳米材料具有独特的小尺度效应、高比表面积,表现出区别于宏观材料的物理、化学与生物学效应。各类传统纳米材料在电子电路、化学催化与能源等领域都展现出重要的应用前景。不同于传统的刚性纳米材料,纳米液态金属材料具有独特的可变形性和内部的流体特性,正在为印刷电子、生物医学、二维材料以及柔性传感等领域带来变革性影响。液态金属可以响应外部多种电、磁、声、光、热、力与化学场的作用,表现出优异的响应特性。纳米液态金属表面构成复杂,包括金属氧化物、离子与自由电子等,在医学诊疗、柔性电子、可穿戴传感等领域具有广阔应用前景。与其他微纳米金属颗粒、高分子聚合物与生物分子等结合可进一步强化材料各方面性质,不仅可扩展、丰富已有重要领域的核心功能材料,还可为许多新兴领域提供前沿创新材料的支撑。

　　由于具有液态的核心,纳米液态金属可与周围环境相作用改变自身形态,根据环境而调整和重构,具有极高适应性、可变性与灵活性,这一特质是传统刚性纳米材料所不具备的,有望构建新技术、新方法,以独辟蹊径的方式扩展出更为丰富的应用场景。本章从四方面讨论纳米液态金属在纳米机器、量子材料、量子器件与金属软化领域等方面的发展前景。

10.2 微/纳米液态金属机器人

　　不同于传统的刚性机器人,柔性机器人可提供柔性的人机交互界面,以应对与人相关的各种复杂活动,应用场景涉及从水果采摘、机械化包装到珍贵生物体组织、器官的运送等方面,其中的难点主要在于功能材料的选择与驱动技术。液态金属的出现提供了潜在的解决方案，它们有高度的灵活性、自由变形能力以及可对外部不同刺激做出反应的多类响应性能。到目前为止，液态金属已被开发为用于控制、驱动和传感的灵活组件[1]。通过吞食 Al 片，液态金属液滴被赋予了自供能的属性，为新一代智能软机器人的构建开辟了新方向[2]。这些自驱动马达还可形成可自由碰撞、自动聚合的机器人集群，既可作为大型机器一起工作，又能以微型机器的形式单独工作[3]。自驱动液态金属机器种类很多[4]，尺寸可大可小，从毫微米级到厘米量级不等。小尺寸下，预先吞食 Al 的液态金属镓铟合金小马达在碱性水溶液中呈现出类似布朗运动的无规则运动现象[5]。具体实验是这样的：先将 Al 箔溶解到镓铟合金中，利用注射器快速产生大量直径约为 1 mm 的液态金属马达。这些液态金属马达群在装有 0.5 mol/L 的 NaOH 溶液的培养皿玻璃基底上，以大约 4 cm/s 的速度呈现出快速无规则运动行为(图 10-1)，同时留下长约 10 cm 的 H_2 气泡轨迹。不同于经典的布朗运动，这种随机运动行为的主要动力受马达自身 Al 原子与溶液作用产生的 H_2 气泡驱动，而非由周围流体分子碰撞所致。这一机制与大尺寸液态金属机器主要受电化学诱发表面张力驱动[2]的原理不同。

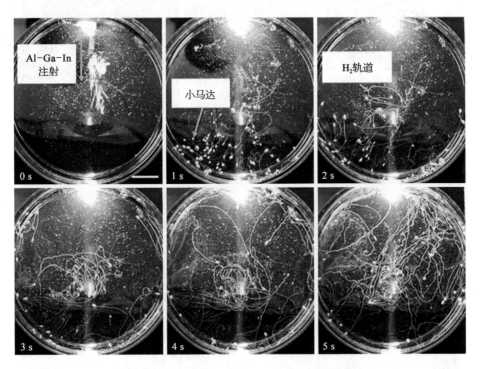

图 10-1　液态金属微小马达布朗运动情形及其所产生 H_2 气流的运动轨迹(标尺为 1 cm)

液态金属自驱动马达是一种十分独特的微小机器，在外场作用下会表现出许多有趣的行为。Tan 等的试验发现[6]，含 Al 的自驱动液态金属马达采用电场极易控制，这种马达相当于某种宏观电子体，显著放大其电气控制能力，与纯 $GaIn_{10}$ 液滴相比，液滴马达提供了数十倍的驱动力。比如在电场作用下，Al 动力液态金属液滴在 20 V 电压下将其运行速度加速到非常高的幅度（图 10-2），如 43 cm/s。此外，还观察到在培养皿的自由空间中，液态金属马达的运动轨迹几乎反映了电解液中的电场线，这也提供了一种对流体复杂电学物理特性予以可视化的重要方法。研究还发现[7]，磁场可以构成一个边界来限制液态金属马达的运动，相当于起到磁陷阱的作用（图 10-3）。对于直径小于 1 mm 的液滴马达，这种磁阱效应足够强，会使其弹回边界。由于洛伦兹力作用，高磁场将破坏马达的定向运行。关于液态金属马达的研究结果可望对未来微流体系统或微型软机器人的开发产生深远的影响，而这是通过常规策略难以实现的。

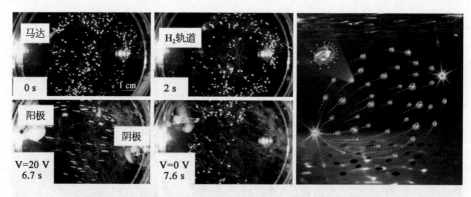

图 10-2　电场作用下自驱动液态金属马达的定向快速运动行为[6]

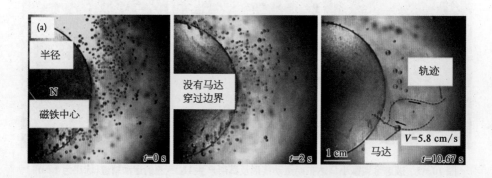

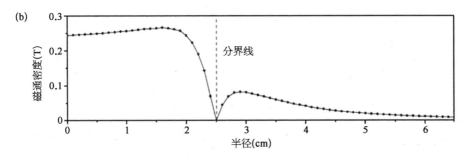

图 10 - 3　处于磁场中的液态金属马达的运动行为[7]

（a）受磁体约束的小马达(0 s 和 2 s)以及具有大动量马达的运动轨迹(10.67 s)；（b）培养皿中磁通密度半径图。

液态金属机器还可被设计成纳米棒，定位癌细胞并进行光热治疗（图 10 - 4)[4]。贺强小组利用模板法制备出了非对称的液态金属纳米棒机器[8]。透射电子显微镜下可见材料的核壳结构。纳米棒的杨氏模量只有 17.9 MPa，表明材料内部的柔性属性。表面氧化物壳的包裹克服了 Ga 的高表面张力，使纳米液态金属机器可维持棒状的微结构。超声波可成功实现对液态金属纳米机器的定向驱动，最大速度可达到 23 μm/s。有趣的是，研究人员发现，进入肿瘤细胞的液态金属纳米棒状机器可完成从棒状到球状的变形以及两液滴的融合，机器的变形和融合可在肿瘤细胞的内体实现。在 pH 为 5 的磷酸缓冲液中，液态金属纳米机器可完成从棒状到球状的转变。在酸性溶液中，纳米机器的两端由于外部氧化层的缺陷会优先与 H^+ 反应，溶解于溶液中。除去了氧化物包裹层的 Ga 可在表面张力作用下聚集成为球状，细胞内的较低 pH 环境恰好促成了纳米机器的变形和融合。在酸性环境中，纳米机器由于 Ga 的暴露还可表现出缓慢降解的行为。被吞噬进入肿瘤细胞的纳米机器可在激光的照射下产生靶向温升和光热治疗的效果，在不影响细胞膜完整性的情况下主动寻找并穿透癌细胞，以实现靶向治疗。通过对外部能量驻波声场的频率调控，液态金属集群机器可实现多种集群图案化。例如，在 730 kHz 下，液态金属胶体马达可形成条纹状图案结构；在 722 kHz 下形成自组装的蒲公英花束状结构；进一步降低频率至 680 kHz，蒲公英花束结构可被拆解、分散，就如蒲公英随风播种一般[9]。

近红外激光也可用于驱动液态金属纳米机器的运动[10]。其可提供一种侵入性小、灵活度高、特异性强的操控手段。通过模板法将液态金属制备出均一

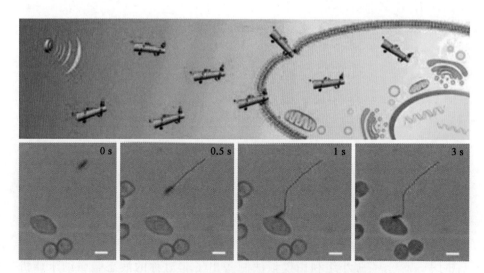

图 10-4　液态金属纳米机器人靶向癌细胞进行肿瘤治疗的示意(上)和实际图片(下)[8]

的针状结构,长度约为 7.07 μm,针头和针尾部的直径约为 172 nm 和 823 nm,由于 Ga_2O_3 膜的存在,可对内部的液态金属形成约 8 nm 厚的壳状包裹。在近红外 808 nm 激光的驱动下,纳米机器能以 23.7 μm/s 的速度涌动。通过增大激光功率,机器的移动速度可达到 31.22 μm/s。激光对微纳米机器的驱动原理主要在于材料的红外光热吸收,由于结构的不对称性导致机器头、尾部的温度产生差异,温度梯度沿针状纳米机器分布则可产生推动机器定向运动的热泳力。

此外,通过在液态金属表面溅射一些 Pt 纳米颗粒可制备液态金属微液滴 Janus 马达,研究表明,该马达在 H_2O_2 溶液中能够以 $(32.9\pm11)\mu$m/s 的速度实现高速运动(图 10-5)[11]。驱动机理主要是通过 Pt 对 H_2O_2 进行催化分解,产生质子的浓度梯度,在微纳米球表面的电场梯度分布为电泳驱动提供了动力。此液态金属微纳米马达还可沿着纳米线移动,并在接触处聚集,实现常温液态微焊接。

另一项研究中,以液态金属纳米颗粒作为载体,在其表面以静电吸附和化学交联的形式修饰头孢克肟三水合物和脲酶制备纳米马达,通过将尿素分解为 NH_3 和 CO_2 的方式可实现马达的驱动功能[12]。由于液态金属纳米材料的引入,纳米马达可在近红外光下释放热量,用于光热抗菌治疗,再结合材料的超声成像效果,可实现在动物膀胱内的动态追踪成像。

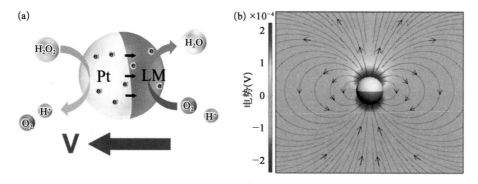

图 10‑5　具有 Janus 结构的液态金属纳米机器[11]

(a) 液态金属纳米机器的结构示意；(b) 相关流场的电势。

　　利用 Ga 与 Zn 构成 Janus 马达，不仅具有驱动效果，材料良好的生物安全性和可降解性还可作为生物医学的抗菌纳米机器[13]。研究人员在 Zn 微粒表面不均匀涂覆液态 Ga 构成 Ga/Zn Janus 马达，放置于 pH 为 1.5 的胃酸模拟液中，马达能以 203 μm/s 的高速度实现自主驱动。由于 Ga、Zn 的电极电势的不同，在酸性溶液中，Zn 会优先与溶液的 H^+ 发生氧化还原反应，在未被 Ga 覆盖的 Zn 表面产生 H_2，形成推助 Janus 马达运动的驱动力。溶液的 pH 对马达的速度和寿命起调控作用，当 pH 从 0.5 提高到 2 时，马达的速度可从 382.3 μm/s 降低到 161.2 μm/s，寿命则从 0.55 min 提高到 5.2 min。在浸入胃酸模拟液 5 min 后，大约 96％ 的 Zn 可转变为 Zn^{2+}，随后，溶液中的 Ga^{3+} 浓度逐渐增加，在 20 min 内可实现 Ga 的完全溶解。Ga/Zn 马达在胃酸的环境中可自主运动，释放 Ga^{3+}，并杀死幽门螺旋杆菌，该微型液态金属机器有望在治疗细菌性胃炎等方面发挥作用。

　　另外，近期研究人员提出利用白细胞膜修饰来提高液态金属纳米马达的生物稳定性和癌细胞识别、靶向能力，可据此提高抗癌效率[14]。通过物理挤出与声学辅助囊泡聚合等方法将白细胞膜融合到液态金属表面，修饰了白细胞膜的液态金属纳米马达还可负载一定的化学药物阿奇霉素。在超声下，这些纳米马达也可表现出明显的驱动运动。由于长期在血液中循环，白细胞具有抗生物污染的功能，可诱导免疫清除反应。修饰了白细胞膜的纳米马达在与牛血清蛋白共培养后，其表面能吸附的牛血清蛋白更少，有助于马达在血液等复杂生理环境中实现驱动运动，并延长运动时间。

10.3　液态金属量子点

量子材料由于其特殊的尺寸效应,可表现出一系列不同于宏观与微观材料的新兴特性与现象。比如,半导体晶体在不同尺寸下可发出不同颜色的光,用于生物医学成像,在荧光活体成像中得到快速发展。量子点作为一类新兴材料,具有优异的光学性能与电荷传输性能,在生物医学与能源领域均受到广泛关注。传统的量子点主要基于 Pb、Cd 或无机非金属 C、Si 等材料,不仅制备过程复杂,生物相容性差,而且隐含潜在毒性。传统的量子点包括 CdS、CdSe、ZnSe、InAs 等都是固体材料,一旦制成在应用上存在一定限制。开发新型具有流体属性的非传统量子点材料则有助于扩充量子材料库,有望在此基础上发现一系列非传统新现象、技术与应用。液态金属量子材料是比较有前景的重要方向[15],其中的一些典型途径是将量子点颗粒、液态金属与金属氧化物及液态金属化合物层等构成夹层结构制备液态量子材料。近期,有学者利用激光诱导的方式制备出液态金属量子点,用于提升钙钛矿太阳能电池的性能[16,17]。

利用超声剪切力,可以将液态金属镓铟合金先分散为亚微米级的液滴。随后,将液滴置于乙酸乙酯(EA)溶液中,利用脉冲激光照射可制备出亚纳米级尺寸的液态金属量子点(图 10-6)。超声主要利用空化效应精确控制剪切力来切割液态金属到纳米级别,激光照射则利用激光碎片机理可制备出更小的几纳米甚至是亚纳米级别的量子点材料。随着激光通量的增加,颗粒的粒径表现为先增加后减小的趋势。最终,在 150 mJ/pulse/cm^2 脉冲下,可制备出平均粒径在 5.49 nm 左右的液态金属量子点(图 10-7)。

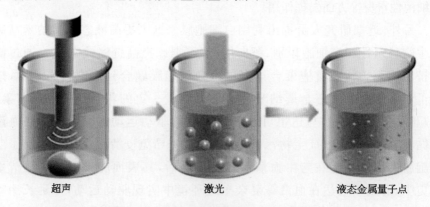

超声　　　　　　　　激光　　　　　　　液态金属量子点

图 10-6　制备液态金属量子点的示意图[17]

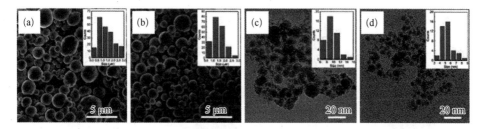

图 10-7　用不同脉冲激光通量照射制备液态金属材料的扫描电镜图像[17]

(a) 50 mJ/pulse/cm² 能量照射所制备的液态金属材料；(b) 75 mJ/pulse/cm² 能量照射所制备的液态金属材料；(c) 100 mJ/pulse/cm² 能量照射所制备的液态金属材料；(d) 150 mJ/pulse/cm² 能量照射所制备的液态金属材料。

　　研究人员基于加热-融化-蒸发(HME)模型,构建了液态金属尺寸变化与激光通量的关系。亚微米级别的液态金属颗粒可以先吸收激光能量,使颗粒温度上升直至熔点。较低的蒸发阈值可以使颗粒优先蒸发到 150 nm。模拟结果表明,当激光通量小于 100 mJ/pulse/cm² 脉冲时,颗粒会先融化而后聚集成更大的颗粒。随着激光通量的进一步增加,颗粒的尺寸会进一步减小,直到出现"完全蒸发"的状态。同时,由于周围溶液的冷却作用,蒸发的液态金属可以重组为量子点产物。在透射电镜下,可以看到 100 mJ/pulse/cm² 和 150 mJ/pulse/cm² 激光脉冲处理后平均尺寸为 10 nm 和 5 nm 的液态金属量子点产物。高角环形暗场(HAADF)图像中可见材料表现为纳米核壳结构,无定型的特征同时证明了液态金属量子点的液态属性。另外,用更高的激光脉冲处理样品会使样品氧化,样品中 In_2O_3 的含量也会更高。

　　利用示意图可绘制液态金属量子点的形成过程(图 10-8)。在高能量脉冲激光下,液态金属可被直接蒸发形成蒸汽云,周围温度较低的溶液可进一步将蒸汽云冷凝而形成液态金属量子点。材料与周围的 O_2 作用还可以氧化形成 Ga_2O_3 与 In_2O_3,从而构成核壳结构。值得说明的是,由于更小粒径的液态金属颗粒蒸发所需的激光能量更高,于是经由加热-融化-蒸发的过程所获得的颗粒可以较稳定地存在。

　　将液态金属量子点掺入钙钛矿薄膜中,钙钛矿太阳能电池的功效转换效率会随着添加量的增加而升高,并在 0.1 mg/mL 浓度时达到最大。超过该浓度后,由于短路的发生会影响功效转换效率。研究者发现添加液态金属量子点后,钙钛矿的光电性能有所增强,液态金属量子点中的镓铟合金与氧化物壳的核壳结构可促进电子的运输与存储。电荷传输的阻抗减小可导致钙钛矿薄

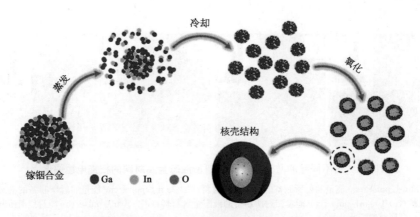

冷却

蒸发

氧化

核壳结构

镓铟合金

●Ga ● In ● O

图 10 - 8 脉冲激光照射产生具有核壳结构液态金属量子点的过程示意[17]

膜表面的快速淬火和载流子寿命的缩短,进一步证明了电荷的快速提取与传输过程。最终,钙钛矿太阳能电池的功效转换效率可提升 17.18%。

10.4 液态金属量子器件

当两块导体之间存在绝缘层,电子一般不能正常穿过,此处的绝缘层也叫电势结。然而,当绝缘层厚度与德布罗意波长相当时,电子则可因具有波动性而穿过绝缘势垒,该现象也被称为量子隧穿效应(quantum tunneling effect)[18]。量子隧穿效应可用于解释如太阳系的核聚变、生物光合作用等基本物理现象。另外,量子隧道理论在扫描隧道显微镜、光学、半导体物理和超导物理等诸多领域具有重要作用和价值[19]。绝缘层厚度为 0.1~10 nm。目前,所有的量子隧道器件都是建立在刚性的三明治结构基础上,即在刚性导体之间插入绝缘层[20]。由于这些部件都是刚体,一旦制造完成,器件稳定性较高,但适应性略差,结构不易重塑与调整,一般只能执行特定任务与功能。如果量子器件建立在柔性,甚至液态导体与绝缘层材料基础上,则可望实现全液态量子器件(图 10 - 9)[21]。液态器件带来变形性、可控性、可塑性和修复能力,有助于适应更为广泛的量子技术应用场景。

利用液态金属材料开发新一代液态量子器件具有许多潜在优势。液态金属兼具有高导电性与流体性质,已被开发、探索作为柔性或液态电极材料[22]乃至液滴电路[23]。尤其是在空气中材料可自发在表面形成一薄层自限性纳米绝缘膜结构,满足量子隧穿效应的特征厚度范围,初步具备实现量子隧穿效应的物理基础[24]。结合液态金属表面氧化膜的可调节性,通过电场、磁场、化学场

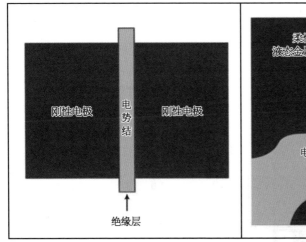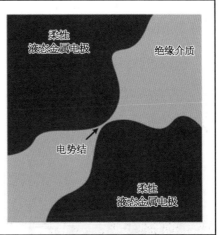

图 10 - 9　刚性量子设备(左)与柔性量子设备(右)[21]

等不仅可实现液态金属材料表面张力近千倍的变化,也可实现氧化膜的生长、去除等灵活调控,这一特性有望根据需求实时调控量子器件的三明治微观结构,实现具有更高可控性、灵活性的量子部件。基于液态金属的全液态智能量子器件的开发在新一代量子计算智能系统中具有重要意义和实用价值。

　　基于液态金属材料,有多种方式可实现全液态量子器件,包括液态金属-绝缘液体体系、液态金属-绝缘膜体系等。在一项研究中,研究者在外场下使液态金属液滴悬浮于液态金属液池之上,构建出液态金属-绝缘液体全液态量子器件。处于电解液环境的液态金属液滴,可在电场作用下,不与其下方液池相融,产生类似冲浪的神奇现象(图 10 - 10)[25]。在电场下,液态金属液滴与下方液池之间存在一层不断流动的电解液薄膜,薄膜与液态金属液滴之间产生的流体润滑力平衡了液态金属液滴自身的重力而实现悬浮。根据液滴与液池之间的液膜电阻,可估算出液膜厚度为微米数量级。根据润滑理论公式,

$$F_L \propto \mu_E v R^3 / e_0^2 \tag{10.1}$$

其中,μ_E 代表液体的动态黏度,v 代表速度,R 代表液滴半径,e_0 代表液层厚度。可以看出,e_0 是一个高度可调的参数,可通过使用更小的液滴或控制其他参数来降低该数值,从而落入量子隧穿效应的特征厚度范围内。在电场去除后,悬浮的液态金属液滴变得不稳定并与下方液态金属浴相融合,同时伴随卫星液滴的喷射。从实验测量出的液膜电阻可以看到,电场撤去后,液膜有两次变为导电状态:第一次为直接由悬浮状态转为直接接触,第二次为从融合到

卫星液滴喷射过程。在这两个过程中,都可找到一个液膜厚度无限小,满足量子隧穿条件的过渡态。

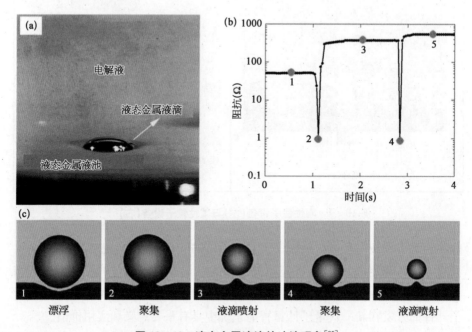

图 10-10　液态金属液滴的冲浪现象[25]

(a) 液态金属液滴冲浪现象实验;(b) 在撤销外电场后,液层的阻抗变化;(c) 在撤销外电场后,液态金属液滴的聚集与连续微型液滴的喷射过程。

另外,液态金属-绝缘液体体系中还可利用液态金属之间的静电斥力构成三明治的夹层绝缘结构。在碱性电解液中的液态金属表面可形成双电层结构,当两个带有同种电荷的液滴靠近时,可产生静电排斥力而避免融合[26]。此时,液滴间距离可满足量子隧穿效应条件。

液态金属构成液态金属-绝缘膜体系也可构成量子器件。首先,液态金属表面在空气中或溶液中可形成纳米级别的氧化膜绝缘层,可作为天然的绝缘势阱,满足量子隧穿效应要求。此外,可通过温度、氧环境以及各种外场等调控氧化膜的厚度,使量子器件具有高度的可调控性、灵活性与适应性[27]。扩大范围来说,将液态金属液滴置于油性、有机溶剂、凝胶、硅胶、乙醇、表面活性剂以及各种高分子等修饰环境中都可形成表面绝缘薄膜结构[28]。有研究表明,在凝胶环境中的液态金属液滴间距为微米级别,可通过外力调整、压缩凝胶产生形变,使液滴间距离减小。基于线性弹性假说,可计算对不同的原始距离

d_0，外部应力 Δp 与最终距离 d 的关系。

$$d = d_0 \left(1 - \frac{\Delta p}{E}\right) \tag{10.2}$$

其中，E 代表水凝胶的压缩模量。可以看到，更小的初始距离会更容易将水凝胶层压缩到量子隧穿效应厚度范围。通常，d_0 为亚微米级。对于水凝胶弹性模量范围为 $100 \sim 1\,000\ \mathrm{Pa}$，满足量子隧穿效应的外部应力可调范围在 $10 \sim 100\ \mathrm{Pa}$。

基于液态金属的全液态量子器件有很多优点。首先，液态金属的导电性很好，可直接作为三明治量子器件两端的导体电极。其次，量子器件中间绝缘层厚度很小，对两端导体电极的光滑度要求很高。液态金属可在溶液中直接去除氧化物薄膜，表面光滑处理的方式十分简便。此外，液态金属量子器件还具有多势阱类型、多组合形式、多外场调控的特点。液态金属电极之间的绝缘势阱可以是气体、溶液、油性溶液，也可以由自身的氧化膜、自组装单体、高分子、有机凝胶等组成。总体来说，中间绝缘部件的类型多样，有助于扩展量子器件的应用场景（图 10 - 11）。液态金属全液态量子器件的组合形式也是多样

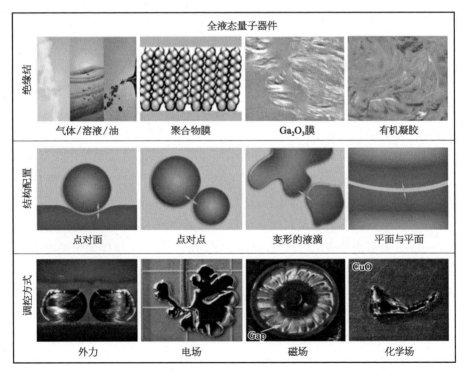

图 10 - 11　全液态量子器件：绝缘结、结构配置与调控方式[21]

的,传统的量子器件主要为三明治结构,基于全液态的量子体系可以提供多种组合模式,例如,液滴与液池的组合形式,液滴和液滴的组合,不同形变液滴的组合,液膜与液膜的组合等。液态金属本身具有刺激响应特性,可受如电场、磁场、声场、光场、力场等外场灵活调控材料的表面张力与氧化膜状态,赋予液体量子系统多样的形变能力、可控性与适应性[29]。全液态量子器件概念的提出是对传统刚体量子器件的拓展与革新,有望引申出更为广阔的应用空间。

10.5 金属原子软化理论

调节物质的柔软度在能量管理、软体机器、生物医学等领域具有重要意义,这也是低熔点液态金属近年来受到多学科关注的重要原因。对物质软化理论的理解有助于制造出所需要的软物质。研究的落脚点主要集中在微观层面上,尤其是在原子水平上分析物质的软化机制。

以极端思维考虑,想象颗粒的尺寸为原子尺度时,任何颗粒(原子)都可被视为液滴。这一理论可以从将原子核视为液滴的经典核液滴模型来解释[30]。原子核可以描述为由质子和中子组成的液滴,再加上周围在轨道中运行的电子云,即可构成原子。也就是说一个原子就是由这种液滴与周围气态的混合物组成的。但宏观层面上,物质却没能保持一样的流体行为。微观与宏观的一致性被破坏了,导致许多物质无法保持原有的原子流体行为。这种一致性破坏的主要原因在于原子之间的相互作用力。基于此,Chen 等提出的物质软化理论主要集中在针对原子间相互作用力的理解与调控上[31]。

处于纳米尺度的材料具有一系列小尺寸效应、表面效应与量子尺寸效应等。对于微纳米金属材料,金属的熔点会随着颗粒尺寸的减小而急剧降低[32]。存在一个临界点,大于这个尺寸后,熔点会保持不变,而且这个临界点一般也在纳米尺度上。关于纳米材料熔点随尺寸降低的原因有多种理论解释[33,34]。其中一种是表面诱导熔化的理论,表面原子的配位数小于块体原子的配位数,表面原子的界面能降低了,表面开始变得无序化,而核心保持有序状态,从而熔点降低[35]。从另一方面,当液体凝固时,可能会产生过冷。过冷是一种非常普遍的现象。过冷程度与许多因素有关,一般来说,过冷度会随着冷却速度的加快和液滴尺寸的减小而变大。随着液滴尺寸的减小,液滴更可能保持纯净,减少杂质充当晶核,这也是小液滴产生较大过冷度的原因。针对过冷度也是一样,当颗粒尺寸降低时,过冷度也会更大,这与微观层面上颗粒熔点降低的现象很相似。

受粒径与熔点关系的启发,颗粒边界的变化对物质熔点的影响很大。由此,可以通过调整物质的原子边界,减弱原子之间的作用力来改变熔点,达到软化物质的目的。以 Ga 为例,熔点很低,室温就可保持液态,这主要是由于在 αGa 中的每一个原子与其最邻近原子之间存在强共价键[36,37]。在常温常压下,Ga 中共价键与金属键共存,Ga 原子间的相互作用会小于常见金属间的相互作用,由此降低了材料熔点。另外一方面,一般来说,合金的熔点会低于任意组分材料的熔点,这主要是不同金属之间构成合金可以调整金属的原子边界,从而合金的熔点会有所降低。比如,EGaIn 的熔点比任意金属单质熔点更低(图 10-12)。所以,通过掺杂低熔点金属可制备出熔点更低的软物质。研究人员还提出可通过施加外部能量的方式来调整原子边界,具体的方法包括机械力分散、静电排斥力、超声波分散以及利用光能、磁能和热能等。

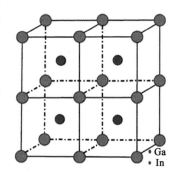

图 10-12　EGaIn 结构模型[31]

10.6　小结

液态金属的核心特点是流体与金属特性的结合,是新一代可智能响应外部环境的功能材料,在众多前沿科技领域有望发挥重要作用。一类材料,一个时代,这一物质科学领域的发展方兴未艾,有着无尽的前沿可供探索[38,39],正在推动着新工业的形成[40]。本章总结了纳米液态金属在纳米机器、量子点、量子器件与金属原子软化等前沿领域的潜力。纳米液态金属的内部为流体材料,面对各领域的复杂应用场景具有更高灵活性与适应能力,甚至可以调控、重构展现多样功能,是区别于形状不可调的刚性纳米材料的显著优势。作为柔性机器,不仅可根据环境改变自身形态以完成生物学功能,还可受外场刺激产生定向运动,靶向肿瘤细胞完成疾病诊疗。高激光能量可通过脉冲激光碎裂原理,制备出几纳米或亚纳米级别的液态金属量子点。不同于刚性量子点,液态金属柔性量子点内核是流体态,可减小阻抗,加快电荷的提取与传输过程,有效提升钙钛矿电池的功效转换效率。学界将液态金属作为柔性导体、电极用于可穿戴智能设备、柔性传感以及肿瘤治疗。在量子器件领域,基于液态金属的液体电极有望突破性实现全液态量子器件。利用材料表面自发形成的纳米级氧化膜、有机溶剂、凝胶、硅胶、表面活性剂等环境,构成液态金属-绝缘液体系与液态金属-绝缘膜体系,具有区别于传统刚性三明治结构的高灵活度与可编程特质,扩展了学界对量子结构的认知,可同时丰富现有量子器件体系的材料库。另外,作为一类独特的低熔点金属,对液态金属原子层面的理论分析有助于为物质的软化理论提供新思路,继而发现并构筑一系列具有低熔点的软材料。

参 考 文 献

［1］ Wang X, Guo R, Liu J. Liquid metal based soft robotics: materials, designs, and applications. Advanced Materials Technologies, 2019, 4(2): 1800549.

［2］ Zhang J, Yao Y, Sheng L, et al. Self-fueled motors: self-fueled biomimetic liquid metal mollusk. Advanced Materials, 2015, 27(16): 2648 - 2655.

［3］ Sheng L, He Z, Yao Y, et al. Transient state machines: transient state machine enabled from the colliding and coalescence of a swarm of autonomously running liquid metal motors. Small, 2015, 11(39): 5178.

［4］ Xu S, Yuan B, Hou Y, et al. Self-fueled liquid metal motors. Journal of Physics D: Applied Physics, 2019, 52: 353002.

［5］ Yuan B, Tan S, Zhou Y, et al. Self-powered macroscopic brownian motion of spontaneously running liquid metal motors. Science Bulletin, 2015, 60(13): 1203 - 1210.

［6］ Tan S, Yuan B, Liu J. Electrical method to control the running direction and speed of self-powered tiny liquid metal motors. Proceedings of The Royal Society A — Mathematical Physical and Engineering Sciences, 2016, 41: 22663 - 22667.

［7］ Tan S C, Gui H, Yuan B, et al. Magnetic trap effect to restrict motion of self-powered tiny liquid metal motors. Applied Physics Letters, 2015, 107: 071904.

［8］ Wang D, Gao C, Wang W, et al. Shape-transformable, fusible rodlike swimming liquid metal nanomachine. ACS Nano, 2018, 12(10): 10212 - 10220.

［9］ Li Z, Zhang H, Wang D, et al. Reconfigurable assembly of active liquid metal colloidal cluster. Angewandte Chemie International Edition, 2020, 59(45): 19884 - 19888.

［10］ Wang D, Gao C, Si T, et al. Near-infrared light propelled motion of needlelike liquid metal nanoswimmers. Colloids and Surfaces A: Physicochemical and Engineering Aspects, 2020, 611: 125865.

［11］ Wang Y, Duan W, Zhou C, et al. Phoretic liquid metal micro/nanomotors as intelligent filler for targeted microwelding. Advanced Materials，2019，31（51）：1905067.

[12] Xu D，Hu J，Pan X，et al. Enzyme-powered liquid metal nanobots endowed with multiple biomedical functions. ACS Nano，2021，15(7)：11543 – 11554.

[13] Lin Z，Gao C，Wang D，et al. Bubble-propelled janus gallium/zinc micromotors for the active treatment of bacterial infections. Angewandte Chemie International Edition，2021，60(16)：8750 – 8754.

[14] Wang D，Gao C，Zhou C，et al. Leukocyte membrane-coated liquid metal nanoswimmers for actively targeted delivery and synergistic chemophotothermal therapy. Research，2020，2020：3676954.

[15] 刘静. 一种液态金属量子材料及其制备方法. 中国发明专利 CN201710648055.7，2017.

[16] Creighton M A，Yuen M C，Morris N J，et al. Graphene-based encapsulation of liquid metal particles. Nanoscale，2020，12(47)：23995 – 24005.

[17] Li S，Li Y，Liu K，et al. Laser induced core-shell liquid metal quantum dots for high-efficiency carbon-based perovskite solar cells. Applied Surface Science，2021，565：150470.

[18] Dirac P A M. The principles of quantum mechanics. Oxford：Oxford University Press，1981.

[19] Razavy M. Quantum theory of tunneling. Singapore：World Scientific，2013.

[20] Porod W. Quantum-dot devices and quantum-dot cellular automata. Journal of the Franklin Institute，1997，334(5)：1147 – 1175.

[21] Zhao X，Tang J，Yu Y，et al. Transformable soft quantum device based on liquid metals with sandwiched liquid junctions. arXiv preprint，2017，arXiv：171009098.

[22] Sun X，Wang X，Yuan B，et al. Liquid metal-enabled cybernetic electronics. Materials Today Physics，2020，14：100245.

[23] Ren Y，Liu J. Liquid-metal enabled droplet circuits. Micromachines，2018，9（5）：218.

[24] Wang D，Wang X，Rao W. Precise regulation of Ga-based liquid metal oxidation. Accounts of Materials Research，2021，2(11)：1093 – 1103.

[25] Zhao X，Tang J，Liu J. Surfing liquid metal droplet on the same metal bath via electrolyte interface. Applied Physics Letters，2017，111(10)：101603.

[26] Devanathan M A V，Tilak B V K S R A. The structure of the electrical double layer at the metal-solution interface. Chemical Reviews，1965，65(6)：635 – 684.

[27] Thuo M M，Reus W F，Nijhuis C A，et al. Odd-even effects in charge transport across self-assembled monolayers. Journal of the American Chemical Society，2011，133(9)：2962 – 2975.

[28] Yu Y，Liu F，Zhang R，et al. Suspension 3D printing of liquid metal into self-healing hydrogel. Advanced Materials Technologies，2017，2(11)：1700173.

[29] Ren L, Xu X, Du Y, et al. Liquid metals and their hybrids as stimulus-responsive smart materials. Materials Today, 2020, 34: 92-114.

[30] Myers W D, Swiatecki W J. The nuclear droplet model for arbitrary shapes. Annals of Physics, 1974, 84(1): 186-210.

[31] Chen S, Wang L, Liu J. Softening theory of matter tuning atomic border to make soft materials. arXiv preprint, 2018, arXiv: 180401340.

[32] Qu J R, Hu M A, Chen J Z, et al. Nanoparticle size and melting point relationship. Earth Science, 2005, 30(2): 195-198.

[33] Li H, Han P D, Zhang X B, et al. Size-dependent melting point of nanoparticles based on bond number calculation. Materials Chemistry and Physics, 2013, 137(3): 1007-1011.

[34] Puri P, Yang V. Effect of particle size on melting of aluminum at nano scales. The Journal of Physical Chemistry C, 2007, 111(32): 11776-11783.

[35] Hasegawa M, Watabe M, Hoshino K. Size dependence of melting point in small particles. Surface Science Letters, 1981, 106(1): A161.

[36] Gong X G, Zheng Q Q. AB-initio molecular dynamics studies on gallium clusters. ACTA PHYSICA, 1993, 42: 244.

[37] Gong W G. Electronic structures of solid gallium. Acta Physica Sinica(China), 1993, 42(4): 617-625.

[38] 刘静.液态金属：无尽的科学与技术前沿.科学,2022,74(2):14.

[39] 刘静.液态金属物质科学基础现象与效应.上海：上海科学技术出版社,2019.

[40] 刘静.液态金属科技与工业的崛起：进展与机遇.中国工程科学,2020,22(5):93-103.

索　引